国家示范性高职高专规划教材·机械基础系列

Mastercam X 数控自动编程

邱　坤　主　编

曹著明　郝继红　副主编

清 华 大 学 出 版 社

北京交通大学出版社

·北京·

内容简介

本书主要介绍了 Mastercam X 软件的铣削和车削两个模块，从学习情境 2 开始，以任务教学的方式展开，每个任务都包括建模和模拟加工。建模部分主要帮助读者学习二维、三维的绘图功能，包括线架造型、实体造型和曲面造型及图形的编辑功能；加工部分主要包括车削、铣削的各项功能，粗加工、精加工等数十种加工方法，刀具路径的生成、动态仿真及生成 NC 文件。

本书前部分主要讲二维、三维绘图功能，加工部分单独拿出来。这样使学生在学习的过程中，能够将知识连贯起来，同时通过加工的实体检测也增加了学生的学习兴趣，使学生学习由被动变为主动。全书的任务由浅入深，结构合理，层次分明。通过实例使学生轻松掌握 Mastercam X 软件的使用。

本书的最大特点是符合目前的职教理念，基于工作过程设计，适合高职学生的学习特点，对于初学者也能看懂，每个任务都讲得很细，把各种命令融在任务中，使读者不知不觉就掌握了 Mastercam X。本书可作为高等职业学校、高等专科学校、成人院校及本科院校举办的二级职业技术院校和民办高校数控技术专业、机械制造专业、机电一体化等专业的教材，也可作为 CAD/CAM 技术的培训教材。

本书封面贴有清华大学出版社防伪标签，无标签者不得销售。
版权所有，侵权必究。侵权举报电话：010－62782989　13501256678　13801310933

图书在版编目（CIP）数据

Mastercam X 数控自动编程／邱坤主编. —北京：清华大学出版社；北京交通大学出版社，2009.12
（国家示范性高职高专规划教材·机械基础系列）
ISBN 978－7－81123－959－1

Ⅰ. ①M…　Ⅱ. ①邱…　Ⅲ. ①数控机床－程序设计－应用软件，Mastercam CAM－高等学校：技术学校－教材　Ⅳ. ①TG659

中国版本图书馆 CIP 数据核字（2009）第 214635 号

责任编辑：韩素华
出版发行：清 华 大 学 出 版 社　邮编：100084　电话：010－62776969
　　　　　北京交通大学出版社　邮编：100044　电话：010－51686414
印 刷 者：北京东光印刷厂
经　　销：全国新华书店
开　　本：185×260　印张：14.5　字数：357 千字
版　　次：2010 年 4 月第 1 版　2010 年 4 月第 1 次印刷
书　　号：ISBN 978－7－81123－959－1/TG·15
印　　数：1～4 000 册　定价：25.00 元

本书如有质量问题，请向北京交通大学出版社质监组反映。对您的意见和批评，我们表示欢迎和感谢。
投诉电话：010－51686043，51686008；传真：010－62225406；E-mail：press@bjtu. edu. cn。

国家示范性高职高专规划教材·机械基础系列
编委会

主　任　王利明

副主任　蒋建强　邱　坤　陈金英　张宝君　王　洪

编　委（排名不分先后）

吴卫平　周四新　和青芳　赵立燕　孔庆玲　贾俊良
银金光　邹培海　吴　燕　吴永锦　田青松　刘宏丽
刘纪新　郭　勇　史利娟　卞化梅　张　娜　龙　娟
孔晓林　文　珈　林　洪　闫永亮　刘春玲　赵洪光
宁文波　许永平　刁希莲　鲍梅莲　金　山　刘新平
石进水　李付军　温　红　白西平　王益军　李　彬
姚传峰　陈红杰　滕文建　魏新村　宋金虎　李　强
钟宝华　张吉林　王玉英　王国林　姜忠军　杨玉花
徐德慧　刘太刚　刘佐群　郝继红　李历坚　刘　兢
孙　哲　王　琪　姚京贤　高显宏　戈　峰　殷小清
何　娟　胡凤菊　刘永辉　伏　娟　姚　红　王继群
陈　琰　周淑芳　孙维丽　殷　钺　刘永利　邵永录
卜铁伟　陆建遵　田　方　师海歌　高　岩　马　兰

前　言

本书主要为适应高职高专相关专业的教育，编者通过结合近几年的数控教学经验，融入最新的教学理念，用典型丰富的例子深入浅出地介绍了 Mastercam X 的铣削和车削应用技术。

Mastercam X 是 CAD/CAM 一体化软件，它集二维绘图、三维实体、曲面设计、体素拼合、数控编程、刀具路径模拟及真实感模拟等功能于一身，对系统运行环境要求较低，使用户无论在造型设计、CNC 铣床、CNC 车床或 CNC 线切割等加工操作中都能获得最佳效果。Mastercam X 功能强大，使用方便，因此在数控技术中占有重要的地位。

本书共 10 个学习情境，内容包括 Mastercam X 系统的介绍、Mastercam X 自动编程软件界面及菜单命令、Mastercam X 系统设置，从学习情境 2 开始都采用任务驱动的教学方法，通过本书的学习，使学生深入浅出地全面掌握 Mastercam X 的使用技巧。

在本书的编写中，编者主要考虑面向学生，因为以往的 Mastercam X 书籍编写的内容都较深，对于初学者，尤其是高职的学生来说，要想使他们看懂、学会比较难，一方面市场要求学生掌握这一软件的使用方法，另一方面目前各门课的学时不断减少，一本合适的教材就显得格外重要。基于上述考虑，本书从最简单的命令入手，通过一个个实例，由浅入深地讲解了各种命令的使用方法，使学生在学习中不断获得成就感，兴趣盎然地进行更深入地学习。学生也可以利用课余时间自学书中的内容，使教材起到辅助教学的目的。

本书第 1、2、3、4 学习情境由邱坤老师编写，第 5、6、7 学习情境由曹著明老师编写，第 8、9、10 学习情境由郝继红老师编写，邱坤老师统稿。同时，编者聘请了北京一机床良工机床零件制造有限公司的程电英、游良健参与编写工作，在参数设置及联机加工上融入了企业元素，使学生的学习更贴近实际，真正做到了工学结合。

本书可作为高职高专及独立院校相关专业的教材，也可作为 CAD/CAM 应用技术的培训教材及有关工程技术人员的参考书籍。

由于编者水平有限，不足之处请同行和读者提出宝贵意见。在此表示衷心的感谢！

编者

2010 年 3 月

目 录

学习情境 1　CAD/CAM 入门

情境描述

本学习情境首先让学生了解 Mastercam X 自动编程软件的背景、特点及新增功能；熟悉 Mastercam X 自动编程软件界面及菜单命令；了解 Mastercam X 功能键。激发学生学习兴趣，为进一步学习打下基础。

工作任务

任务 1　了解 Mastercam X 特点及新增功能

任务 2　认识 Mastercam X 的工作界面及菜单命令

任务 3　了解 Mastercam X 系统设置

任务 1　了解 Mastercam X 特点及新增功能

了解 Mastercam 自动编程软件的背景，Mastercam X 特点及新增功能。

活动 1　Mastercam X 软件背景介绍

1. 概述

Mastercam 系统是美国 CNC Software 公司研发的基于 PC 平台的 CAD/CAM 系统，是最经济有效的全方位软件系统之一。自 1984 年以来，由于其在复杂曲面创建、数据交换、外形铣削、多轴加工、路径模拟等方面的强大功能，该软件得到了迅速的推广及应用。包括美国在内的各工业大国皆一致采用本系统，作为设计、加工制造的标准。由于 Mastercam 出色的表现，目前它在我国的制造业及教育界有着极为广阔的应用前景。

2. 认识 Mastercam X

作为一个 CAD/CAM 集成软件，Mastercam X 系统包括设计（CAD）和加工（CAM）两大部分，其中，设计部分主要由 Design 模块来实现，它具有完整的曲线功能，不仅可以设计及编辑二维和三维空间曲线，还可以生成方程曲线；加工部分主要由 Mill、Lathe 和 Wire 三大模块来实现，并且各个模块本身都包含有完整的设计系统。其中 Mill 模块可以用来生成铣削加工刀具路径，并进行外形铣削、型腔加工、钻孔加工、平面加工、曲面加工及多轴加工等模拟；Lathe 模块可以用来生成车削加工刀具路径，并可以进行粗/精车、切槽及车螺纹的加工模拟；Wire 模块用来生成线切割激光加工路径，从而能高效地编制出任何线切割加工程序，并支持各种 CNC 控制器。

活动 2　了解 Mastercam X 特点及新增功能

1. 主要特点

Mastercam X 使用 CAD 在计算机上进行图形设计，然后在 CAM 中编制刀具路径

（NCI），通过后置处理转换成 NC 程序，再传至数控机床，选用不同的刀具进行加工。它能大大节省设计和加工时间、降低产品成本，同时提高工作效率和加工精度，保证产品的质量，为开发产品赢得时间，从而加快产品的更新换代。

Mastercam X 是运行在微软 Windows 98/2000、Windows XP 环境下的一个完整的 CAD/CAM 软件包，它强大的功能和多种用途可以快速地生产出高质量和高精度的产品。

Mastercam X 能提供产品设计、二至五轴铣削加工、车削加工及线切割加工等功能。Mastercam X 的 CAD 模块提供了与 AutoCAD 一样强大的绘制几何图形的功能。

2. 新增功能

各功能模块间无缝集成：在之前版本中，其设计（Design）、铣削加工（Mill）、车削加工（Lathe）、激光线切割加工（Wire）4 个模块是分开的，分别由 4 个应用程序来运行，而在 Mastercam X 中，系统已将这 4 个模块集成到一个平台上。

Windows 窗口操作：与大多数 Windows 应用软件基本一样，采用菜单命令和工具按钮相结合，并且允许用户根据自己的需要设计出符合自己个性要求的 Mastercam X 设计风格，使设计人员能够高效地进行设计与开发。

更直观的 CAD 设计功能：通过 Mastercam X 软件全新的设计，使得 CAD 的设计功能更加灵活方便，通过 Ribbon 工具栏的操作，可以更加方便地进行各种参数的设置。

高效的性能：Mastercam X 软件中的 Z 轴刀具路径执行效果比以往最大可提高 400%，另外 Mastercam X 软件新增的其他模块能提高程序设计的精度。

增强的操作管理器：在窗口左侧的“操作管理器”中，可以综合管理实体模型、刀具参数及加工参数、刀具路径等，使得修改和编辑 CAD/CAM 的参数十分方便。

内容的纠错功能：Mastercam X 软件内置的纠错功能，可以自动减少设计过程中出现错误的概率。

任务 2　Mastercam X 的工作界面及菜单命令

活动 1　Mastercam X 的启动

选择程序组中的 Mastercam X，或者双击桌面上的 Mastercam X 图标，即可启动 Mastercam X。

活动 2　Mastercam X 的工作界面

启动 Mastercam X 后可以看到图 1–1 所示的 Mastercam X 工作界面，Mastercam X 是一种标准型的 Windows 视窗操作界面，其操作方法与通常使用的 Windows 软件风格相同。

标题栏：显示的是 Mastercam X 软件的名称和当前图形的文件名称等信息。标题栏的最左端是软件图标，单击该图标或在标题栏上右击，将弹出一个下拉菜单，如图 1–2 所示。在该下拉菜单中选择相应的选项，可以完成最小化窗口、最大化窗口、恢复窗口、移动窗口和关闭 Mastercam X 文件等操作。

图 1–1　Mastercam X 工作界面

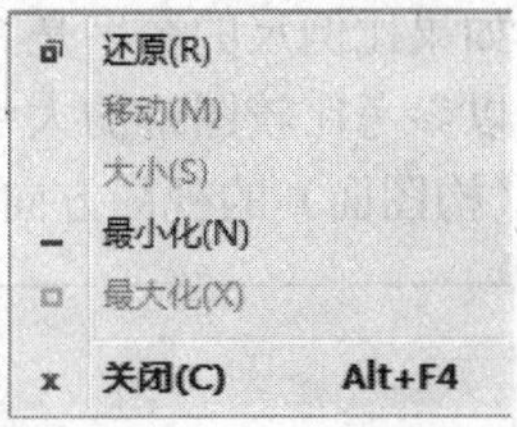

图 1–2　下拉菜单

菜单栏：在 Mastercam X 窗口的菜单栏中所显示的主菜单包括文件、编辑、视图、分析、构图、实体、转换、机床类型、刀具路径、屏幕、设置和帮助。其主菜单下包含一系列的子菜单，可以通过单击不同的菜单命令来执行相应的操作。

在使用菜单命令时，应注意以下 5 个方面的问题。

- 菜单命令带有组合键：表明在键盘上按菜单命令后的组合键，将执行该菜单命令。
- 带有小三角形的菜单命令：表明该菜单命令具有子菜单。
- 带有省略号“...”的菜单命令：表明单击该菜单命令，将会弹出一个对话框。
- 带有快捷键的菜单命令：表明打开该主菜单时，按菜单命令后的快捷键，即可执行相应的命令。
- 灰色显示的菜单命令：表明在当前的绘图条件下，该菜单命令功能无法使用。

例如，在“编辑”菜单中，即包括了以上 5 种情况，如图 1–3 所示。

工具栏：工具栏是 Mastercam X 提供的另一种调用命令的方法，包含许多由图标表示的按钮，单击这些按钮，就可以调用相应的 Mastercam X 命令。

工具栏中的按钮可以说是快捷功能键，只要单击工具栏中的按钮，即可进入 Mastercam X 特定的指令状态，也可以随时插入使用工具栏中的按钮，而不需离开原功能。在 Mastercam X 工作界面上方排列的工具栏的数量可以根据需要随时增加或者隐藏。图 1–4 所示为“画实体”。

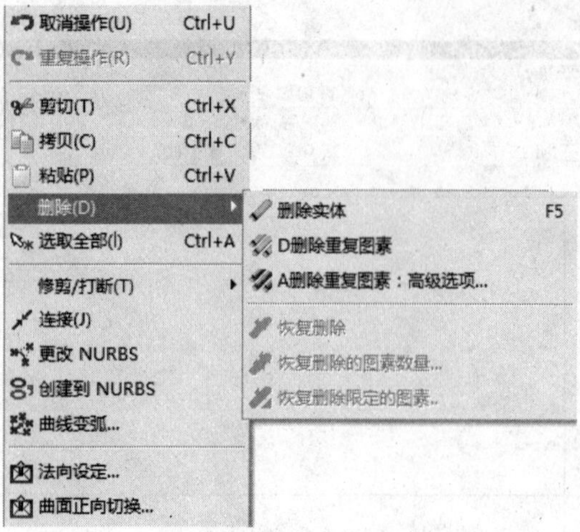

图 1–3 “编辑”菜单

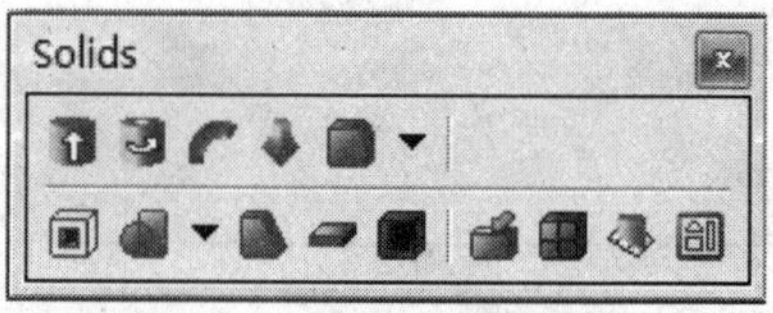

图 1–4 “画实体”工具栏

绘图区：绘图区占据了 Mastercam X 工作界面的大部分空间，它是创建和修改几何模型及生成刀具路径时的区域。在绘图区的左下角显示了 XYZ 坐标轴的图像。Mastercam X 版增加了单位指示，系统单位是公制时，右下角显示 Metric 字样；是英制时，则显示 Inch。Mastercam X 在默认状态下，系统预设屏幕的水平方向是 X 轴，垂直方向是 Y 轴，Z 轴对着用户，坐标轴图像也只能看到 XY 轴。如果按 F9 键，则可以看到坐标原点和 XY 轴线，轴线比较粗的部分是正向，比较细的是负向。在右下角坐标轴旁边显示的数字是比例尺。如果比例尺的数字是 7.65948，则表示数字两边白色垂直线之间的距离是 7.65948，用户可以参考比较图形的大小。左下侧显示当前的 Gview（屏幕视角）、WCS（坐标系）和 Cplane（构图面）的视图方向，如图 1–5 所示。

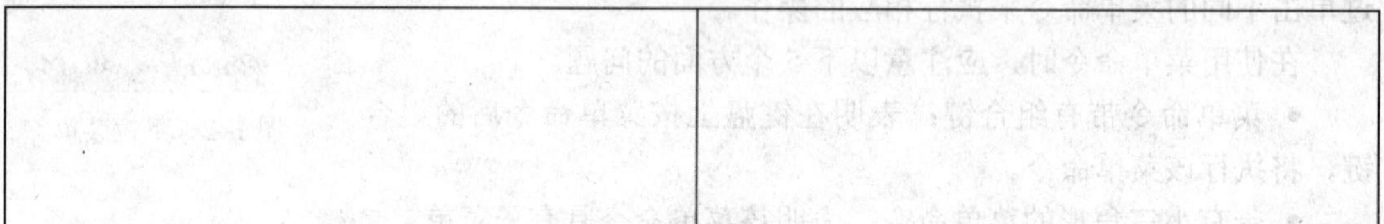

图 1–5 绘图区

状态栏：位于 Mastercam X 工作界面的底部，用于设置当前构图深度、颜色、层、线和点的类型、群组、层标记、工具和构图平面及图形视角等。这些设置将保留在当前的 Mastercam X 应用过程中，直到改变设置或开始一个新的 Mastercam X 应用。

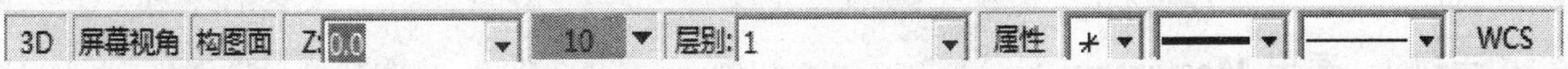

图 1–6 状态栏

操作管理器：操作管理器被固定放置在主窗口的左侧，它包括实体操作管理器和刀具路径操作管理器。用户可通过单击“视图”|“切换操作管理”命令，对其进行打开或关闭操作。Mastercam X 增强了管理造型和刀具路径的功能，如图 1–7 所示。

图 1–7 操作管理器

活动 3 Mastercam X 的特定功能介绍

要灵活熟练地使用 Mastercam X 软件，其快捷键及鼠标的使用是非常关键的，表 1–1 列出了 Mastercam X 软件默认的快捷键。

表 1–1 Mastercam X 软件默认的快捷键

快捷键	对应功能	快捷键	对应功能
F1	视图放大	Alt+A	自动存档
F2	模型缩小一半	Alt+C	运行 C-Hooks 程序
F3	刷新屏幕	Alt+D	设置尺寸标注的参数
F4	分析图素的属性	Alt+E	显示部分图素
F5	删除图素	Alt+G	屏幕栅格设置
F9	显示当前坐标	Alt+H	获取帮助
Alt+F1	适合屏幕	Alt+O	切换操作管理器
Alt+F4	退出 Mastercam X	Alt+P	上一视角
Alt+F8	系统配置	Alt+S	切换着色模式
Alt+F9	显示坐标轴	Alt+T	切换显示刀具路径
Alt+1	俯视图	Alt+U	返回上一步骤
Alt+2	前视图	Alt+V	关于 Mastercam X 资料
Alt+3	后视图	Alt+X	更改当前构图属性
Alt+4	底视图	Alt+Z	打开层别管理器
Alt+5	右侧视图	Ctrl+A	全选
Alt+6	左侧视图	Ctrl+C	复制
Alt+7	等角视图	Ctrl+V	粘贴

活动 4　退出 Mastercam X

退出 Mastercam X 的方法也与通常的 Microsoft 软件相同，通常有以下几种方法：

- 选择“文件”/“退出”命令；
- 直接按快捷键 Alt+F4；
- 直接单击软件窗口右上角的“关闭”按钮。

执行上面 3 种方法之一，系统会弹出图 1–8 所示的对话框，询问用户是否退出 Mastercam X 系统，单击“是”按钮，退出系统；单击“否”按钮，取消退出系统的操作。

图 1–8　确认是否退出对话框

活动 5　了解 Mastercam X 的菜单命令

1.“文件”菜单

“文件”菜单中的命令主要是进行文件的管理和数据的交换。在“文件”菜单中，包含了文件的开启、关闭和保存等功能，同时利用该菜单还可以进行文件的合并、格式转换及打印等相关操作，如图 1–9 所示。

（1）新建文件。启动 Mastercam X 软件后，系统默认进入设计模块，同时新建一个未命名的空文件。如果再次调入另一个文件或新建文件，此时系统会弹出图 1–10 所示的 Mastercam X 提示信息框，提示原文件尚未保存，是否保存原文件；如果文件未命名，则要求提供保存文件的路径、文件名称及文件后缀名。

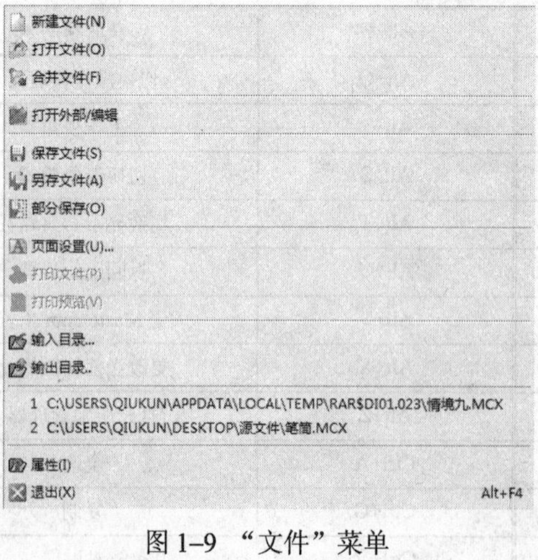

图 1–9 “文件”菜单

图 1–10　Mastercam X 提示信息框

（2）打开文件。打开文件时，单击“打开”对话框中的“预览”按钮，可在文件列表框中预览模型，在“打开”对话框的“文件类型”下拉列表中选择文件类型“Mastercam X 文件（×.MCX）”，可打开相应的模型文件。如图 1–11 所示。

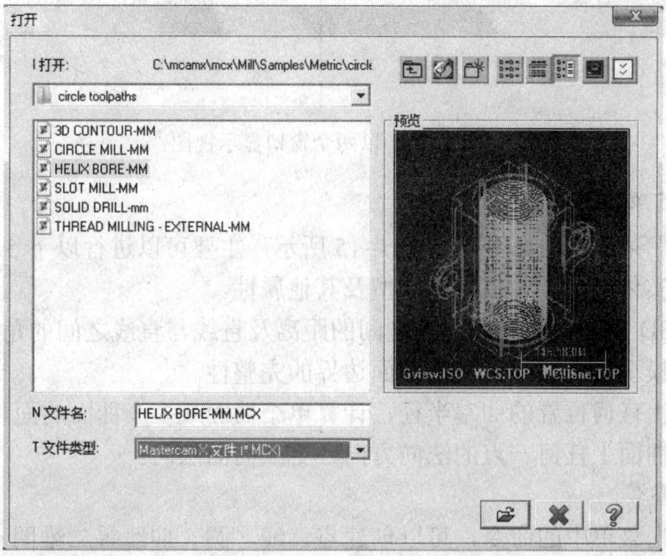

图 1–11 “打开”对话框

（3）合并文件。如果设计的模型文件中需要使用另一文件中的相同图素，可以进行文件合并操作，将该文件的图素合并到当前的模型文件中。

2.“编辑”菜单

使用“编辑”菜单中的命令可对绘制的图形进行修改操作，如剪切、复制、删除和修剪等。如图 1–12 所示。

3.“视图”菜单

使用“视图”菜单中的命令，可进行窗口管理、调整视图大小和位置等操作。如图 1–13 所示，例如，使用“视窗”子菜单中的“视图 1 左边，视图 2 右边”命令，可以预览绘图区中模型的俯视图和等角视图，如图 1–14 所示。

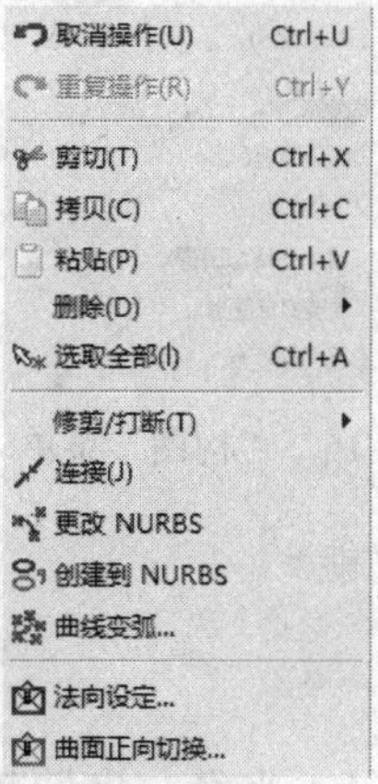

图 1–12 “编辑”菜单

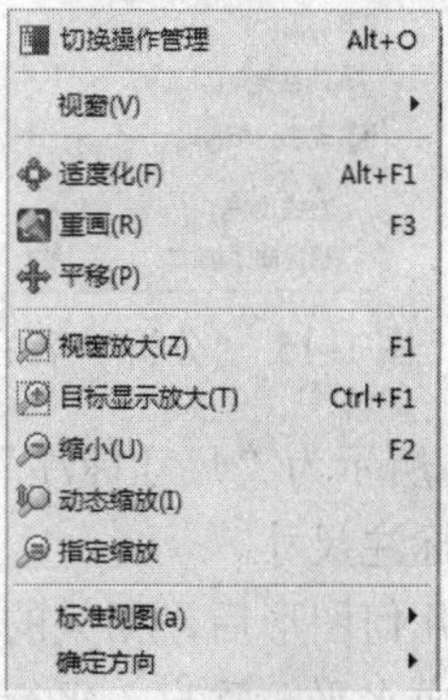

图 1–13 “视图”菜单

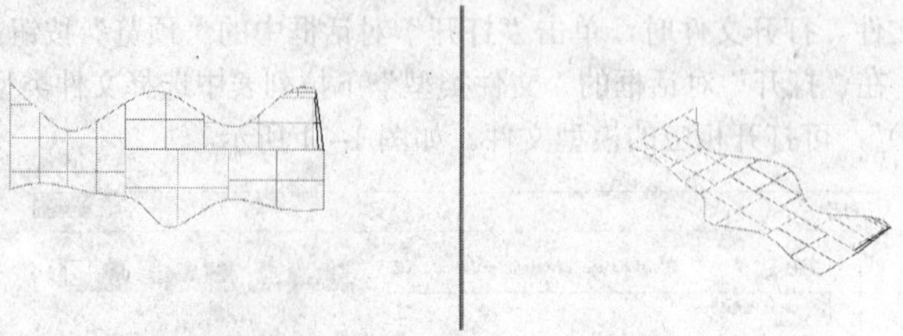

图 1–14　以两个窗口显示视图

4.“分析”菜单

使用“分析”菜单中的命令，如图 1–15 所示，主要可以进行以下 5 种操作。

- 分析任一实体的大小、位置、类型及其他属性。
- 在 2D 或 3D 空间，测量点与点之间的距离及直线与直线之间的角度。
- 检测曲面模型的完整性及剪裁曲面边界的完整性。
- 测量曲面上任何位置的曲率半径，计算单个曲面或多个曲面的面积。
- 动态分析曲面上任何一点的法向方向，更改曲面法向。

5.“构图”菜单

使用“构图”菜单中的命令，可以创建点、线、圆、曲线等二维图素和空间曲线，以及生成规则实体和规则曲面等各种图素，还可以进行尺寸标注等。如图 1–16 所示。

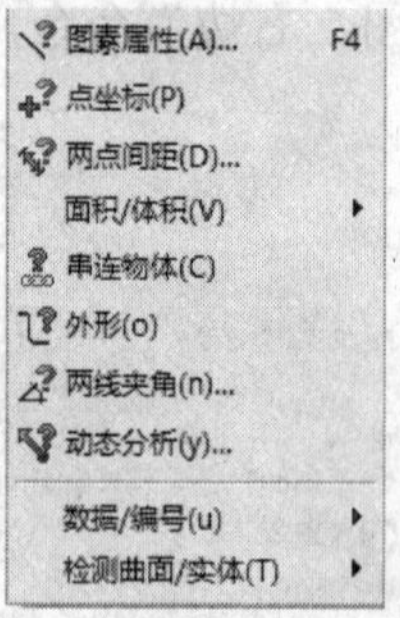

图 1–15 “分析”菜单

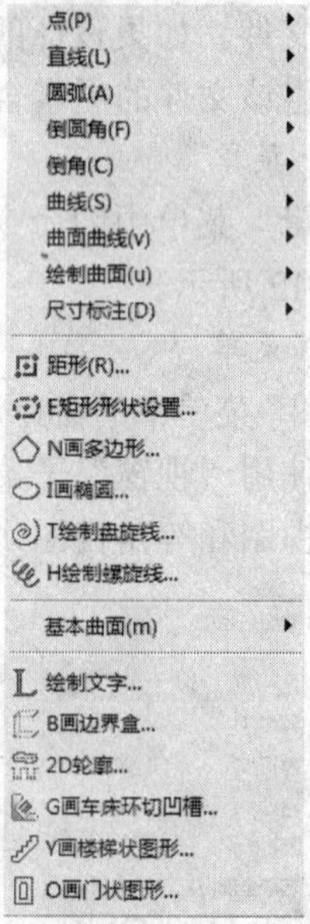

图 1–16　“构图”菜单

图 1–17 所示为“尺寸标注”子菜单，主要有以下 6 点功能。

- 自动标注尺寸。
- 修改几何图形后，相关的标注将自动更改。
- 可生成水平、垂直、平行、基线、尺寸链、角度、直径、半径、坐标及点坐标等形式的尺寸标注，还能生成注释和符号。

- 可以随意拖动或放置标注，同时也可修改属性。
- 可以绘制和打印彩色的草图。
- 系统内置线型库和剖面线库。

6.“实体”菜单

在“实体”菜单中，包含了创建各种实体的命令和实体的编辑与修整等命令。如图 1–18 所示。

7.“转换”菜单

使用“转换”菜单中的命令，可对给出或绘制的图形进行镜像、旋转、缩放、平移和偏置等操作。如图 1–19 所示。

图 1–17 “尺寸标注”子菜单

图 1–18 “实体”菜单

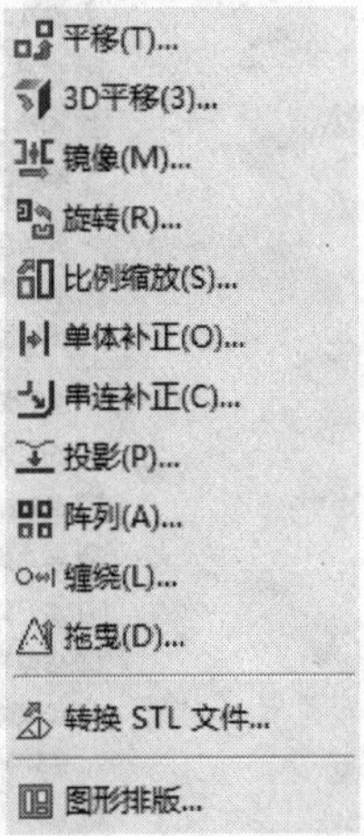

图 1–19 “转换”菜单

8.“机床类型”菜单

使用“机床类型”菜单，可以选择功能模块和相应的机床类型。如果用户选择的是设计模块，系统可直接切换进入。如果选择其他模块，可选择对应的机床，如图 1–20 所示。

图 1–20 “机床类型”菜单

9.“刀具路径”菜单

“刀具路径”菜单包含各种刀具路径的创建和编辑及后处理等功能，如图 1–21 所示。在该菜单中共有 4 个区域，其中，第 1 个区中的命令属于二维加工类型，第 2 个区中的命令属于三维曲面加工的粗加工和精加工，第 3 个区中的命令是对刀具路径进行转换操作，第 4 个区中的命令属于刀具管理和材料管理。

10.“屏幕”菜单

“屏幕”菜单用于对屏幕上的图形进行修改，同时还可对系统的当前设置进行修改，并提供了图形的隐藏、渲染和线框显示等功能，如图 1–22 所示。

11.“设置”菜单

“设置”菜单用于对工具栏、菜单和系统运行环境等进行设置，如图 1–23 所示，对于软件系统的设置，大多数情况下采用默认选项。

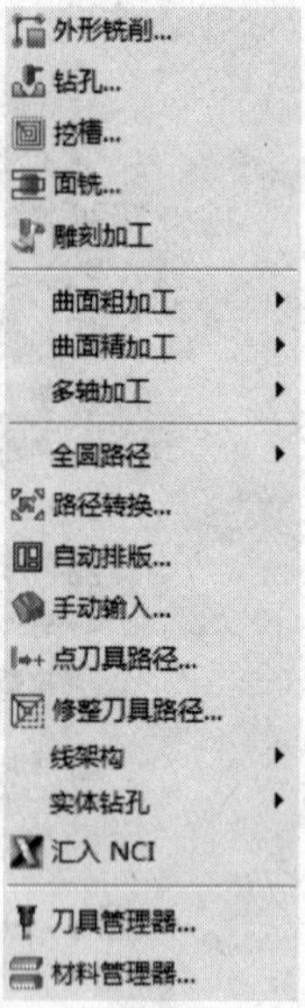

图 1–21 “刀具路径”菜单

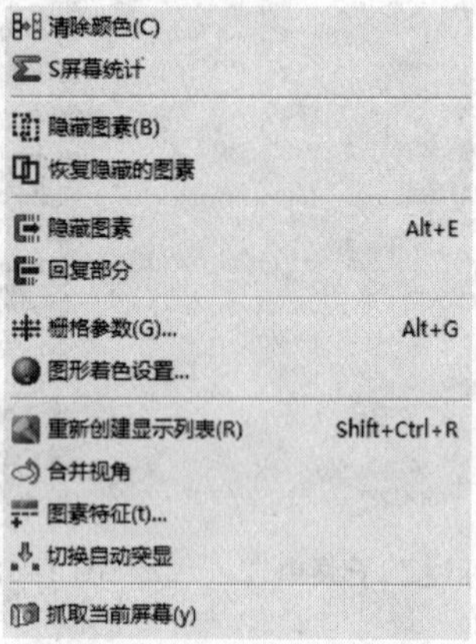

图 1–22 “屏幕”菜单

12.“帮助”菜单

使用“帮助”菜单中的帮助功能，用户可以方便快捷地查看命令的使用方法，如图 1–24 所示。学会使用帮助功能，对用户快速掌握 Mastercam X 有很大的帮助。

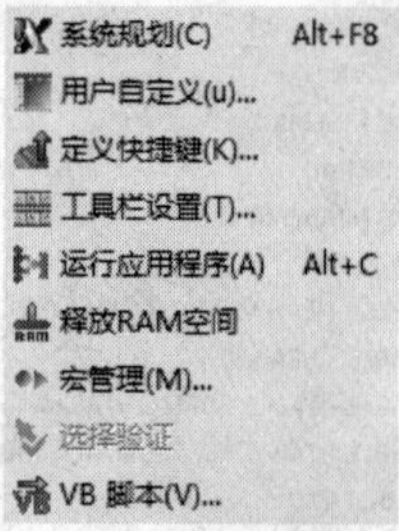

图 1–23 “设置”菜单

图 1–24 “帮助”菜单

任务 3　3 种 Mastercam X 系统设置

活动 1　系统配置

在 Mastercam X 的软件环境中，通过系统的默认参数设置就能够进行大多数工作的操作，但还是不能够满足特定用户的需要，幸好 Mastercam X 提供了系统配置操作。选择“设置”|“系统规划”命令，即可弹出图 1–25 所示的“系统配置”对话框，从而能够对系统进行如公差、文件、屏幕及颜色等参数的设置。

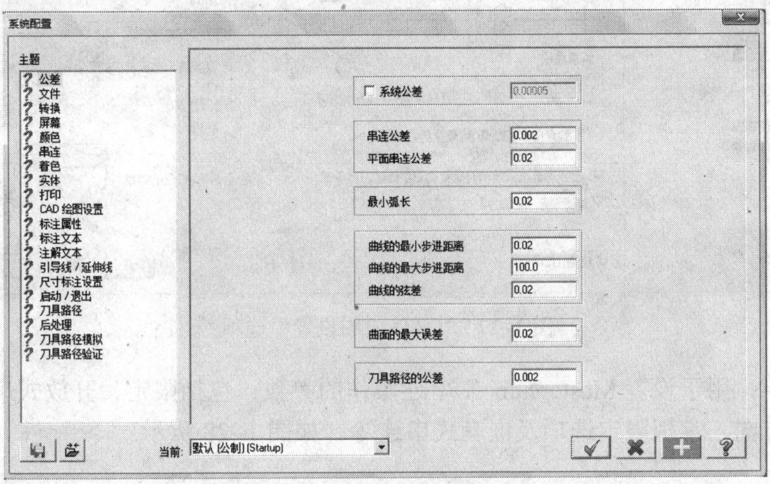

图 1–25 “系统配置”对话框

下面仅针对 Mastercam X 软件系统配置的常用项进行介绍。

（1）刀具路径模拟：可以设置刀具模拟的步进模式、模拟速度、刀具的颜色及着色模式、轮廓的显示情况、夹头颜色及材质等。如图 1–26 所示。

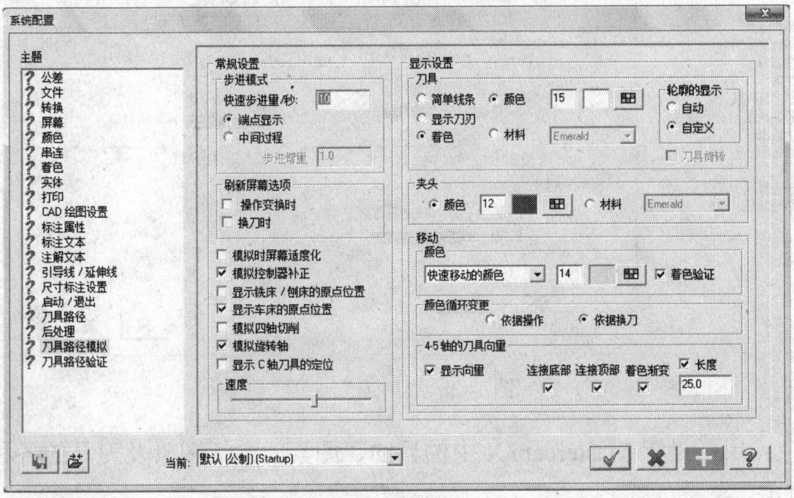

图 1–26 “刀具路径模拟”选项

（2）CAD 绘图设置：可以设置曲线/曲面的构建形式、曲面的显示密度、绘图尺寸标注参数、自动产生圆弧的中心线、转换选项、图素的线型与线宽等。如图 1–27 所示。

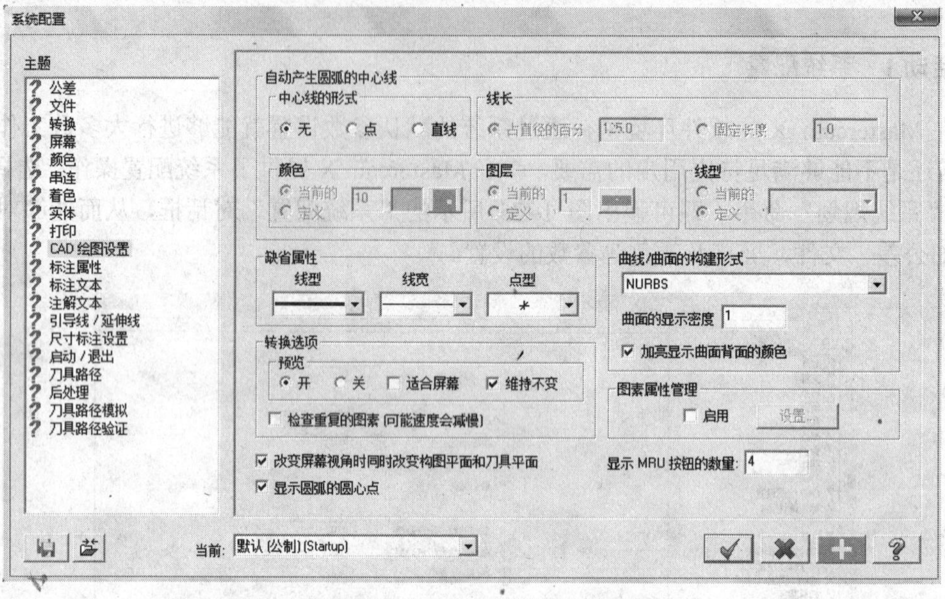

图 1–27 “CAD 绘图设置”选项

（3）串连：用于设置 Mastercam X 串连操作的参数，包括限定、开放式串连、封闭式轮廓的串连方向、常规限定选项及嵌套式串连等。如图 1–28 所示。

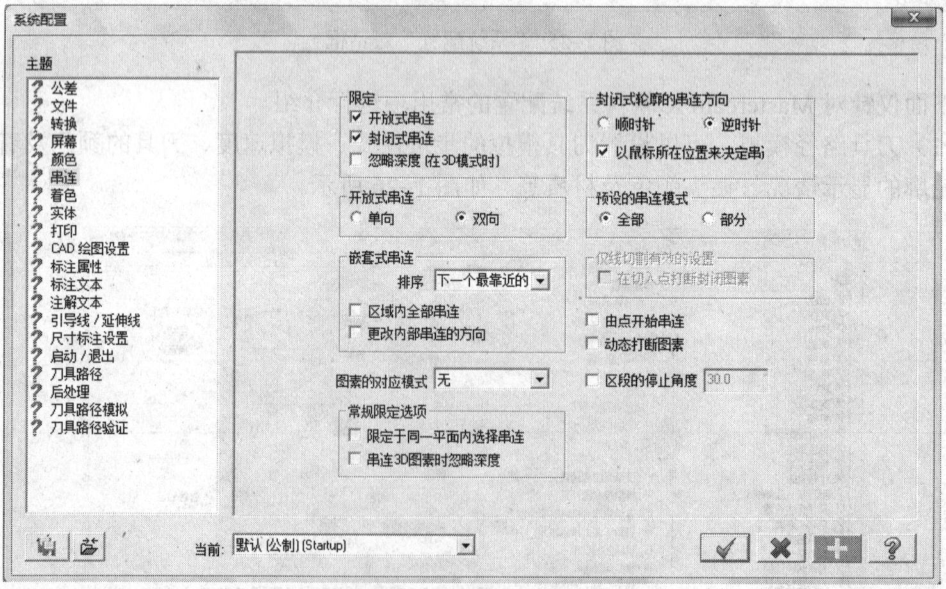

图 1–28 “串连”选项

（4）颜色：用于设置 Mastercam X 中的界面、图素、激活图素及刀具的各种默认颜色。如图 1–29 所示。

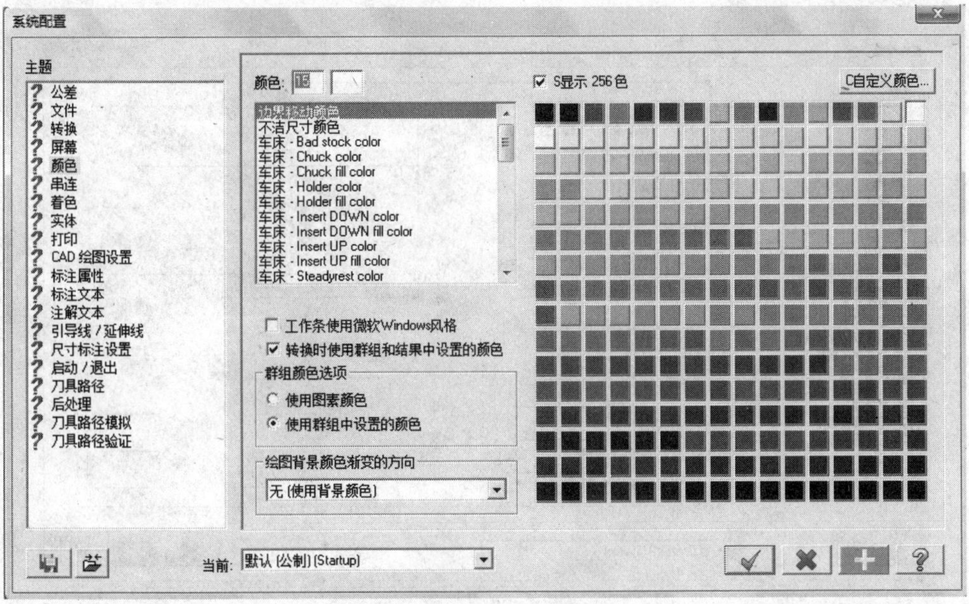

图 1–29 “颜色”选项

（5）转换：用于设置 Mastercam X 输入和输出的文件类型。如图 1–30 所示。

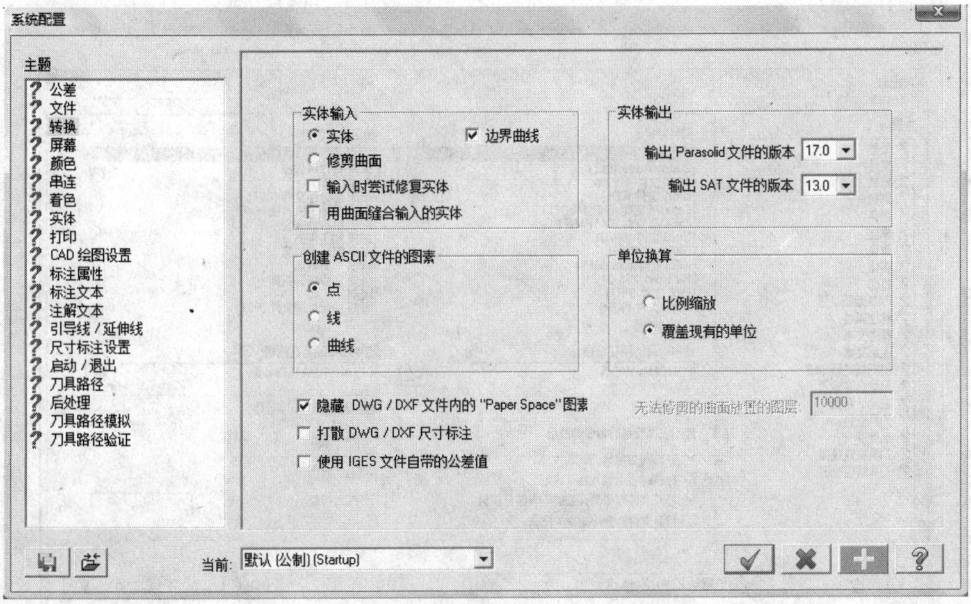

图 1–30 “转换”选项

（6）标注属性：用于 Mastercam X 中图素的标注与注释设置，包括标注属性的设置、标注文本的设置、尺寸标注的设置、注释文本的设置、引导线/延伸线设置等，并在预览框中显示出所设置的大致样式。如图 1–31 所示。

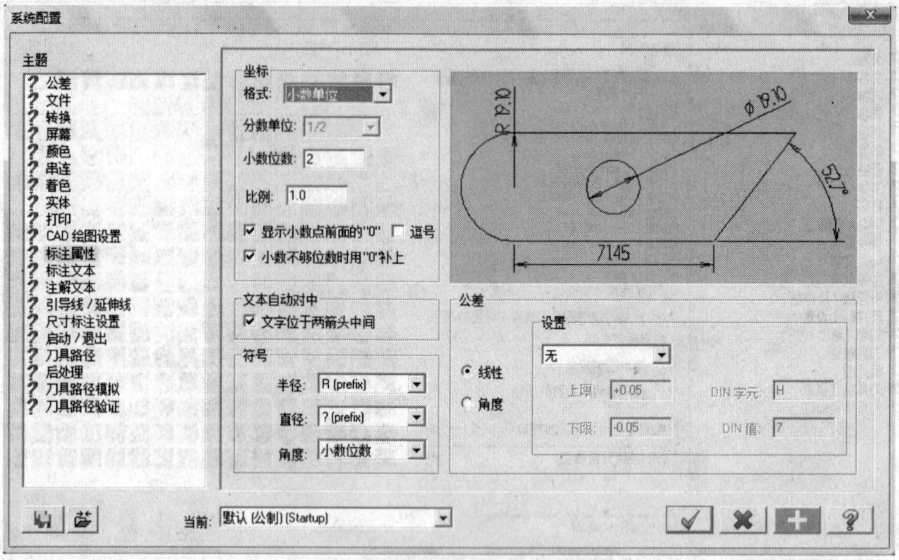

图 1–31 “标注属性”选项

（7）文件：用于设置 Mastercam X 运行时所默认的文件，包括资料所指定的路径、使用文件的路径、显示最近所使用的文件数目等。如图 1–32 所示。

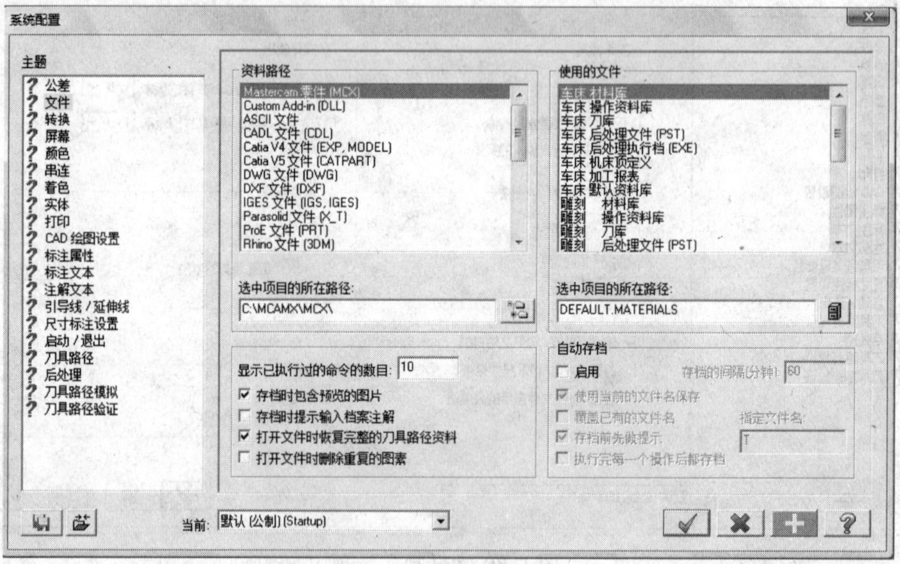

图 1–32 “文件”选项

（8）后处理：可以设置输出的 MCX 文件摘要、是否保存 NC 与 NCI 文件、是否编辑已存在的文件，还可以设置是否将 NC 文件发送到数控机床等。如图 1–33 所示。

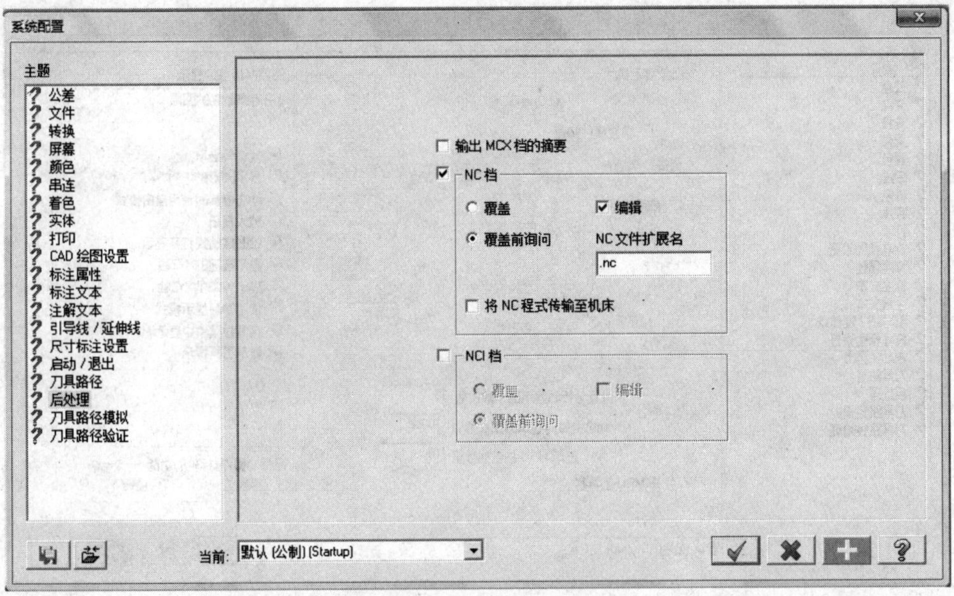

图 1–33　“后处理”选项

（9）打印：可以设置当前图形的线宽、颜色、颜色与线宽的对应、是否打印名称与日期等。如图 1–34 所示。

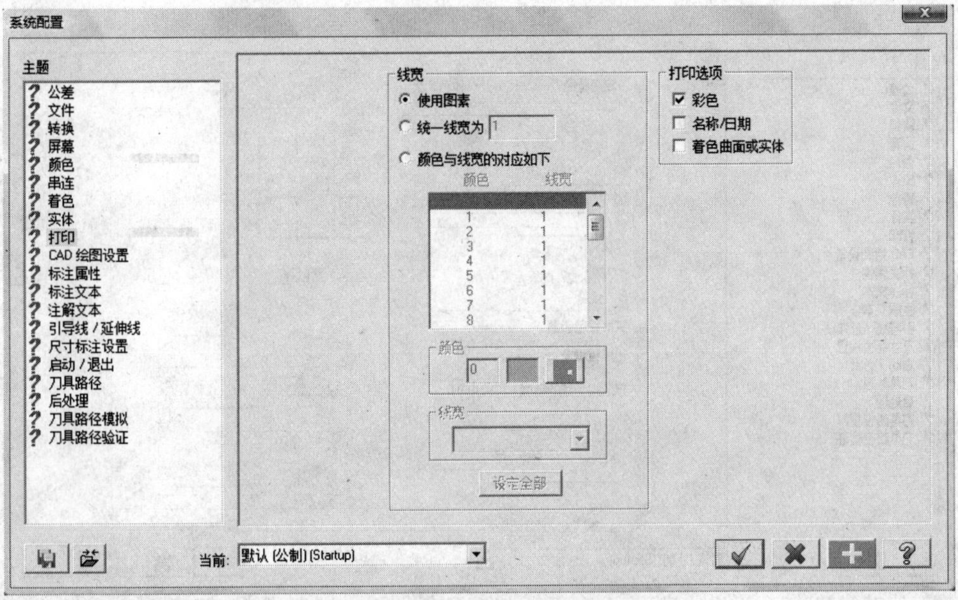

图 1–34　“打印”选项

（10）屏幕：可以设置系统图像的显示模式、栅格和栅格的间距、窗口配置和鼠标中键配置等。如图 1–35 所示。

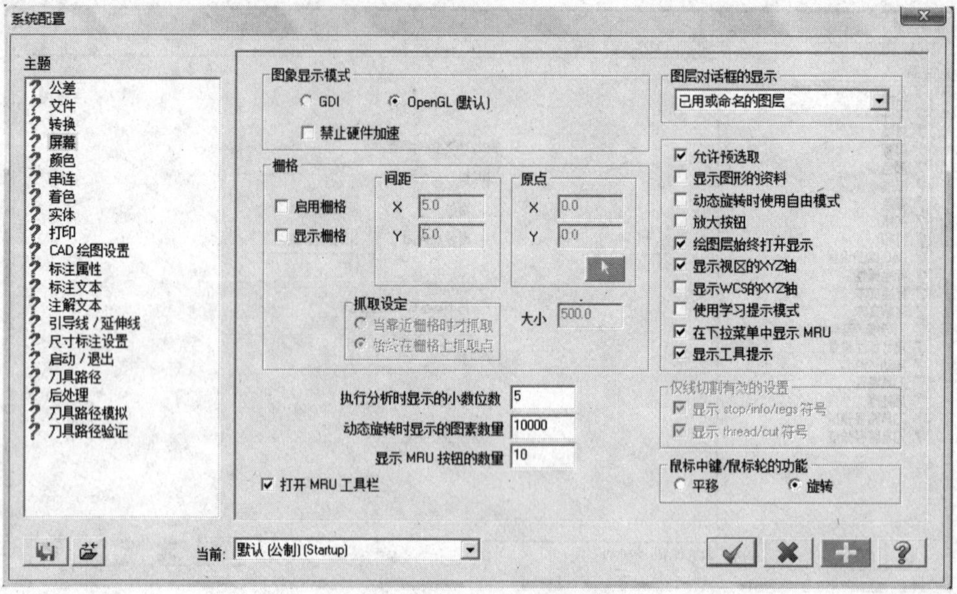

图 1–35 “屏幕”选项

（11）着色：可以设置着色颜色的选择（如原始颜色、单色和材料）、环境灯光的大小、光源的位置、光源的形式、光源的深度及光源的颜色等。如图 1–36 所示。

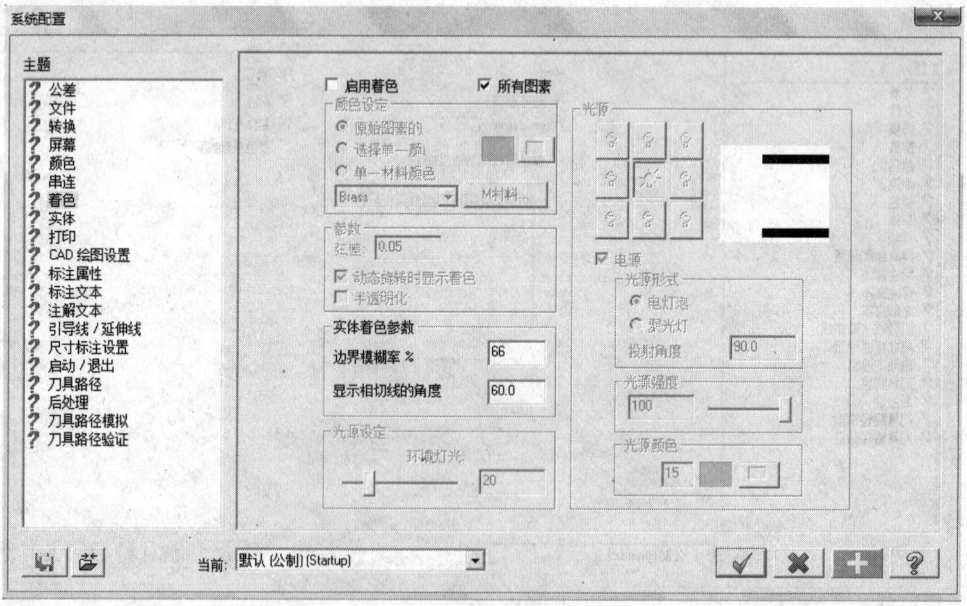

图 1–36 “着色”选项

（12）实体：可以设置实体的生成和显示控制参数，如设置新的实体操作在实体管理器中的位置、原始曲面的处理（保留、隐藏和删除）、实体所在的图层等。如图 1–37 所示。

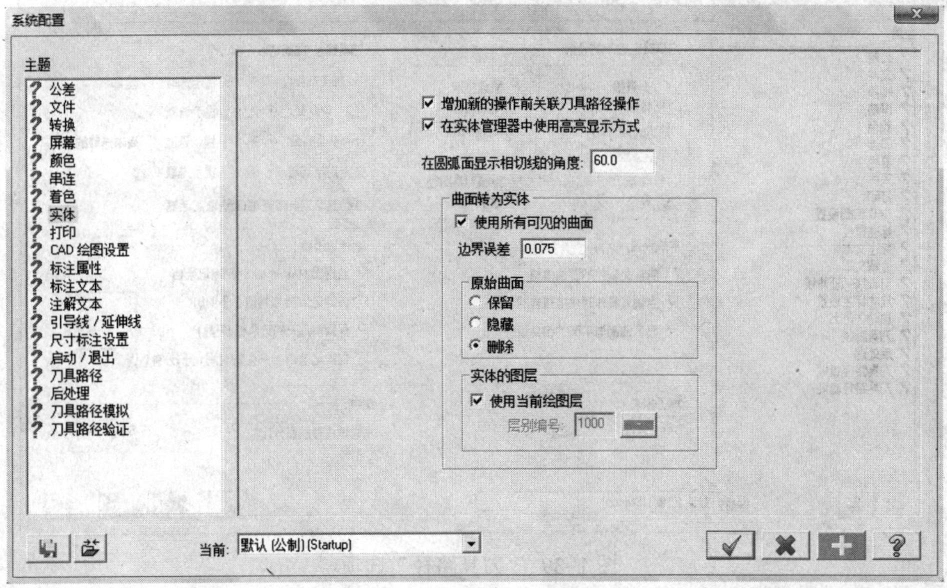

图 1–37 “实体”选项

（13）启动/退出：用于设置 Mastercam X 在启动/退出时的情况，如当前的配置文件、图标快捷键、默认的 MCX 文件、默认的操作模块、默认的构图平面、默认的机床、附加的应用程序、可撤销操作的最大次数等。如图 1–38 所示。

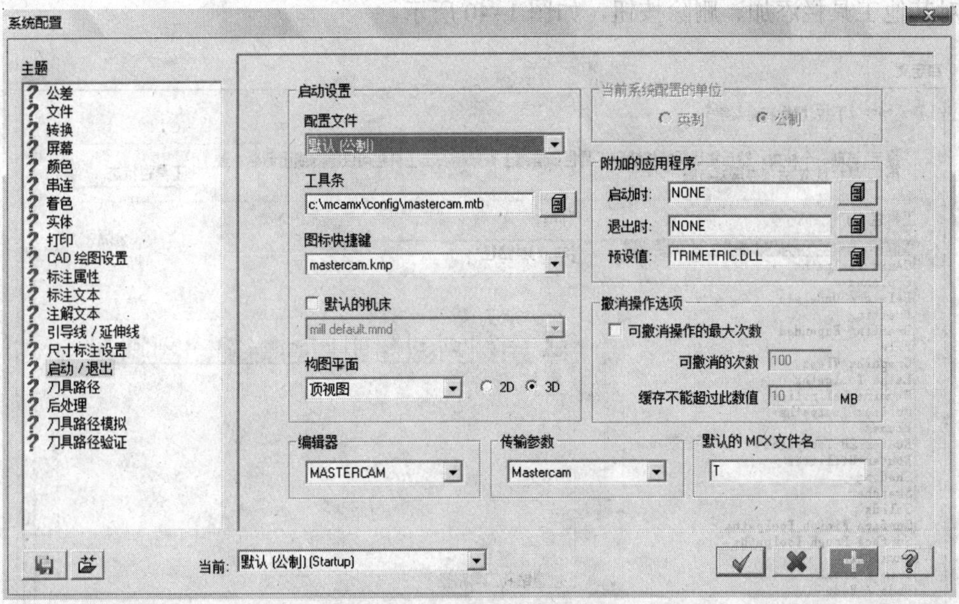

图 1–38 “启动/退出”选项

（14）刀具路径：用于刀具路径显示的设置、常规设置、刀具路径/曲面的选取方案、删除记录文件的设置及加工报表等。如图 1–39 所示。

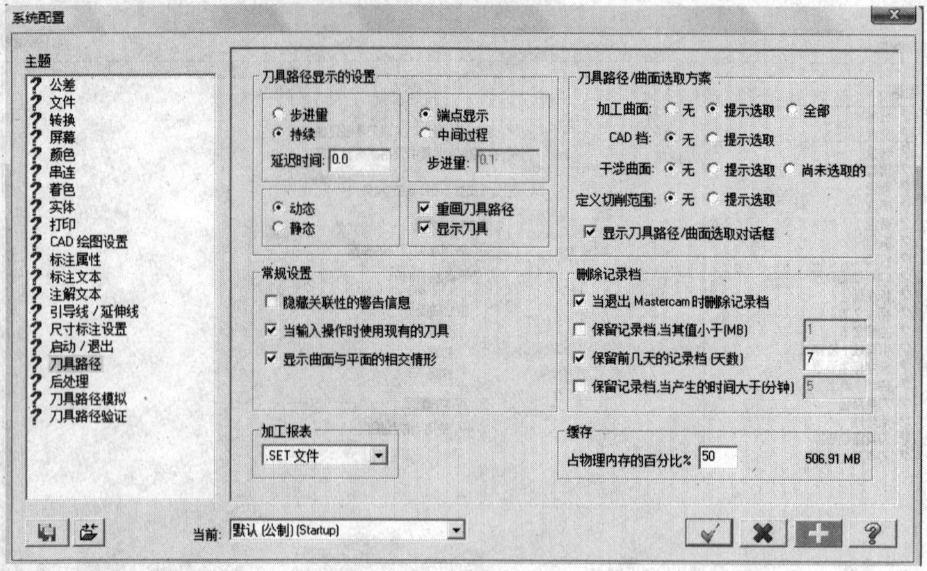

图 1–39 “刀具路径”选项

活动 2　用户自定义设置

在任务 1 中已经讲解了鼠标的快捷键的设置，Mastercam X 还给用户提供了向工具栏中添加、删除按钮等功能，这极大地方便了用户的使用。

选择“设置”|“用户自定义”命令，将弹出“自定义”对话框，在“工具栏”选项卡中可对其他工具栏添加、删除按钮，如图 1–40 所示。

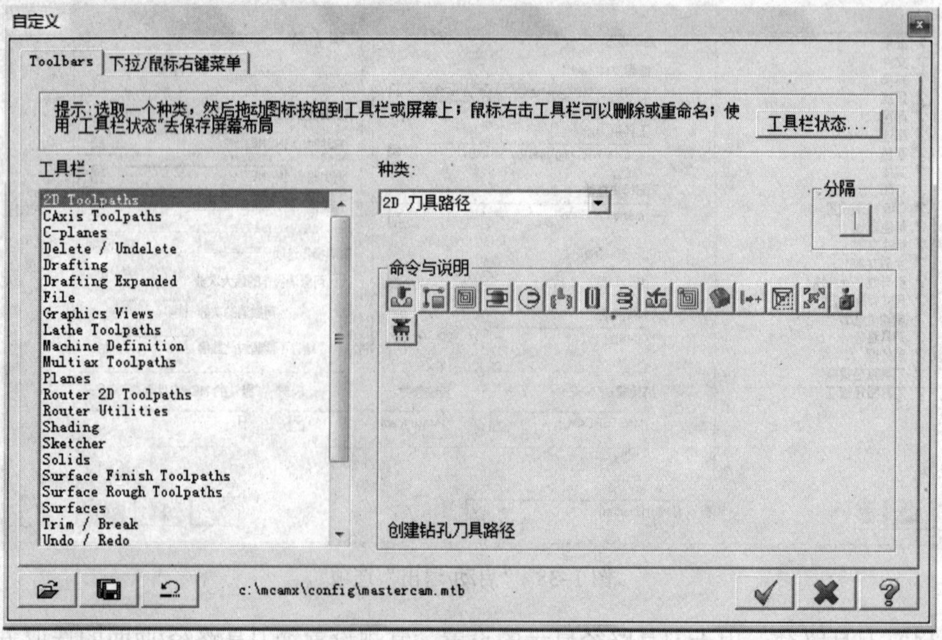

图 1–40 “自定义”对话框

活动 3　栅格设置

当用户在视图中设置了栅格并显示出来，可以帮助用户提高绘图的精度和效率，但所显示出来的栅格并不会被打印出来。选择“屏幕”|“栅格参数”命令，将弹出“栅格参数”对话框，然后进行栅格的颜色、大小等设置，如图 1–41 所示。

（1）启用栅格：当选择“启用栅格”复选框时，这时用户在视图中绘图时，系统自动捕捉光标附近的栅格线交点（没有显示栅格时也同样能够捕捉）。此时用户可选择捕捉的方式（有“接近”和“始终”），当选择“接近”单选项时，则用户在视图中绘制图形时也可能捕捉非交点进行绘制；如果选择“始终”单选项时，则用户在视图中只能在交点的位置开始绘制。

（2）显示栅格（注：Mastercam X 中文版文字错误、不是显于栅格）：当选择“显示栅格”复选框时，则所设置的栅格大小及栅格线颜色等才能显示在视图中，如图 1–42 所示。

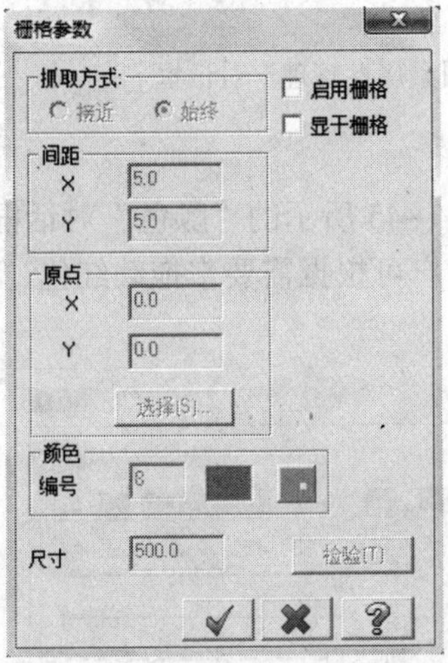

图 1–41　“栅格参数”对话框

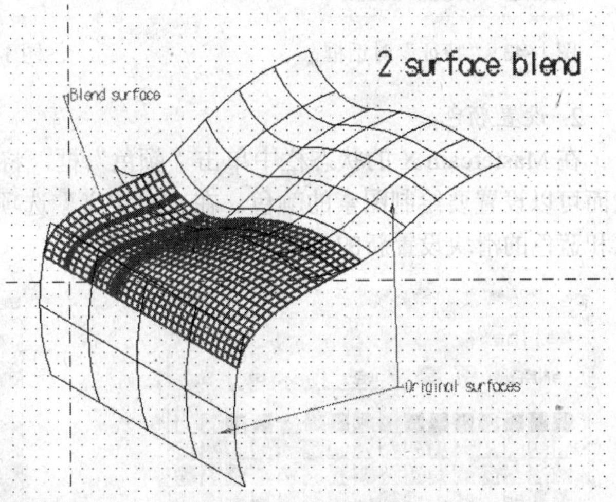

图 1–42　显示栅格

活动 4　图素设置

当用户在视图中所绘制的图素需要改变线型、线宽及颜色等时，可通过状态栏来改变图素的属性。

1. 设置属性

在 Mastercam X 的状态栏中单击“属性”按钮，将弹出图 1–43 所示的“特征”对话框，在该对话框中可以一次性设置图素的颜色、线型、点样式、层别、线宽及曲面密度等，从而使下次所绘制的图素按照所设置的属性来显示。

选择“图素属性管理器”复选框并单击该按钮时，将弹出图 1–44 所示的“图素属性管理”对话框，通过该对话框可以设置每种类型图素（如点、圆弧、曲面等）所具有的层别、颜色、线型及线宽等属性，但在绘制图素时，所绘制的图素属性与当前的层别、颜色、线型及线宽等无关。

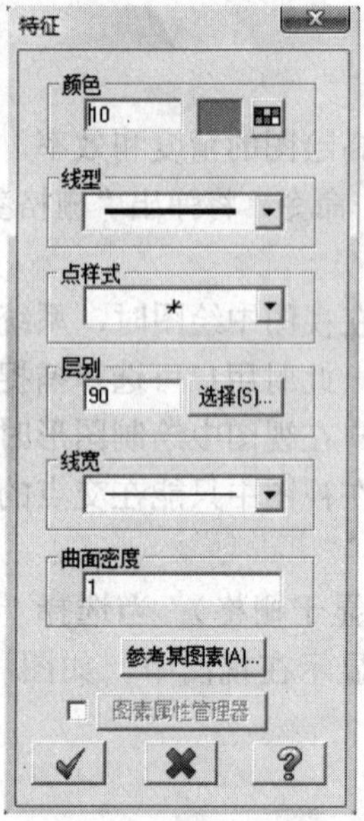

图 1–43 “特征”对话框

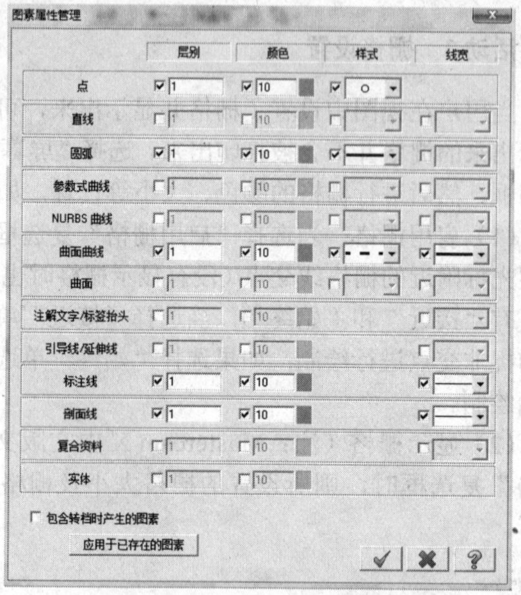

图 1–44 “图素属性管理”对话框

2. 设置颜色

在 Mastercam X 的状态栏中单击“颜色”框，将弹出图 1–45 所示的“颜色”对话框，从而可以设置要绘制图素的颜色。在“自定义”选项卡中用户可根据需要来拖动红色、绿色和蓝色的滑块设置新的颜色，如图 1–46 所示。

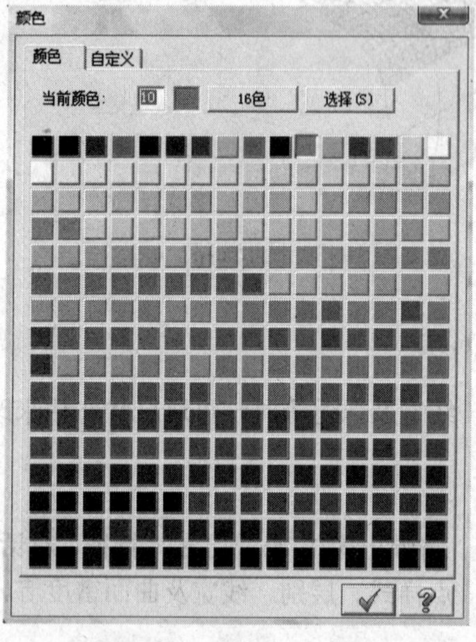

图 1–45 “颜色”对话框

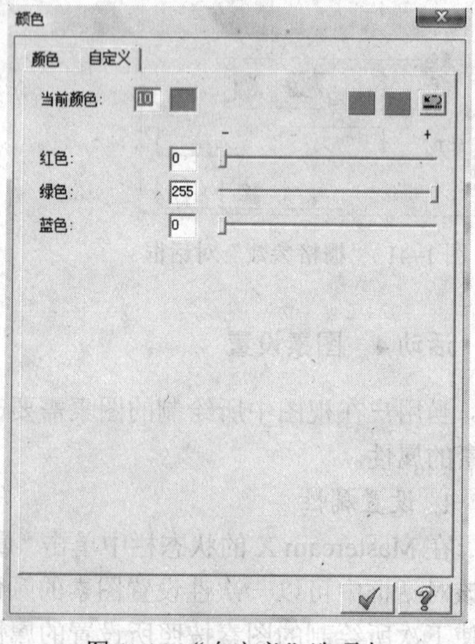

图 1–46 “自定义”选项卡

3. 设置线型和线宽

在 Mastercam X 的状态栏中可以单独设置所要绘制图素的线型或线宽。直接单击线型或线宽右侧的倒三角按钮，然后在弹出的列表框中选择相应的线型或线宽即可，如图 1–47

和图 1–48 所示。

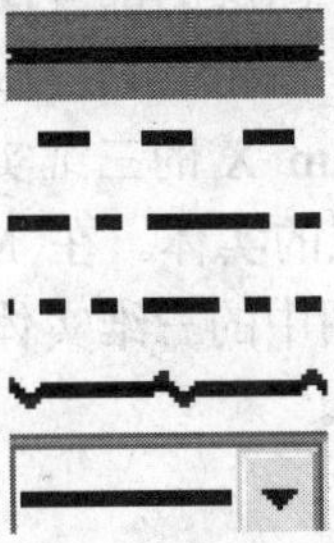

图 1–47　设置线型

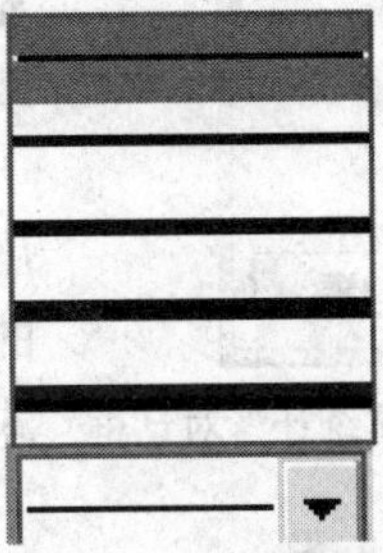

图 1–48　设置线宽

4. 设置层别

用户通过层别的管理，可灵活地控制所绘制的图素、标注、文字、曲面、实体及刀具路径等，将不同类型的图素放在不同的层别中，从而可有针对性地将其进行显示与隐藏等操作。

在 Mastercam X 的状态栏中单击“层别”按钮，将弹出图 1–49 所示的“层别管理”对话框，在上侧的表格中列出来当前视图中所设置的层别情况。

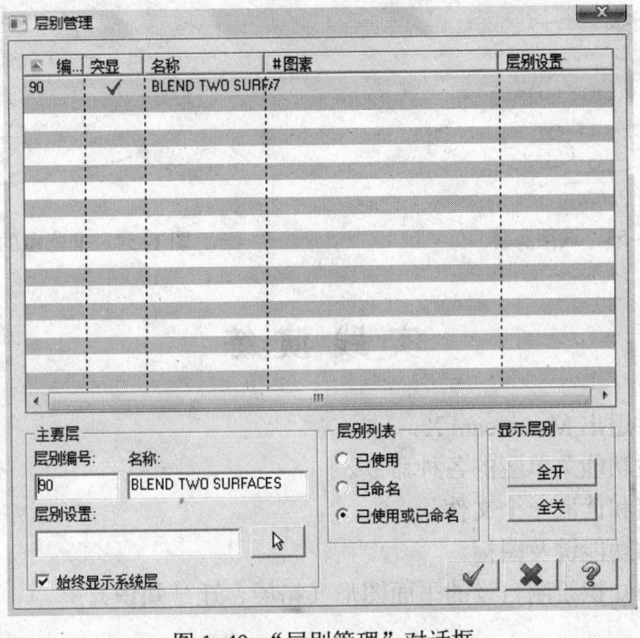

图 1–49　“层别管理”对话框

5. 其他设置

下面针对其他一些设置项进行学习，如屏幕统计、消除颜色、隐藏与恢复图素、着色设置等。

（1）Mastercam X 软件为用户提供了“屏幕统计”功能，它能够将当前图形文件中每种图素的数量进行分类统计。选择“屏幕”|“屏幕统计”命令，将打开“当前统计”对话框，显示每种图素数量。图 1–50 所示为“当前统计”对话框。

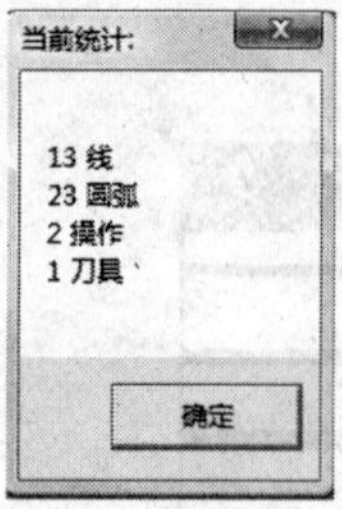

图 1–50 “当前统计”对话框

（2）隐藏与恢复图素。用户可以对指定的图层进行隐藏与显示，但通过图层的方式不能将同一图层的部分图素进行隐藏或消隐操作。

（3）着色设置。在设计 Mastercam X 的三维实体图形时，用户可通过着色设置来显示不同模式的实体。在 Mastercam X 的“Shading”工具栏中，可以对视图中的三维实体进行不同模式的显示。如图 1–51～图 1–54 所示。

图 1–51 图形着色

图 1–52 含轮廓线的着色实体

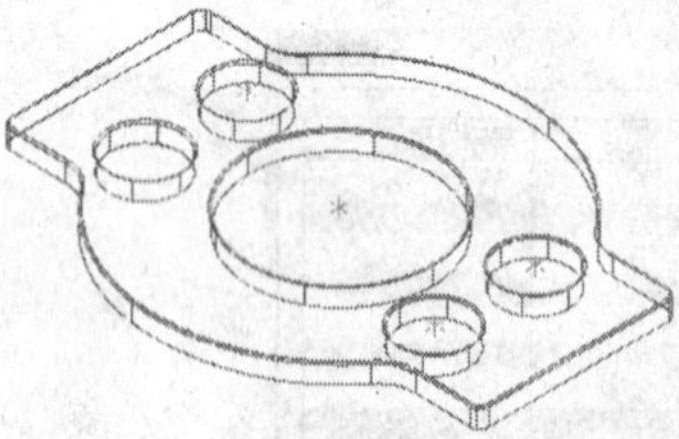

图 1–53 线架实体

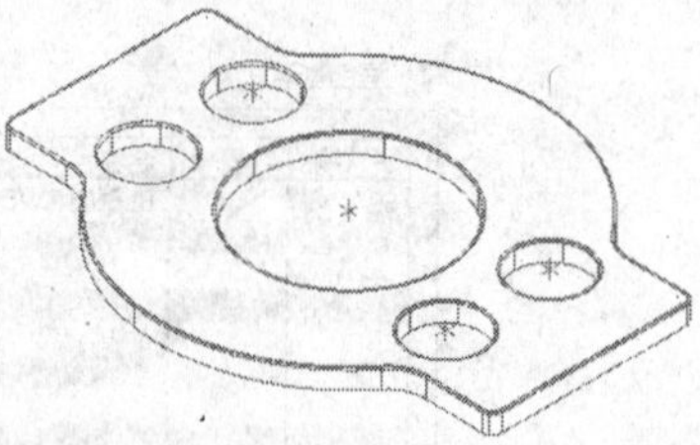

图 1–54 非隐藏的线架实体

实 践 演 练

1. 合理启动并退出 Mastercam X。
2. 学会调用主功能菜单区的各种命令。
3. 新建、存储和读取一个文件。
4. 熟悉常用的功能键及图标。
5. 运用学习的知识绘制自设的平面图形（拓展、迁延知识）。

学 后 感 言

学习情境 2　二维铣削加工

情境描述

本学习情境介绍二维图形的编辑与修改操作，使读者掌握二维图形的基本绘制方法；同时介绍二维铣床数控加工的基本操作，包括外形铣削加工、挖槽铣削加工、面铣削加工、钻孔加工和雕刻加工等操作。让读者对 Mastercam X 的二维铣床数控加工有一个全面的掌握与了解，为进一步学习三维铣削加工打下基础。

工作任务

任务 1　外形铣削加工
任务 2　钻孔加工
任务 3　挖槽加工
任务 4　面铣削加工
任务 5　雕刻加工

任务 1　外形铣削加工

外形铣削刀具路径是沿着一个线性图素，如直线、圆弧、曲线或是以串连图素定义的刀具路径来切削工件，二维外形铣削刀具路径的切削深度是固定不变的。如图 2–1 所示。

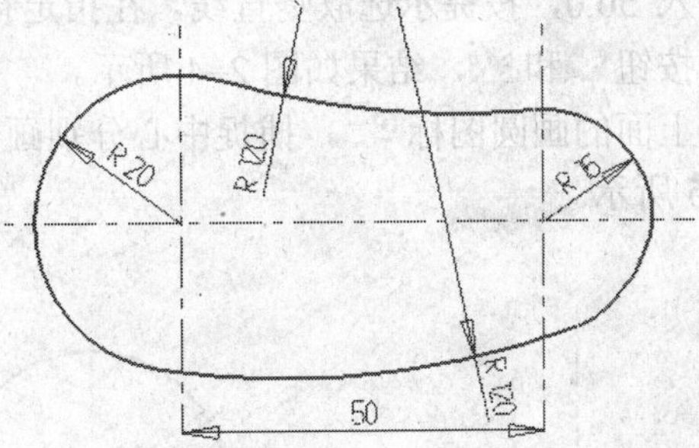

图 2–1　外形铣削加工

活动 1　建模

1. 启动软件

在 Windows 界面下，选择“开始”|“程序”|“Mastercam X”命令，进入 Mastercam X

的用户界面。

2. 参数设定

Z：0.000；作图颜色：13；图层：1；屏幕视角：T；构图平面：T；定线形：实线；线宽：下拉菜单第二条。

3. 绘制二维图形

（1）绘制中心线。单击屏幕工作区上面的“两点画线”图标，在弹出的提示栏里单击图标，在指定长度栏输入 100，在工作区画水平线，单击应用按钮；再单击图标，在指定长度栏输入 100，画一条竖直线，单击应用按钮；然后单击完成，结果如图 2–2 所示。

（2）单击屏幕工作区上面的“单体补正”图标，出现“补正选项”对话框，如图 2–3 所示。

图 2–2　画线

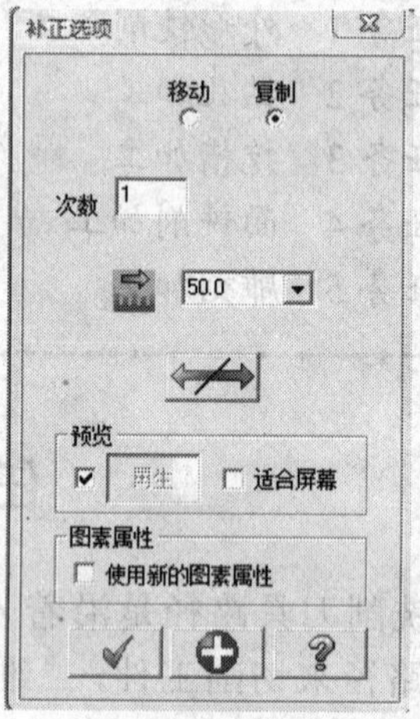

图 2–3　“补正选项”对话框

（3）在指定长度栏输入 50.0，按提示选取竖直线，在指定补正方向提示下，在竖直线右边空白处单击，再单击按钮和，结果如图 2–4 所示。

（4）单击屏幕工作区上面的画圆图标，捕捉中心分别画一个半径为 20 的圆和半径为 10 的圆，结果如图 2–5 所示。

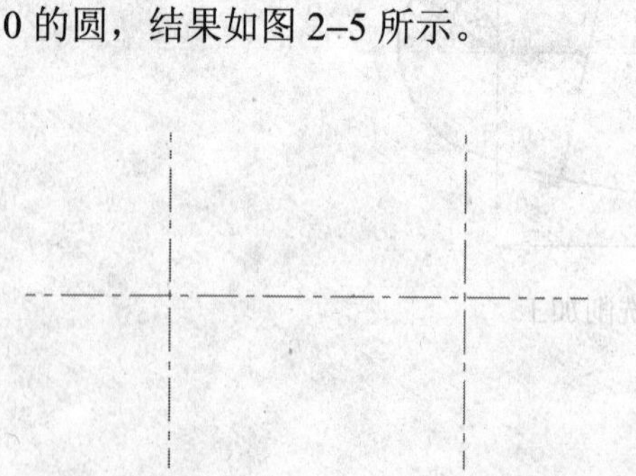

图 2–4　补正竖直线

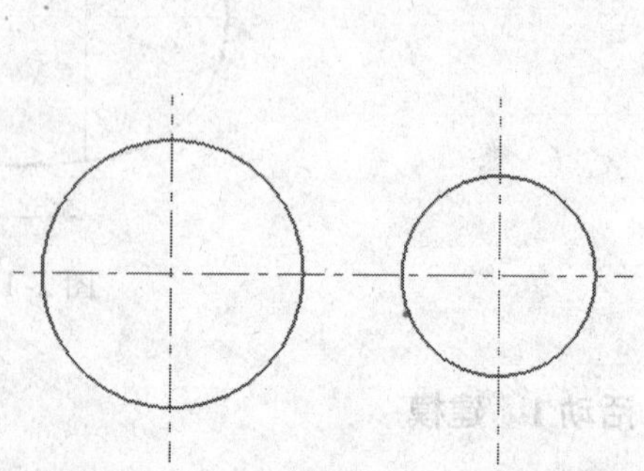

图 2–5　画两个圆

（5）选取倒圆角命令，在弹出的提示栏里，输入半径 120，选“正向”、“不修剪”选项，按提示画切弧。删除中心线，结果如图 2–6 所示。

（6）选取“修剪/打断”命令，单击“分割物体”按钮，选取需要删除的曲线，再将线型设为粗实线，线宽选下拉菜单第二条，结果如图 2–7 所示。

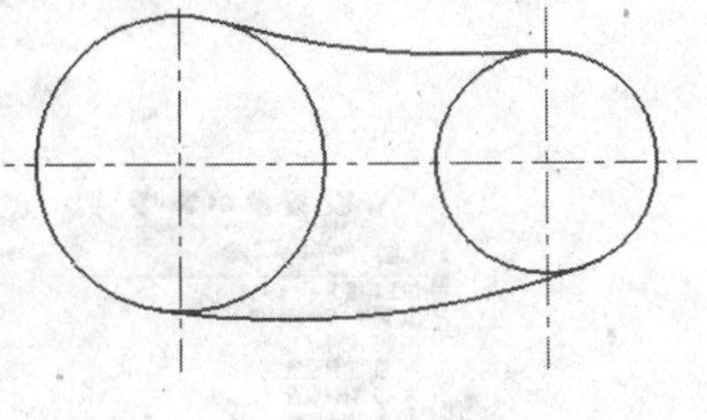

图 2–6 画 2 条线

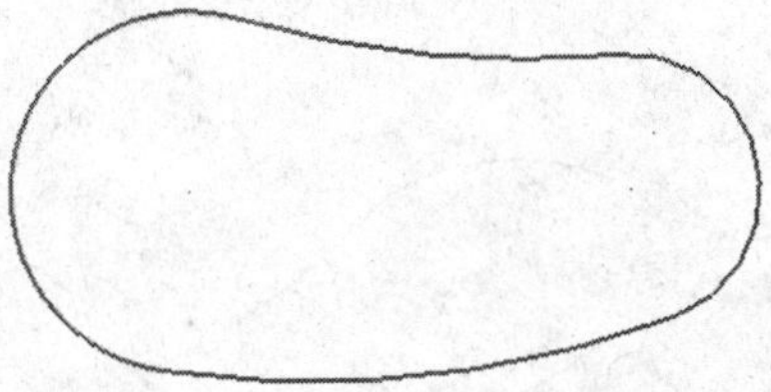

图 2–7 修改后的线型

（7）单击“文件”菜单，出现图 2–8 所示菜单，单击“另存文件”子菜单，出现图 2–9 所示“另存为”对话框，按图示设置路径，输入文件名：“T1.MCX”，最后单击按钮保存文件。

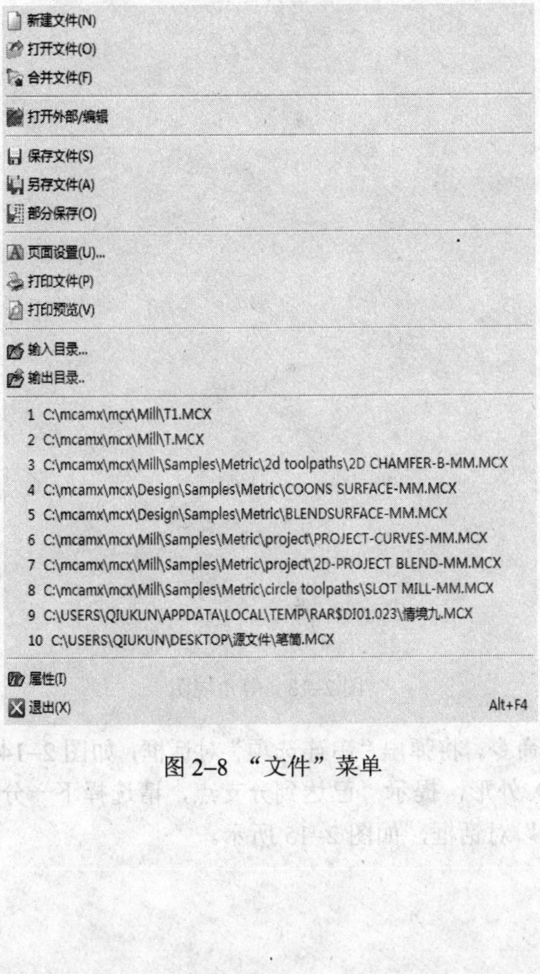

图 2–8 “文件”菜单

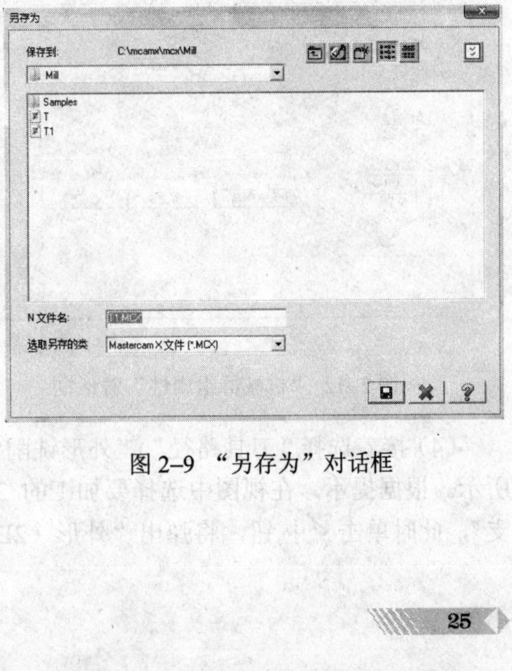

图 2–9 “另存为”对话框

活动 2　加工模拟

（1）启动 Mastercam X 软件，打开“T1.MCX”文件，状态栏设置如下。

Z：0.000；作图颜色：12；图层：1；屏幕视角：I；构图平面：T；线型：实线；线宽：下拉菜单第二条。如图 2–10 所示。

（2）选择“机床类型”|“铣削”|“默认”命令，打开“刀具路径管理器”窗口，如图 2–11 所示。

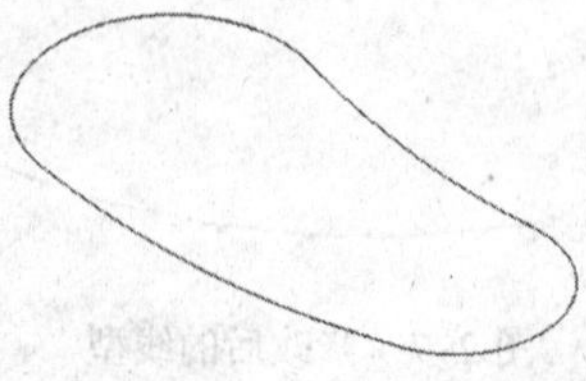

图 2–10　设置后的图形

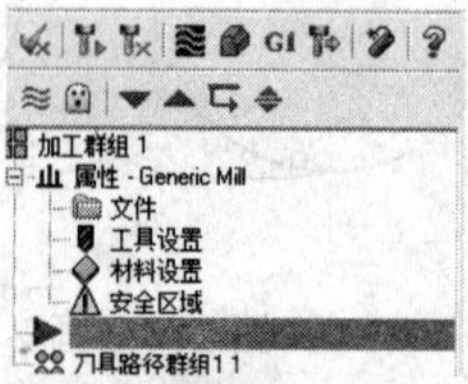

图 2–11　“刀具路径管理器”窗口

（3）将“属性”项展开，选择“材料设置”项，将弹出“机械群组属性”对话框，勾选“显示方式”复选框，并单击“选取对角”按钮，然后在视图中选取对角点返回，在“Z”文本框输入 5.0，如图 2–12 所示。单击按钮，结果如图 2–13 所示。

图 2–12　“机械群组属性”对话框

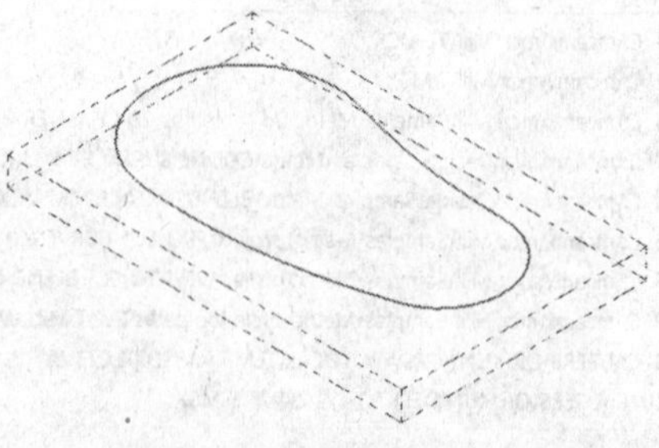

图 2–13　等角视图

（4）接着选择“刀具路径”|“外形铣削”命令，将弹出“串连选项”对话框，如图 2–14 所示。根据提示，在视图中选择要加工的 2D 外形，提示“已达到分支点，请选择下一分支”，此时单击按钮，将弹出“外形（2D）”对话框，如图 2–15 所示。

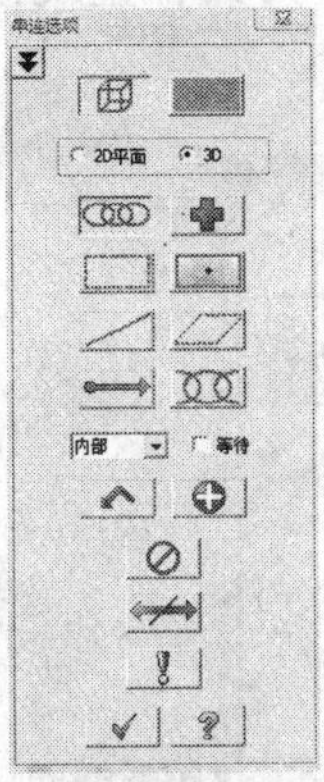

图 2–14 “串连选项”对话框

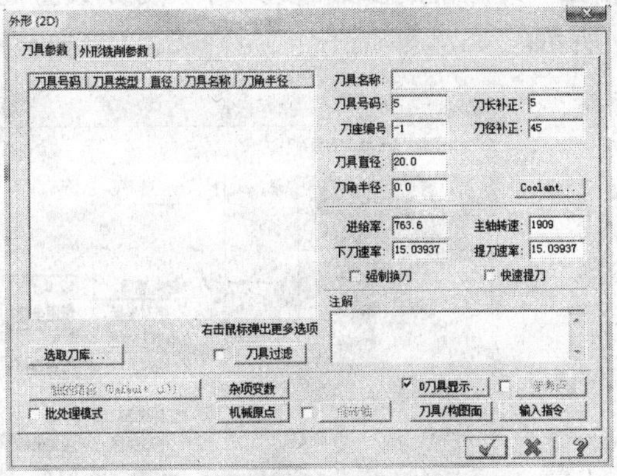

图 2–15 “外形（2D）”对话框

（5）单击“选取刀库”按钮，出现“刀具选择”对话框，如图 2–16 所示。选择“211 平底刀”，然后单击✔按钮，返回到“外形（2D）”对话框。

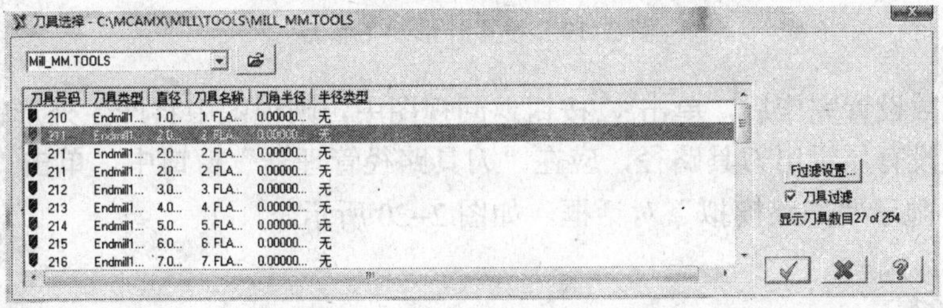

图 2–16 “刀具选择”对话框

（6）在“外形（2D）”对话框中，双击选重的“平底刀”，将弹出“定义刀具”对话框，如图 2–17 所示。单击✔按钮，回到“外形（2D）”对话框。分别输入“进给率”、“下刀速率”、“提刀速率”和“主轴转速”等参数，如图 2–18 所示。

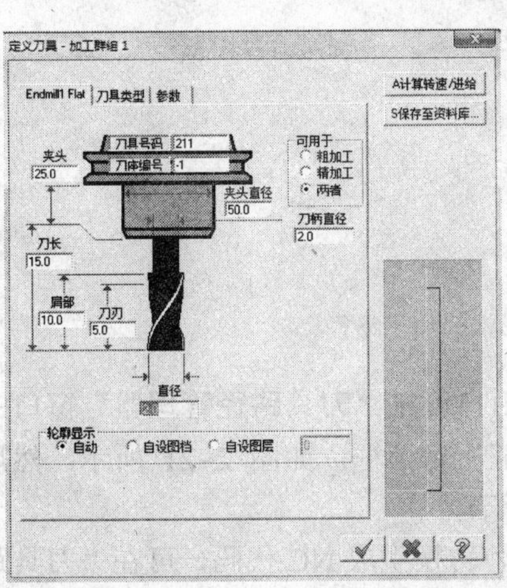

图 2–17 “定义刀具”对话框

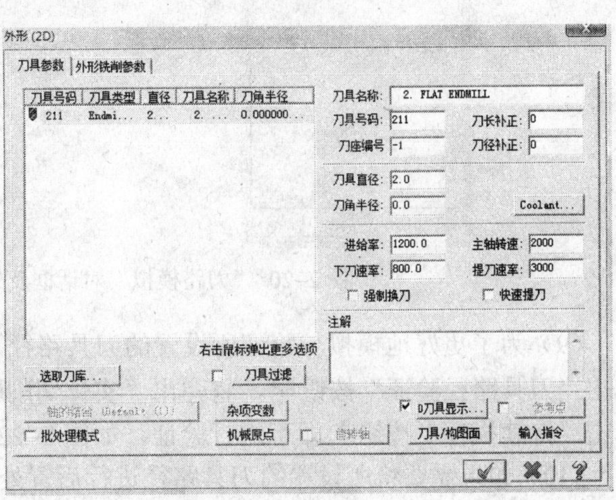

图 2–18　设置刀具参数

（7）单击“外形铣削参数”选项卡，分别设置高度、加工类型、刀具补正及预留量等，如图 2–19 所示。

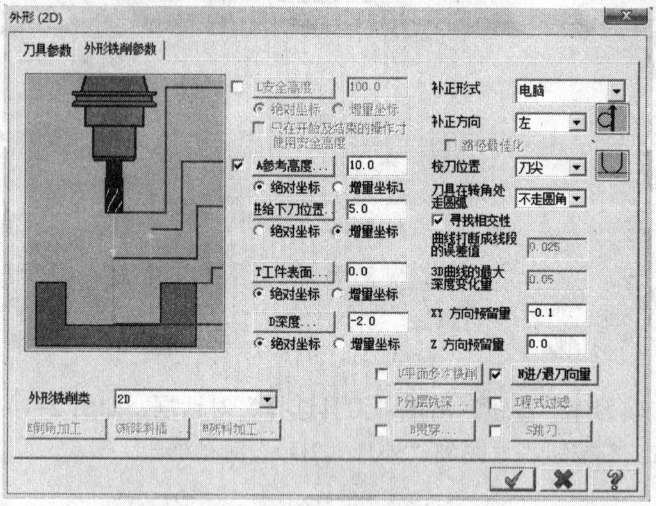

图 2–19　设置外形加工参数

（8）当参数设置完毕后，单击按钮返回视图中，则视图中将产生外形铣削的加工路径，若视图中没有显示出刀具路径，应在“刀具路径管理器”窗口中，单击“显示/隐藏路径”按钮，显示“刀路模拟”对话框，如图 2–20 所示。

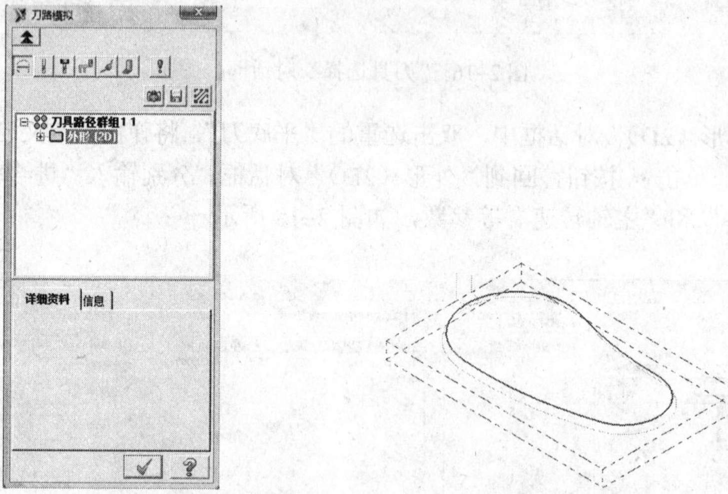

图 2–20　“刀路模拟”对话框及外形铣削加工路径

（9）为了更好地模拟与验证所设置的刀具路径，用户可在“刀具路径管理器”窗口中单击“刀具路径验证”按钮，将弹出“实体切削验证”对话框，如图 2–21 所示。然后单击“持续执行”按钮▶即可进行验证，如图 2–22 所示。

（10）如果需要将所设置的刀具路径进行后置处理，转换生成 NC 代码，可在“刀具路径管理器”窗口中单击“后置处理”按钮G1，将弹出“后处理程式”对话框，然后依次单击按钮，即可生成 NC 或 NCI 文件代码，如图 2–23 所示。

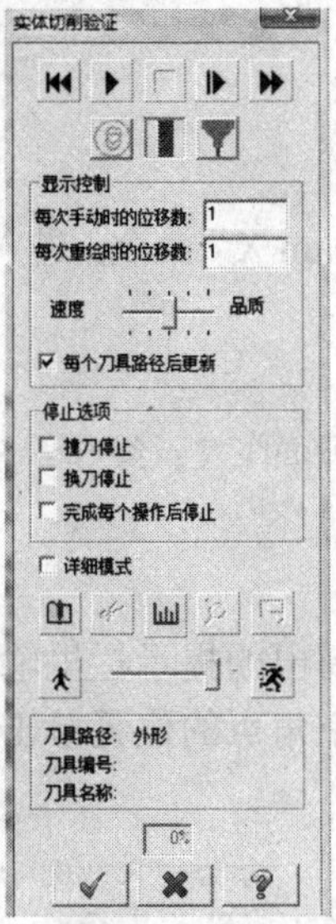

图 2–21　“实体切削验证”对话框

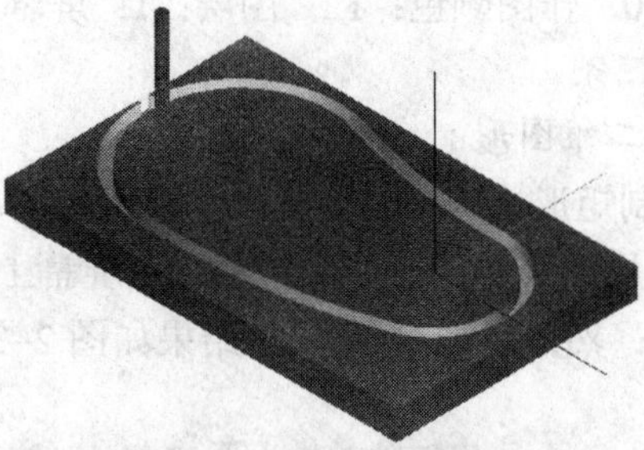

图 2–22　验证刀具路径

图 2–23　“后处理程式”对话框及刀具路径生成 NC 代码

（11）选择“文件”|“另存文件”命令，将该加工文件保存。

任务 2　钻 孔 加 工

钻孔加工分为钻孔、攻螺纹和镗孔等多种加工方式，以点或圆弧中心确定加工位置。如图 2–24 所示。

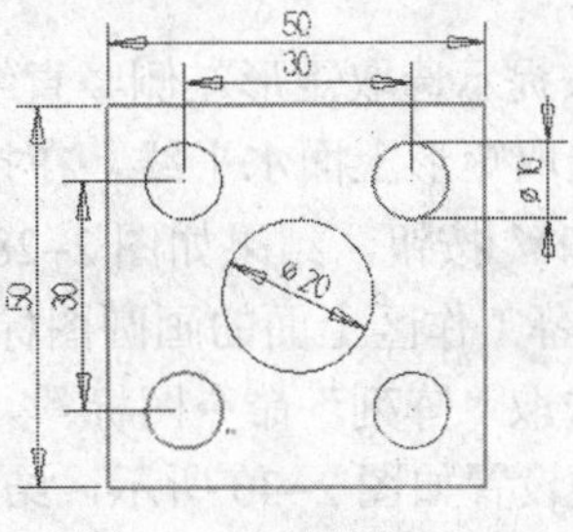

图 2–24　钻孔加工

活动 1　建模

1. 启动软件

在 Windows 界面下，依次单击“开始”|“程序”|“Mastercam X”命令，进入 Mastercam X 的界面。

2. 参数设定

Z：0.000；作图颜色：12；图层：1；屏幕视角：T；构图平面：T；线型：实线；线宽：下拉菜单第二条。

3. 绘制二维图形

（1）绘制矩形。单击屏幕工作区上面的矩形图标，在弹出的提示栏里输入矩形的宽度 50.0 和长度 50，如图 2–25 所示，在屏幕上选取矩形第一个角点的位置单击，单击“应用”按钮；然后单击完成，结果如图 2–26 所示。

图 2–25　“矩形”命令提示栏

（2）单击屏幕工作区上面的单体补正图标，出现“补正选项”对话框，如图 2–27 所示。

图 2–26　绘制的正方形

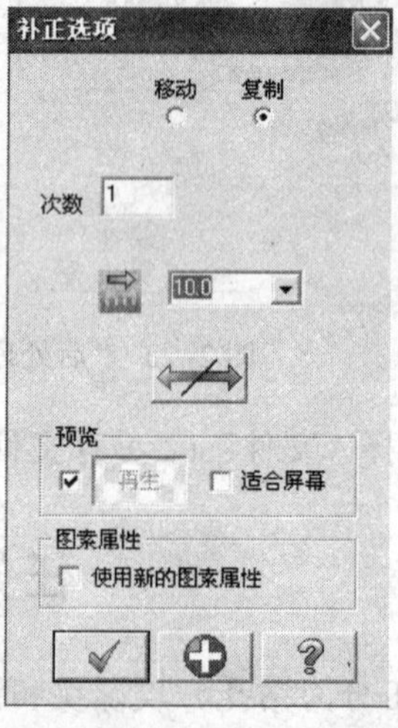

图 2–27　“补正选项”对话框

在指定长度栏输入 10.0，按提示选取矩形左侧竖直线，在指定补正方向提示下，在左侧竖直线右边空白处单击，再选取矩形上面水平线，在指定补正方向提示下，在上面水平线下边空白处单击，再单击和按钮，结果如图 2–28 所示。

（3）绘制 4 个圆孔。单击屏幕工作区上面的画圆图标，捕捉中心分别画一个半径为 5 的圆，结果如图 2–29 所示。选取“阵列”命令图标，选取阵列对象小圆，按 Enter 键，出现“矩阵选项”对话框，参数设置如图 2–30 所示，结果如图 2–31 所示。

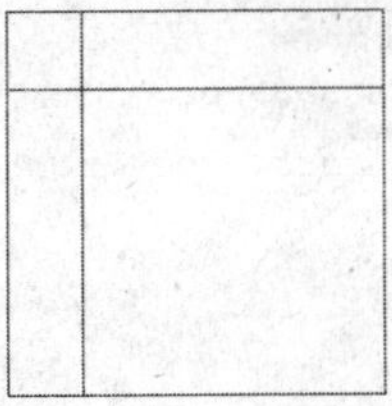

图 2–28　正方形内画交叉直线

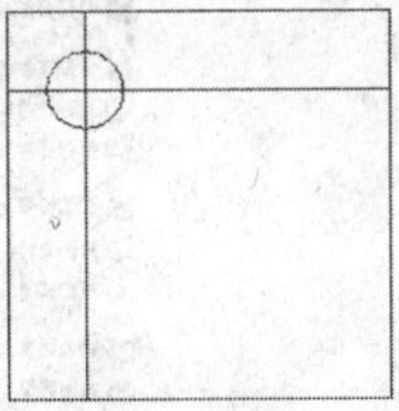

图 2–29　以交叉点为圆心画圆

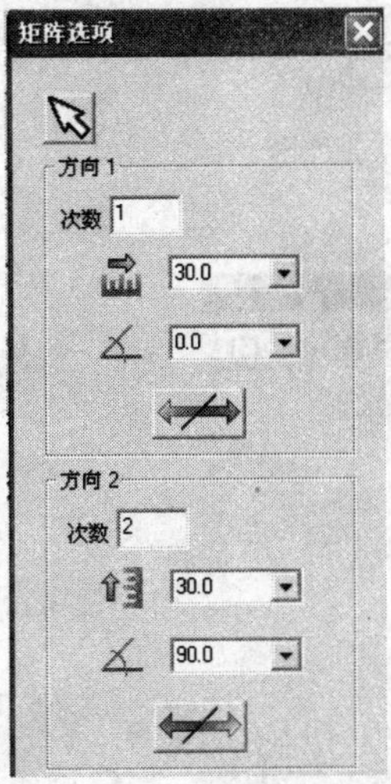

图 2–30 “矩阵选项”对话框

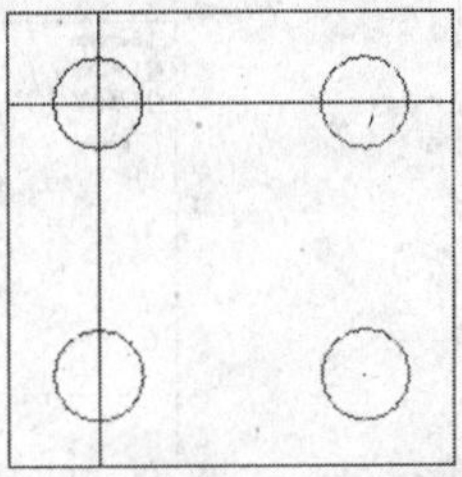

图 2–31　陈列后的 4 个小圆

选取“直线”命令，绘制正方形的对角线，再取“圆”命令，绘制 R10 的圆，如图 2–32 所示，删除对角线，结果如图 2–33 所示。

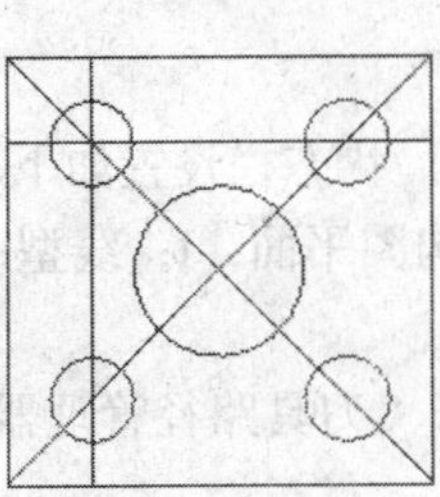

图 2–32　绘制对角线

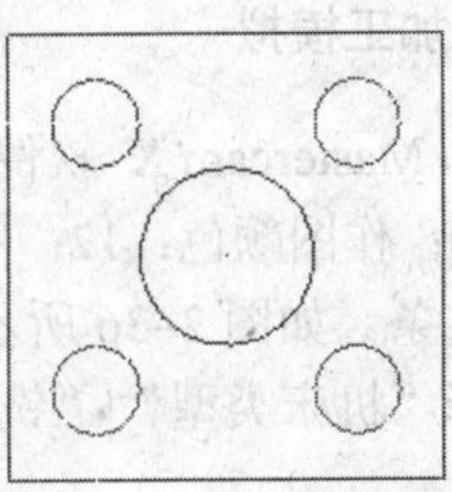

图 2–33　绘制大圆

（4）单击“文件”菜单，如图 2–34 所示，单击“另存文件”子菜单，出现图 2–35 所示“另存为”对话框，按图示设置路径，输入文件名：“T2.MCX”，最后单击按钮保存文件。

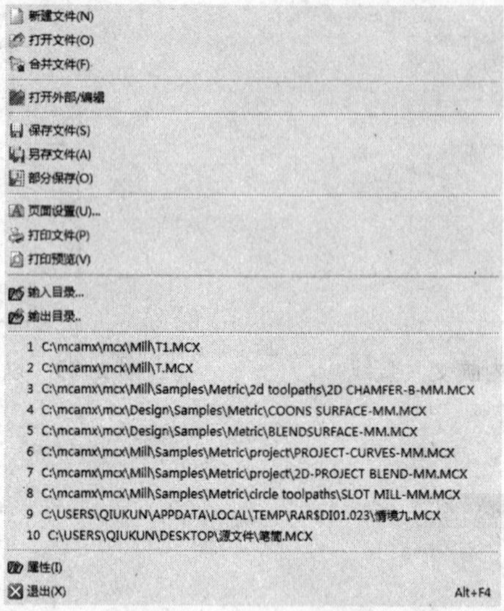

图 2–34 “文件”菜单

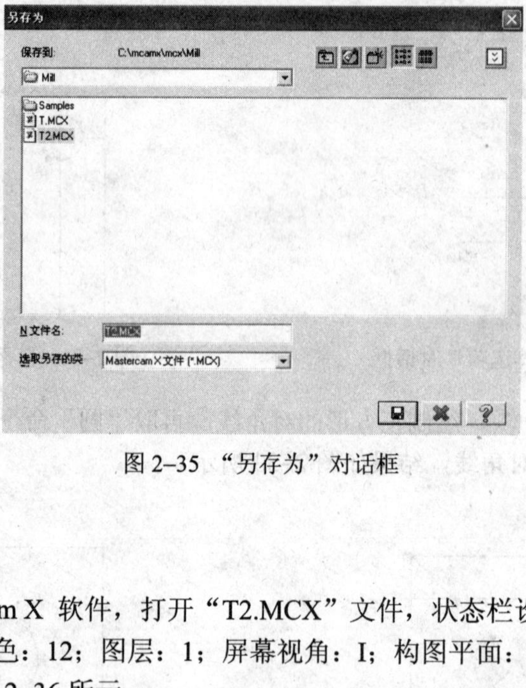

图 2–35 “另存为”对话框

活动 2　加工模拟

（1）启动 Mastercam X 软件，打开“T2.MCX”文件，状态栏设置如下。

Z：0.000；作图颜色：12；图层：1；屏幕视角：I；构图平面：I；线型：实线；线宽：下拉菜单第二条。如图 2–36 所示。

（2）选择“机床类型”|“铣削”|“默认”命令，打开“刀具路径管理器”窗口，如图 2–37 所示。

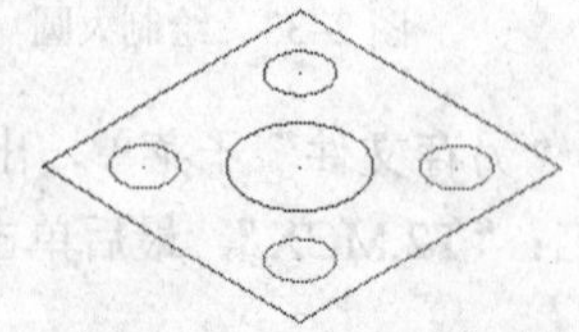

图 2–36　参数设置后的图形

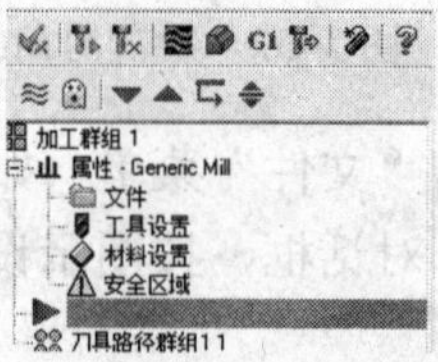

图 2–37 “刀具路径管理器”窗口

（3）将“属性”项展开，选择“材料设置”项，将弹出“机器群组属性”对话框，勾选“显示方式”复选框，并单击“选取对角”按钮，然后在视图中选取对角点返回，在“Z”文本框输入 10，如图 2–38 所示。单击按钮，结果如图 2–39 所示。

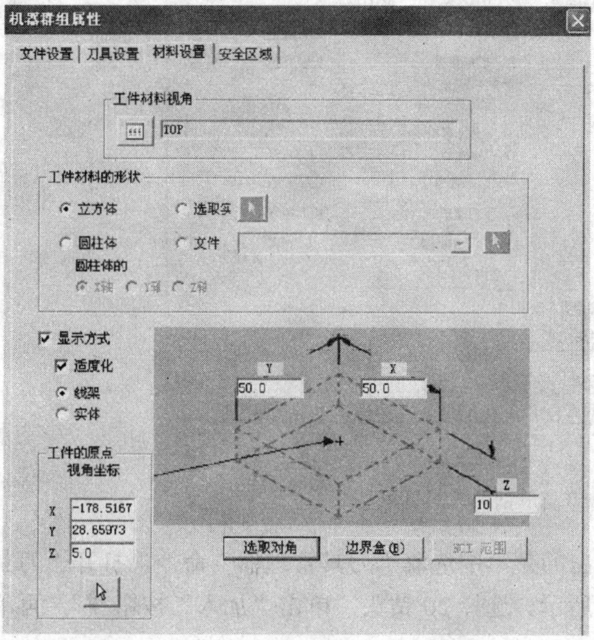

图 2–38 “机器群组属性”对话框

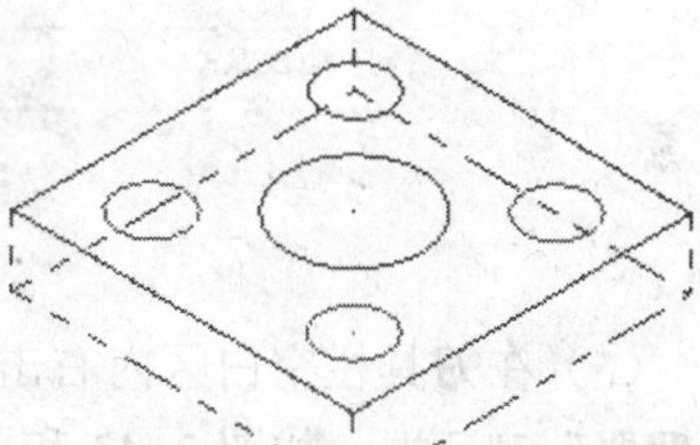

图 2–39　等角视图

（4）接着选择“刀具路径”|“钻孔”命令，将弹出“选取钻孔的点”对话框，如图 2–40 所示。根据提示依次在视图中选择要加工的 4 个孔，如图 2–41 所示，然后单击按钮，将弹出“简单钻孔”对话框。如图 2–42 所示。

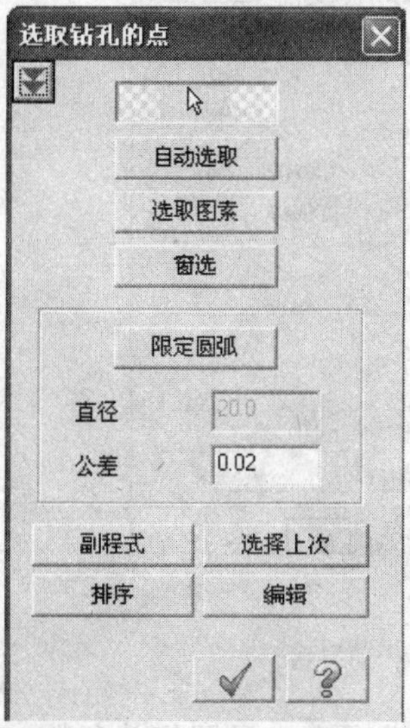

图 2–40 “选取钻孔的点”对话框

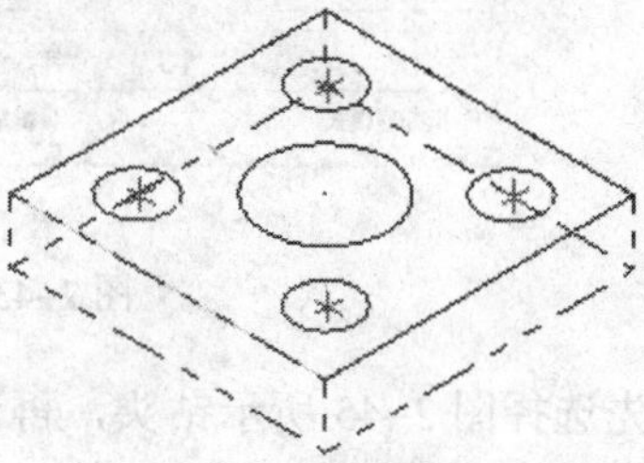

图 2–41　加工 4 个孔

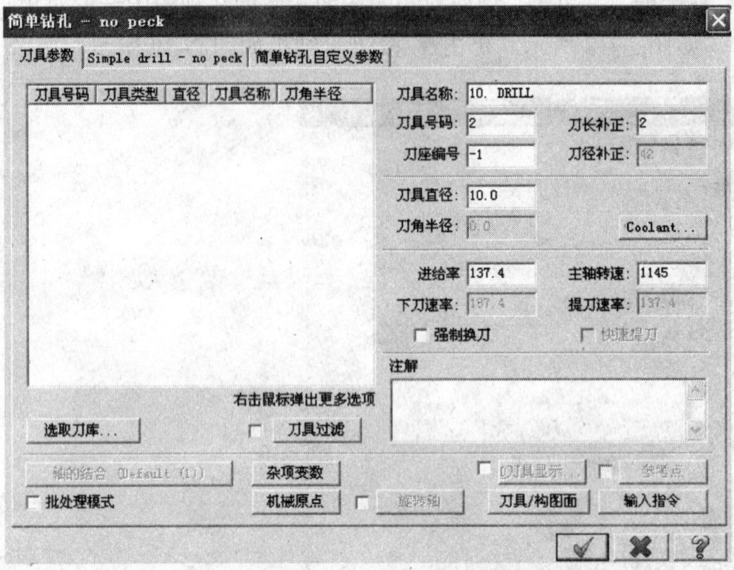

图 2–42 “简单钻孔”对话框

（5）在刀具栏空白区内右击，在弹出的菜单中选取“刀具管理器”命令，打开“刀具管理器”对话框，如图 2–43 和图 2–44 所示。选择 20 钻头，单击“加入”按钮，再单击按钮，结束刀具选择。

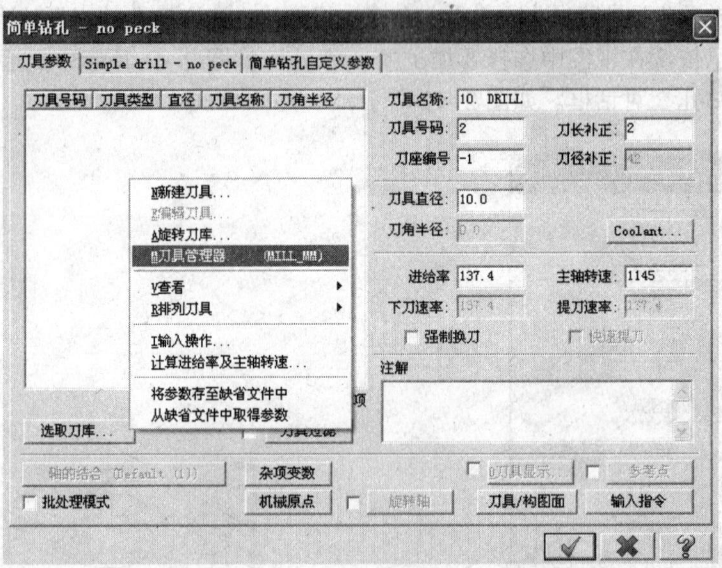

图 2–43 “刀具管理器”命令

（6）先选择图 2–45 所示钻头，再设置刀具参数。

（7）选择图 2–46 所示钻孔参数“simple drill-no peck”选项卡，设置相关参数，单击按钮，产生钻孔刀具路径，如图 4–47 所示。

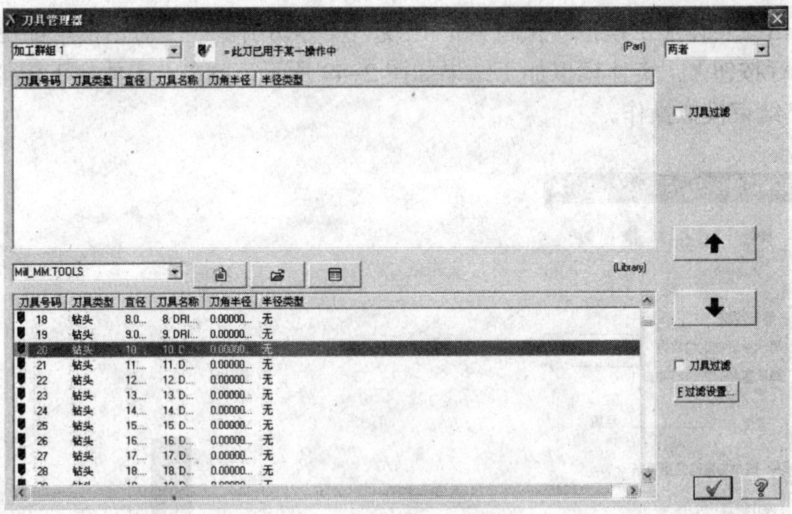

图 2–44　“刀具管理器”对话框

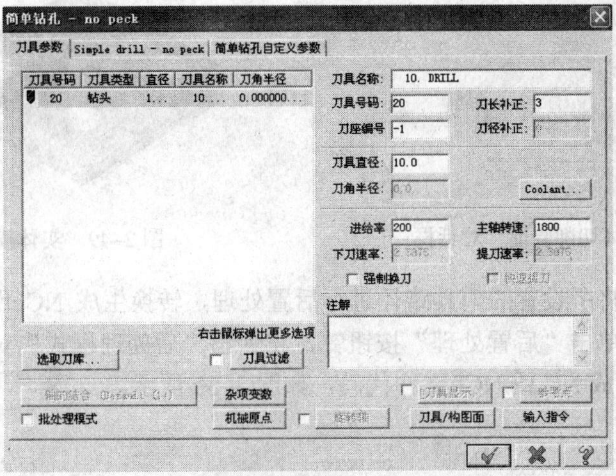

图 2–45　钻头选择及刀具参数设置

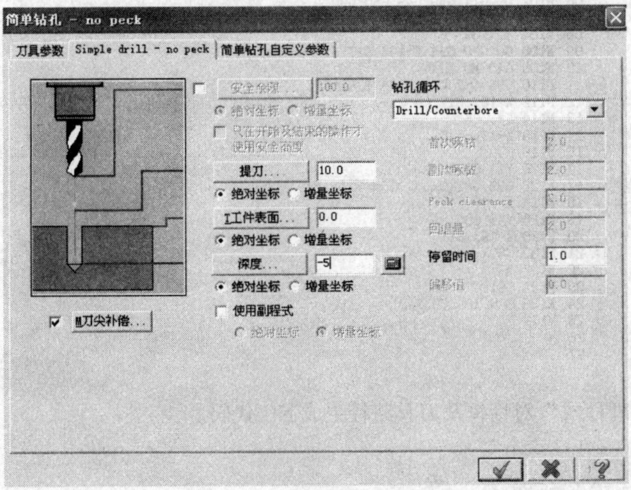

图 2–46　参数设置

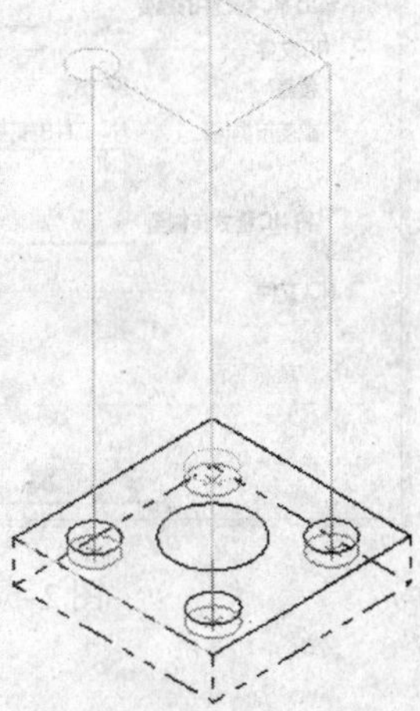

图 2–47　钻孔刀具路径

（8）单击“实体加工模拟”按钮，出现“实体切削验证”对话框，如图 2–48 所示。单击执行按钮，实体模拟加工结果如图 2–49 所示，单击“实体加工模拟”对话框中的按钮，结束模拟操作。

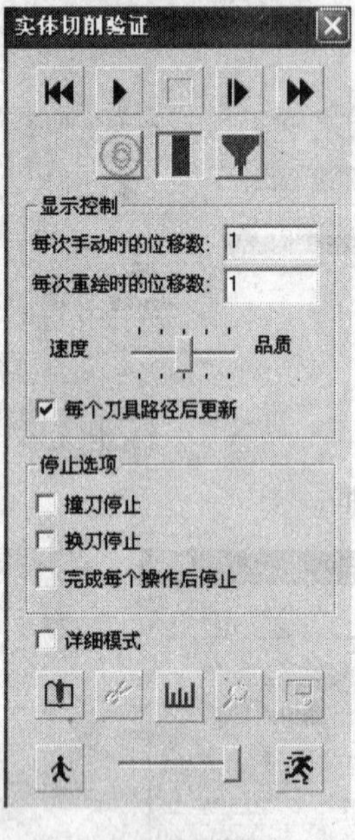

图 2–48 “实体切削验证”对话框

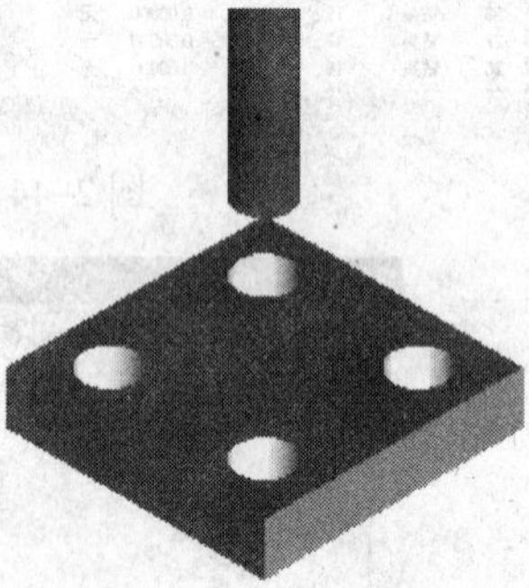

图 2–49 实体模拟

（9）如果需要将所设置的刀具路径进行后置处理，转换生成 NC 代码，可在“刀具路径管理器”窗口中单击“后置处理”按钮，将弹出“后处理程式”对话框，然后依次单击按钮，即可生成 NC 或 NCI 文件代码，如图 2–50 所示。

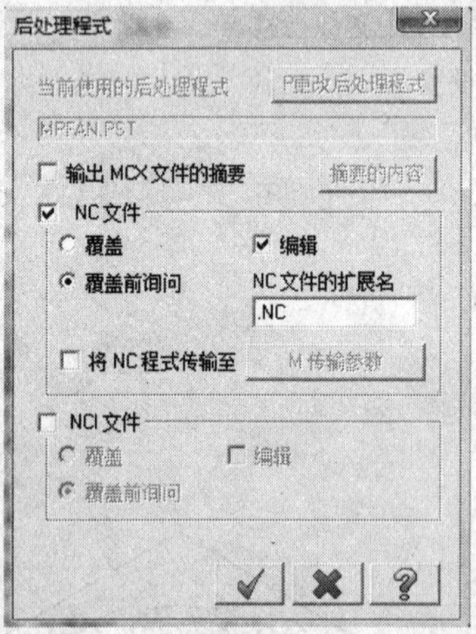


```
%
O0000
(PROGRAM NAME - 2 )
(DATE=DD-MM-YY - 27-06-07 TIME=HH:MM - 13:14 )
N100 G21
N102 G0 G17 G40 G49 G80 G90
( 10. DRILL TOOL - 20 DIA. OFF. - 0 LEN. - 0 DIA. - 10. )
N104 T20 M6
N106 G0 G90 G54 X-193.517 Y13.66 A0. S1800 M3
N108 G43 H0 Z100.
N110 G98 G82 Z-3.004 R10. P1. F200.
N112 X-163.517
N114 Y43.66
N116 X-193.517
N118 G80
N120 Y13.66 Z10.
N122 G99 G82 Z-18.004 R10. P1. F200.
N124 X-163.517
N126 Y43.66
N128 X-193.517
N130 G80
N132 M5
N134 G91 G28 Z0.
N136 G28 X0. Y0. A0.
N138 M30
%
```

图 2–50 “后处理程式”对话框及刀具路径生成 NC 代码

任务 3　挖 槽 加 工

挖槽加工主要应用于封闭区域内面积的加工，能将区域内的材料铣削掉。用于挖槽外形及岛屿的图素必须在同一构图面上，不可以选择三维的串连外形作为挖槽的外形边界。如图 2–51 所示。

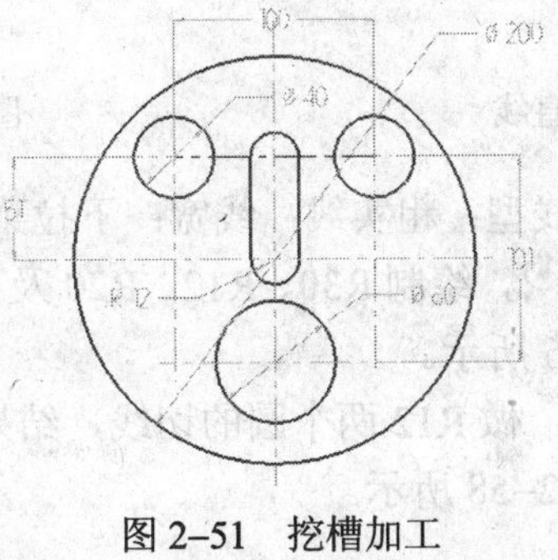

图 2–51　挖槽加工

活动 1　建模

1. *启动软件*

在 Windows 界面下，依次选择“开始” | “程序” | “Mastercam X” 命令，进入 Mastercam X 的用户界面。

2. *参数设定*

Z：0.000；作图颜色：10；图层：1；屏幕视角：T；构图平面：T；线型：细线；线宽：下拉菜单第三条。

3. *绘制二维图形*

（1）选取“直线”命令，绘制基准线，如图 2–52 所示。

（2）单击“单体补正”按钮，出现“补正选项”对话框，输入相关参数，如图 2–53 所示，按提示选取垂直线，再分别在垂直线的左侧、右侧单击，结果如图 2–54 所示，同理可以补正水平线，结果如图 2–55 所示。

图 2–52　绘制基准线

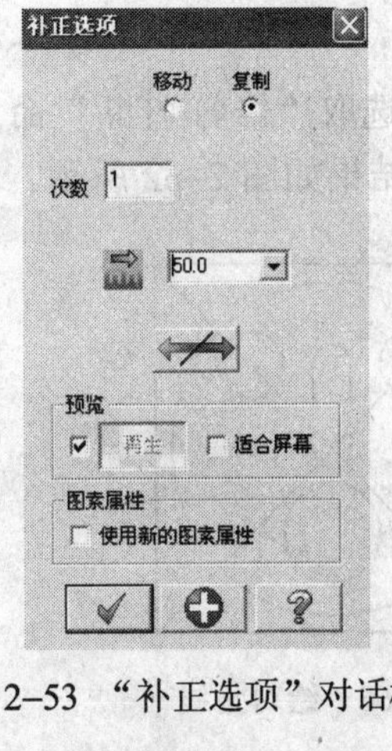

图 2–53 “补正选项”对话框

图 2–54　绘垂直线

图 2–55　绘水平线

（3）重新设置颜色：12；线型：粗实线；线宽：下拉菜单第二条。

（4）选取“圆心+点”命令，绘制 R30、R12、R20 及 R100 圆，并运用“镜像”和“平移”命令，结果如图 2–56 所示。

（5）选取“直线”命令，做 R12 两个圆的切线，结果如图 2–57 所示，选取“修剪/打断”命令，修剪结果如图 2–58 所示。

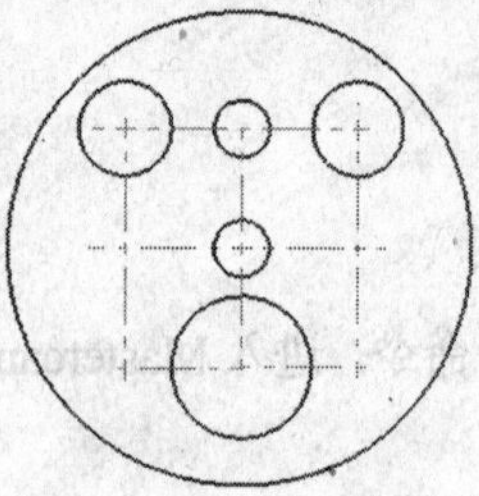

图 2–56　绘制圆

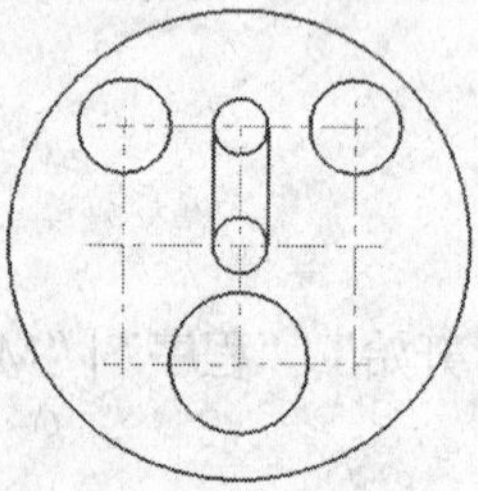

图 2–57　绘切线

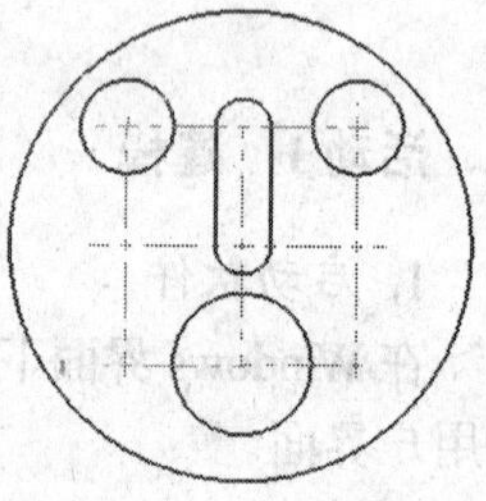

图 2–58　修剪后圆形

（6）选取“矩形”命令，在提示栏输入水平长度：220.0，垂直长度：220.0，如图 2–59 所示。在屏幕上选取“第一个角点的位置”，单击按钮，再按“适度化”按钮，选取“直线”命令，绘制正方形的对角线，然后选取“平移”命令，将绘制的图形移动到正方形的中心。结果如图 2–60 所示。

图 2–59　提示栏内输入参数

（7）选取“修剪/打断”命令，修剪结果如图 2–61 所示。将屏幕视角设置为：等视角（I），结果如图 2–62 所示。

图 2–60　绘对角线

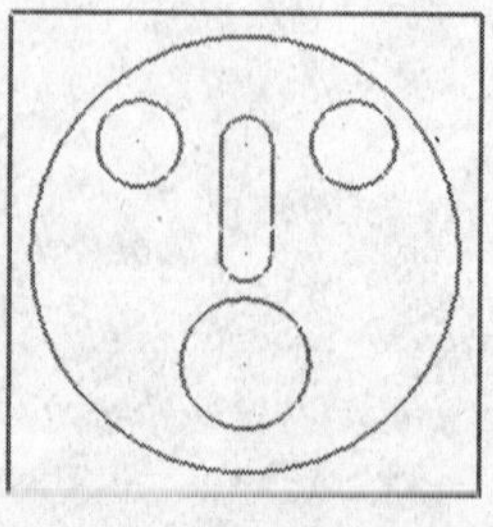

图 2–61　移圆形至中心

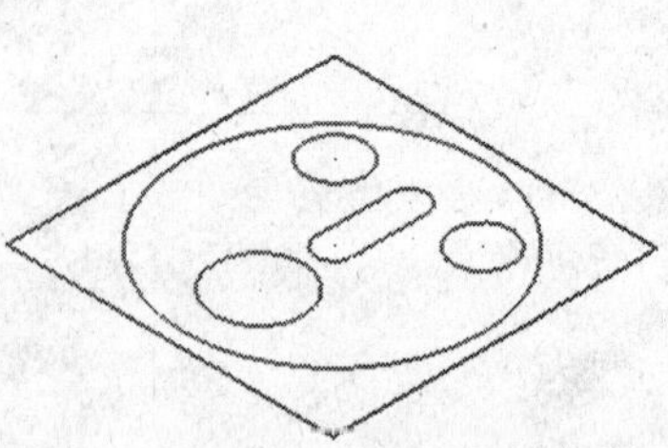

图 2–62　修剪后的结果

4. 保存文件

单击“文件”菜单，如图 2–63 所示，单击“另存文件”子菜单，出现图 2–64 所示“另存为”对话框，按图中设置路径，输入文件名“T3.MCX”，最后单击保存文件按钮 。

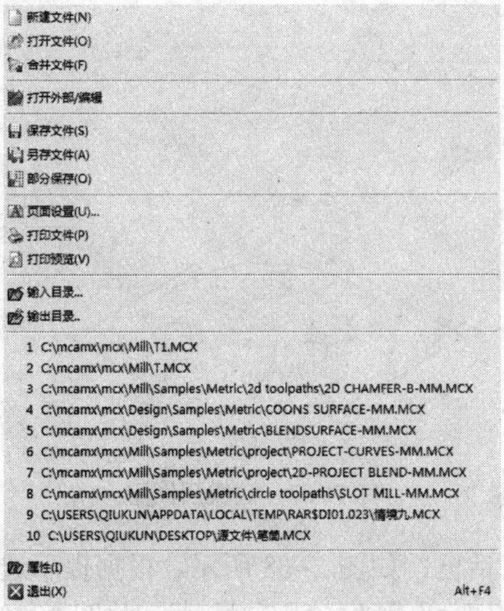

图 2–63 “文件”菜单

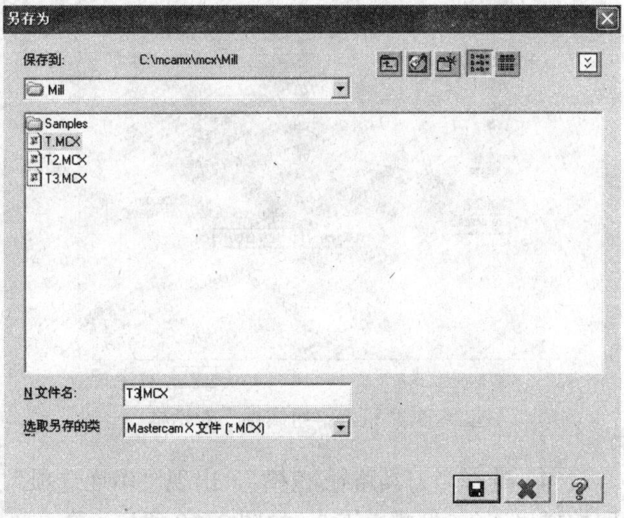

图 2–64 “另存为”对话框

活动 2　加工模拟

（1）启动 Mastercam X 软件，打开“T3.MCX”文件，状态栏设置如下。

Z：0.000；作图颜色：12；图层：1；屏幕视角：I；构图平面：I；线型：实线；线宽：下拉菜单第二条。

（2）选择“机床类型”|“铣削”|“默认”命令，打开“刀具路径管理器”窗口，如图 2–65 所示。

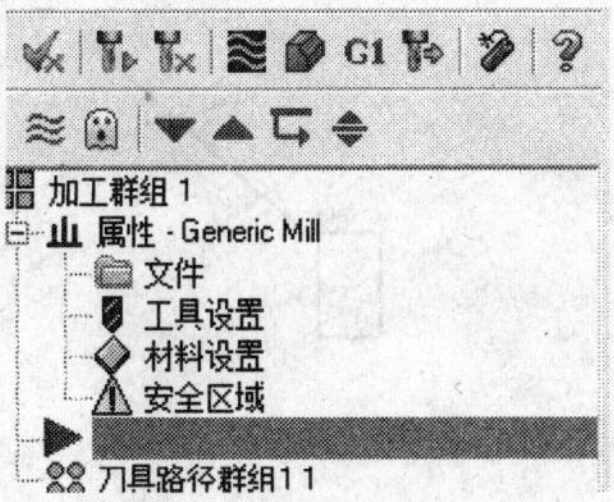

图 2–65 “刀具路径管理器”窗口

（3）将“属性”项展开，选择“材料设置”项，将弹出“机器群组属性”对话框，勾选“显示方式”复选框，并单击“选取对角”按钮，然后在视图中选取对角点返回，在“Z”文本框输入 20.0，如图 2–66 所示。单击 按钮，结果如图 2–67 所示。

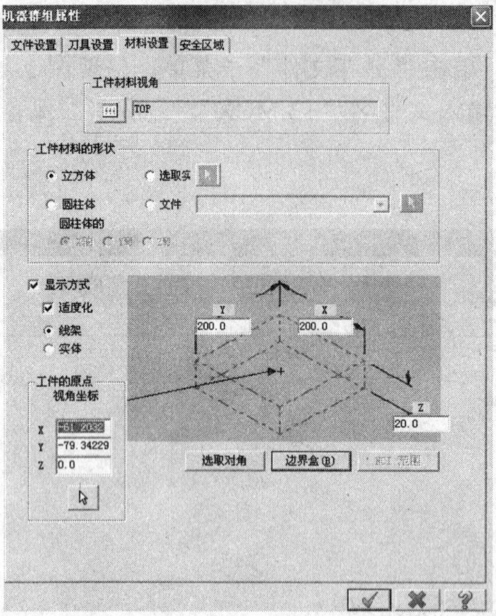

图 2–66 “机器群组属性”对话框

图 2–67 完成后图形

（4）选择“刀具路径/挖槽”，出现“串连选项”对话框，如图 2–68 所示。根据提示选取挖槽串连 1、挖槽串连 2，如图 2–69 所示，单击✔按钮，出现“挖槽”对话框，如图 2–70 所示。

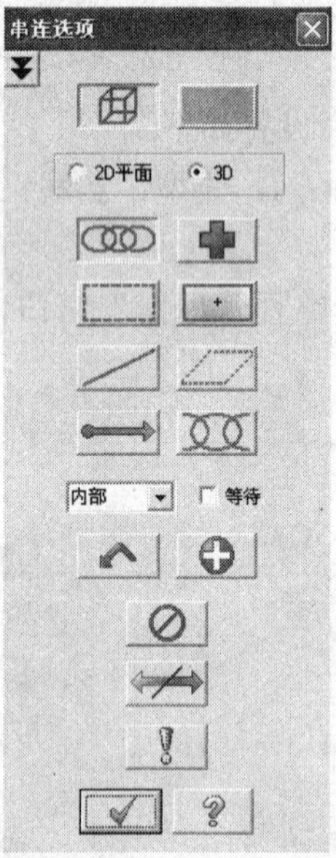

图 2–68 “串连选项”对话框

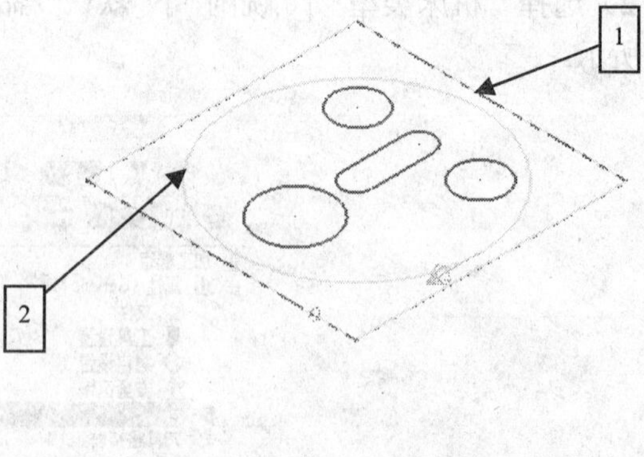

图 2–69 挖槽串连 1 和 2

（5）在刀具栏空白区内右击，在弹出的快速菜单中选取“刀具管理器”，将打开“刀具管理器”对话框。选择$\phi 10$ 平铣刀，单击“加入”按钮 ⬆，再单击✔按钮，结束刀具选择。

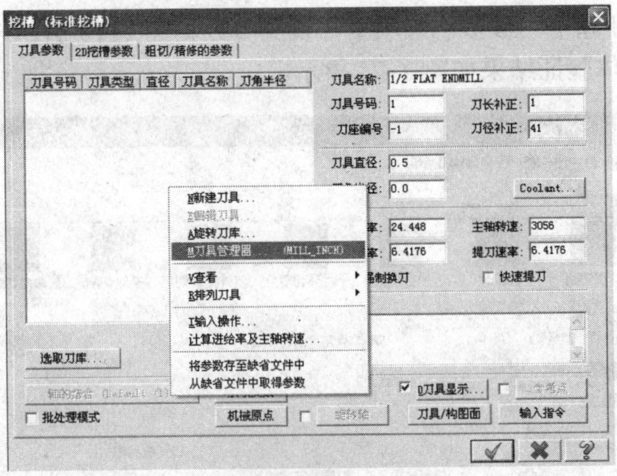

图 2–70 “挖槽”对话框

（6）先选择刀具，如图 2–71 所示，再设置刀具参数。

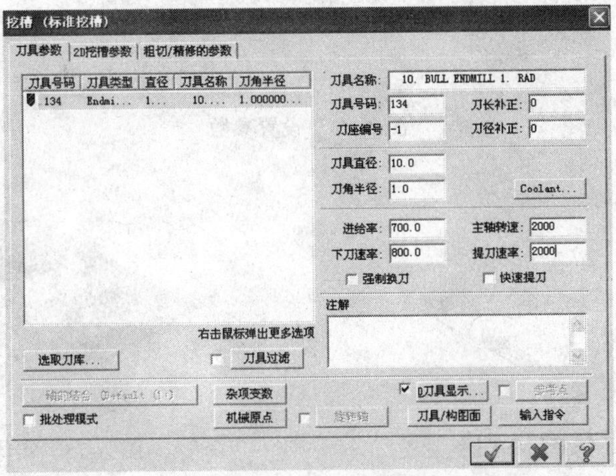

图 2–71　刀具参数设置

（7）选择图 2–72 所示“2D 挖槽参数”选项卡，设置相关参数。

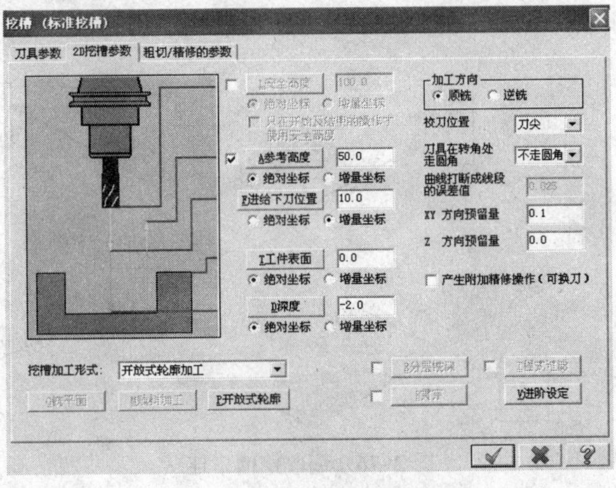

图 2–72　2D 挖槽参数设置

（8）单击“粗切/精修的参数”选项卡，设置参数如图 2–73 所示，单击按钮。结果如图 2–74 所示。实体验证结果如图 2–75 所示。

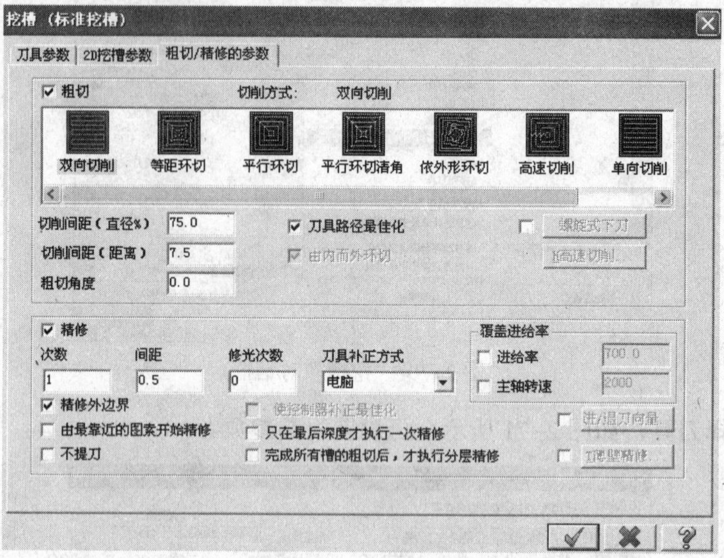

图 2–73　设置参数

图 2–74　粗切/精修后的图形

图 2–75　实体验证结果

（9）同理选择“刀具路径/挖槽”，出现“串连选项”对话框，根据提示选取挖槽串连 1、挖槽串连 2、挖槽串连 3、挖槽串连 4，如图 2–76 所示，单击按钮，出现“挖槽”对话框，如图 2–77 所示。

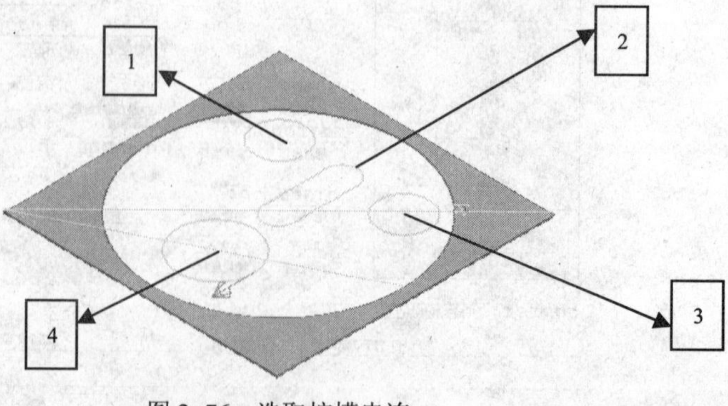

图 2–76　选取挖槽串连

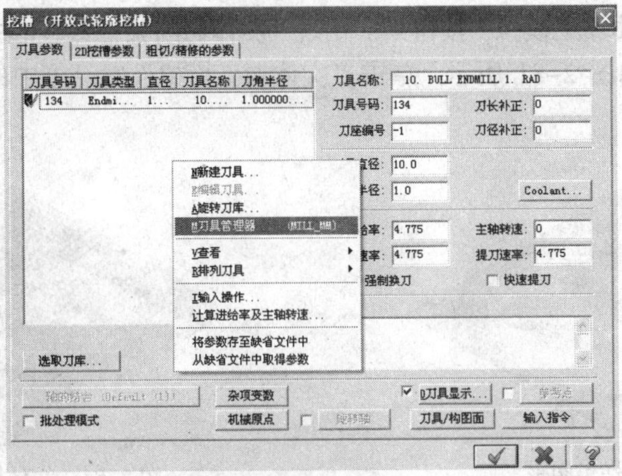

图 2–77　“挖槽”对话框

（10）设置“2D 挖槽参数”，如图 2–78 所示。

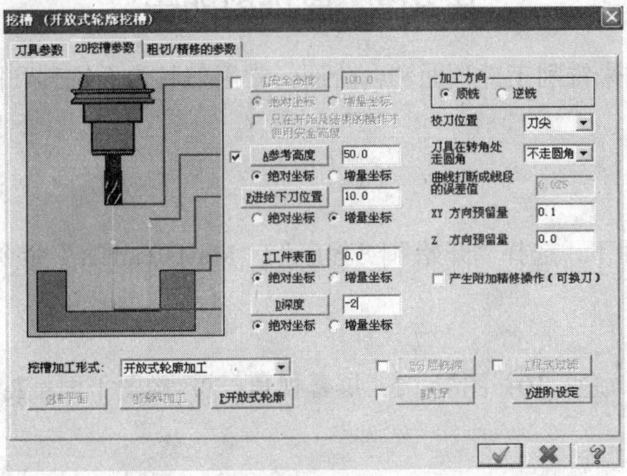

图 2–78　“2D 挖槽参数”设置

（11）设置“粗切/精修的参数”，如图 2–79 所示。单击 ✓ 按钮，结果如图 2–80 所示。

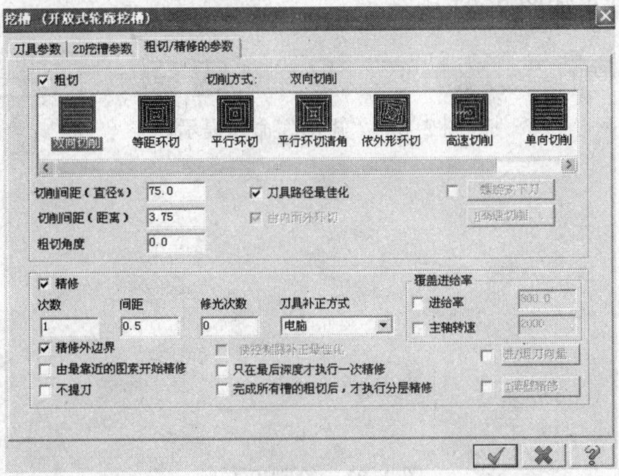

图 2–79　设置粗切/精修参数

（12）单击“实体加工模拟”按钮，出现“实体切削验证”对话框，单击执行按钮，实体模拟加工结果如图 2–81 所示，单击“实体加工模拟”对话框中的按钮，结束模拟操作。

图 2–80　结果图形

图 2–81　实体模拟加工结果

任务 4　面铣削加工

面铣削主要是用来铣削工件顶面和台阶面，常用刀具为面铣刀和圆鼻刀。

活动 1　建模

1. 启动软件

在 Windows 界面下，选择“开始” | “程序” | “Mastercam X” 命令，进入 Mastercam X 的用户界面。

2. 参数设定

Z：0.000；作图颜色：10；图层：1；屏幕视角：T；构图平面：T；线型：实线；线宽：下拉菜单第二条。

3. 绘制图形

（1）单击屏幕工作区上面的矩形图标，在弹出的提示栏里输入矩形的宽度 50.0 和长度 50，如图 2–82 所示，在屏幕上选取矩形第一个角点的位置单击，单击应用按钮；然后单击完成，结果如图 2–83 所示。

图 2–82 “矩形”命令提示栏

图 2–83　绘制正方形

（2）挤出实体。选取“实体”|“挤出”命令，出现“串连选项”对话框，如图 2–84 所示，选择矩形的 4 个边，然后单击按钮，出现“实体挤出的设置”对话框，按图 2–85 所示设置参数。单击按钮，结果如图 2–86 所示。

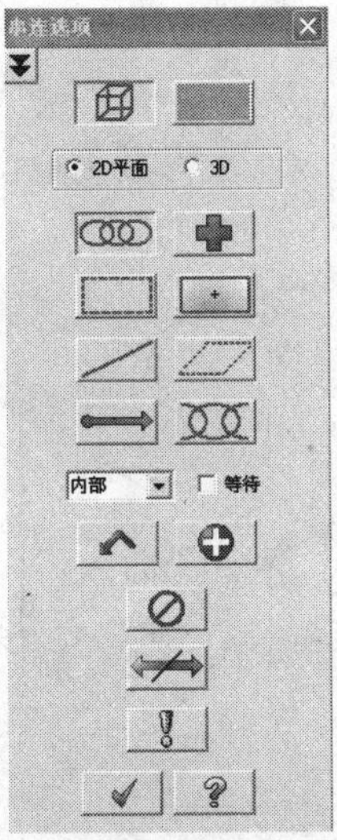

图 2–84 “串连选项”对话框

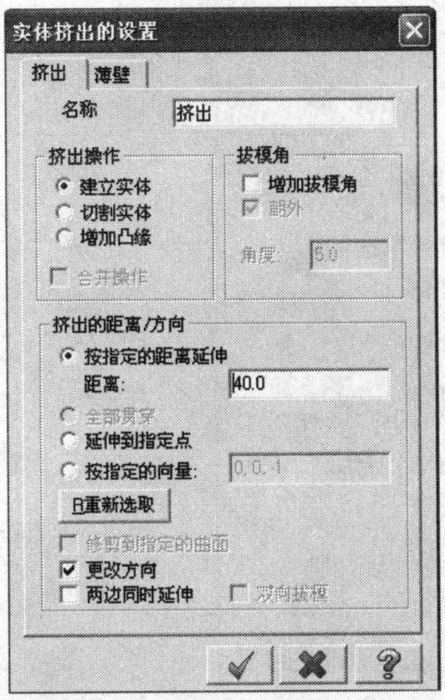

图 2–85 “实体挤出的设置”对话框

图 2–86 挤出后图形

活动 2　加工模拟

（1）启动 Mastercam X 软件，打开“T4.MCX”文件，状态栏设置如下。

Z：0.000；作图颜色：12；图层：1；屏幕视角：I；构图平面：I；线型：实线；线宽：下拉菜单第二条。

（2）选择“机床类型”|“铣削”|“默认”命令，单击“刀具路径”|“面铣削”，打开“刀具路径管理器”窗口，如图 2–87 所示。

图 2–87 “刀具路径管理器”窗口

（3）将“属性”项展开，选择“材料设置”项，将弹出“机器群组属性”对话框，勾选“显示方式”复选框，并单击“选取对角”按钮，然后在视图中选取对角点返回，在“Z”文本框输入 40.0，如图 2–88 所示。单击按钮，结果如图 2–89 所示。

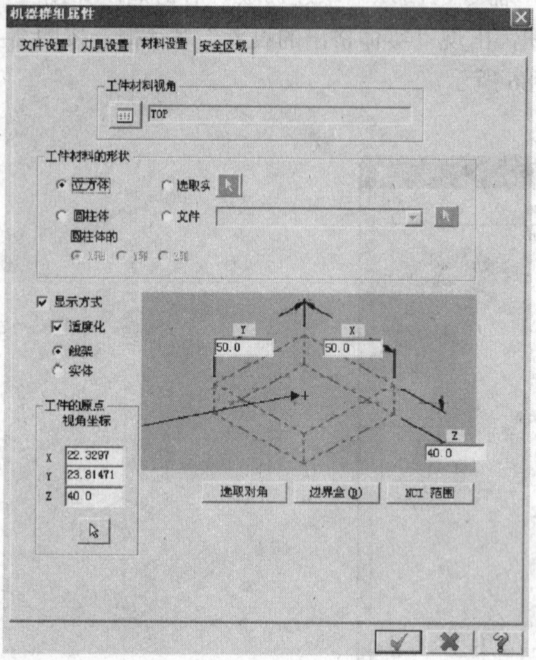

图 2–88 “机器群组属性”对话框

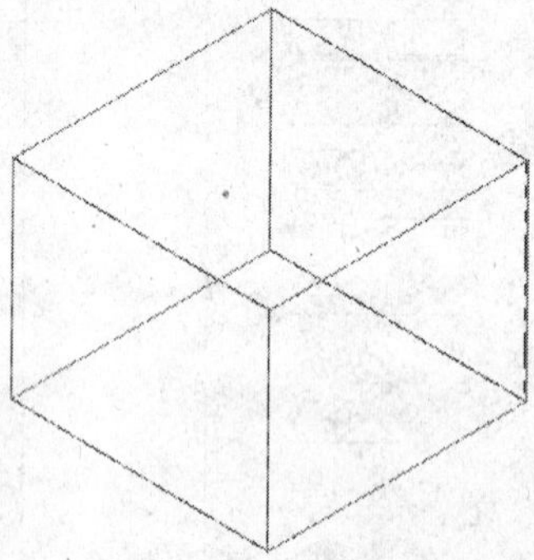

图 2–89 结果图形

（4）弹出“平面铣削”对话框，如图 2–90 所示。在刀具栏空白区右击，在弹出的快捷菜单中选取“刀具管理器”，打开“刀具管理器”对话框。如图 2–91 所示。选择 214 号平铣刀，单击“加入”按钮，单击按钮，结束刀具选择。

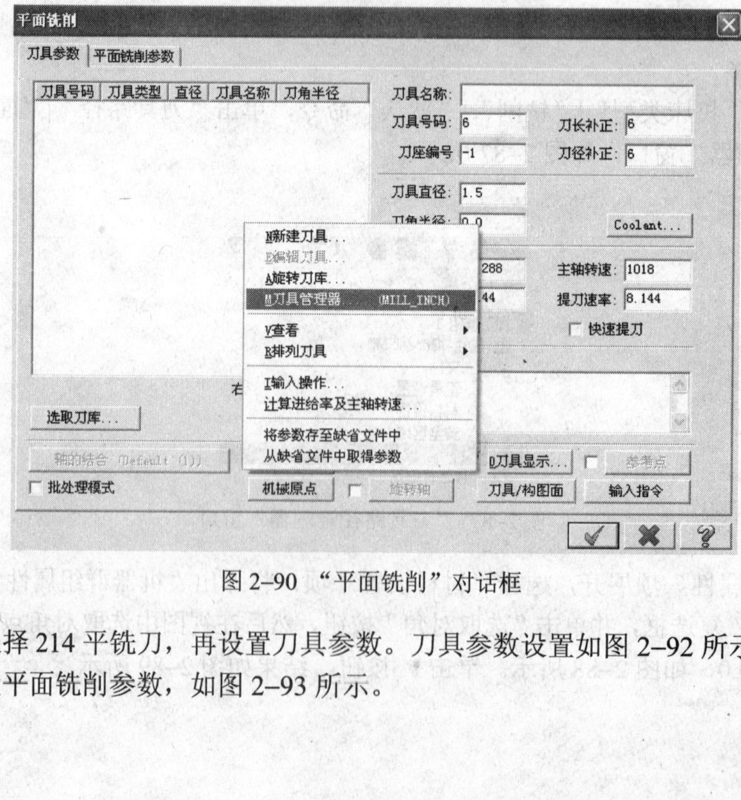

图 2–90 “平面铣削”对话框

（5）先选择 214 平铣刀，再设置刀具参数。刀具参数设置如图 2–92 所示。

（6）设置平面铣削参数，如图 2–93 所示。

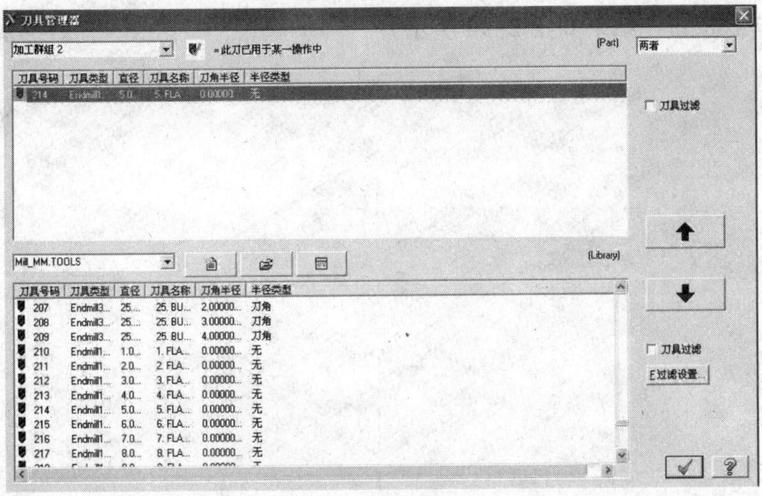

图 2–91　“刀具管理器”对话框

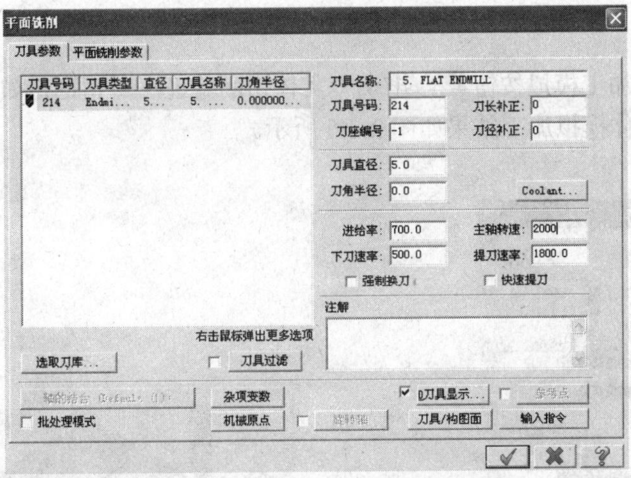

图 2–92　刀具参数设置

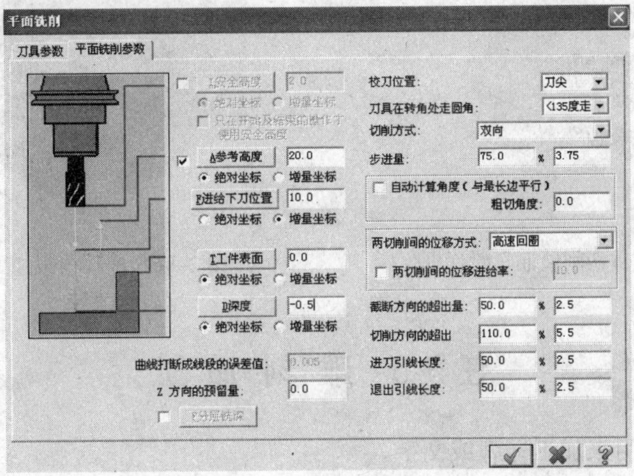

图 2–93　设置平面铣削参数

（7）单击按钮，结果如图 2–94 所示。

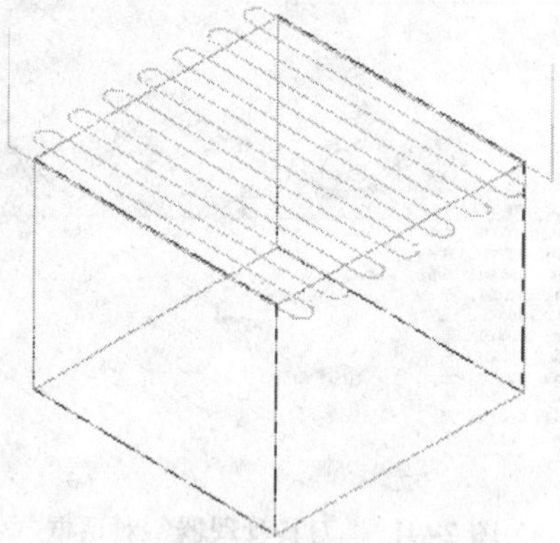

图 2–94　设置各种参数后的图形

（8）单击实体加工模拟按钮，出现“实体切削验证”对话框，如图 2–95 所示，单击执行按钮，实体模拟加工结果如图 2–96 所示。

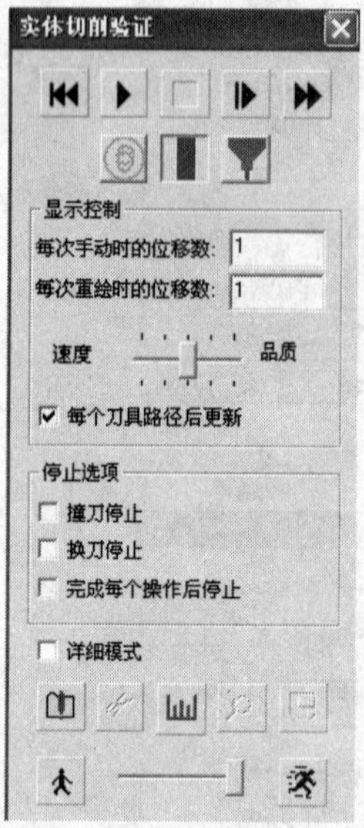

图 2–95　“实体切削验证”对话框

图 2–96　实体模拟加工结果

任务 5　雕 刻 加 工

雕刻加工一般用来加工标牌或文字。

活动 1　建模

1. 启动软件

在 Windows 界面下，选择“开始”|“程序”|“Mastercam X”命令，进入 Mastercam X 的用户界面。

2. 参数设定

Z：0.000；作图颜色：10；图层：1；屏幕视角：T；构图平面：T；线型：实线；线宽：下拉菜单第二条。

3. 绘制二维图形

（1）单击“矩形”命令按钮，在矩形命令工具条相应位置输入长度：225.0，宽度：60.0，如图 2–97 所示。按提示在屏幕上适当位置选取基准点位置，单击按钮，结果如图 2–98 所示。

图 2–97　输入参数

图 2–98　绘制矩形

（2）单击“单体补正”按钮，出现“补正选项”对话框，输入补正距离：25.0，次数：1，选择矩形左侧边，指定补正方向，在其右侧单击，再单击按钮，结果如图 2–99 所示。同理绘制与矩形底边线距离为 15 的平行线，结果如图 2–100 所示。

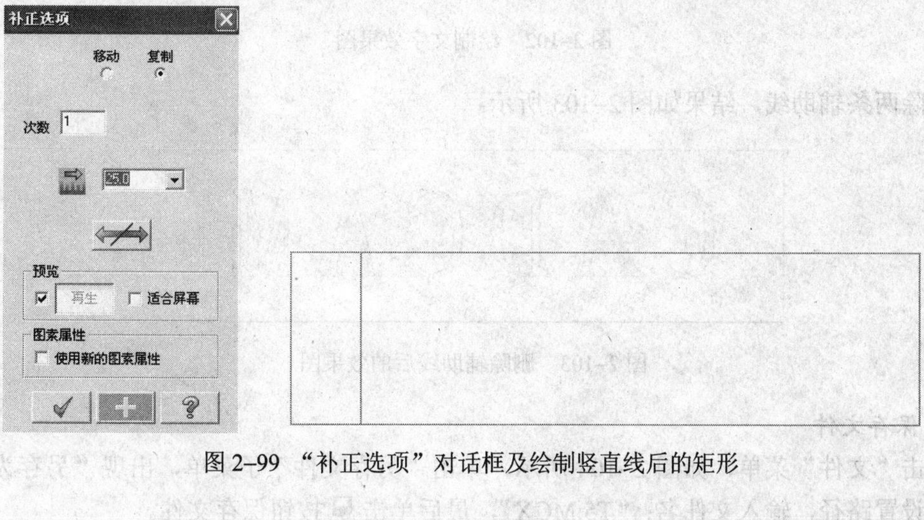

图 2–99　“补正选项”对话框及绘制竖直线后的矩形

图 2–100　绘制水平线后的矩形

（3）选取“C 构图”|“绘制文字”命令，在弹出的“绘制文字”对话框中设置相应的参数，如图 2–101 所示。单击✔按钮，然后在两平行线的交点位置单击，绘制的文字对象效果图如图 2–102 所示。

图 2–101　“绘制文字”对话框

图 2–102　绘制文字效果图

删除两条辅助线，结果如图 2–103 所示。

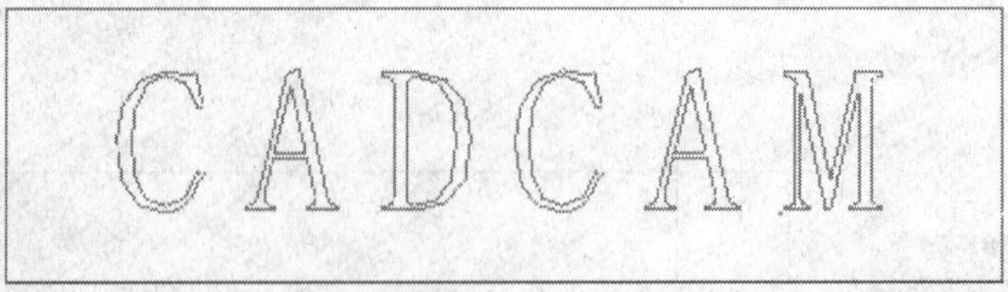

图 2–103　删除辅助线后的效果图

4. 保存文件

单击“文件”菜单，如图 2–104 所示，单击“另存文件”子菜单，出现“另存为”对话框，设置路径，输入文件名：“T5.MCX”，最后单击💾按钮保存文件。

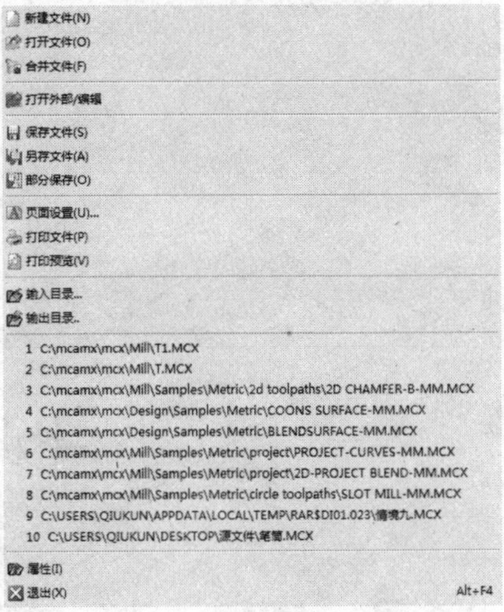

图 2–104 “文件”菜单

活动 2　加工模拟

（1）启动 Mastercam X 软件，打开“T5.MCX”文件，状态栏设置如下。

Z：0.000；作图颜色：12；图层：1；屏幕视角：I；构图平面：I；线型：实线；线宽：下拉菜单第二条。

（2）选择“机床类型”|“铣削”|“默认”命令，打开“刀具路径管理器”窗口，如图 2–105 所示。

（3）将“属性”项展开，选择“材料设置”项，将弹出“机器群组属性”对话框，勾选“显示方式”复选框，并单击“选取对角”按钮，然后在视图中选取对角点返回，在“Z”文本框输入 10，如图 2–106 所示。单击“边界盒”按钮，框选雕刻轮廓，单击✔按钮，结果如图 2–107 所示。

图 2–105 “刀具路径管理器”窗口

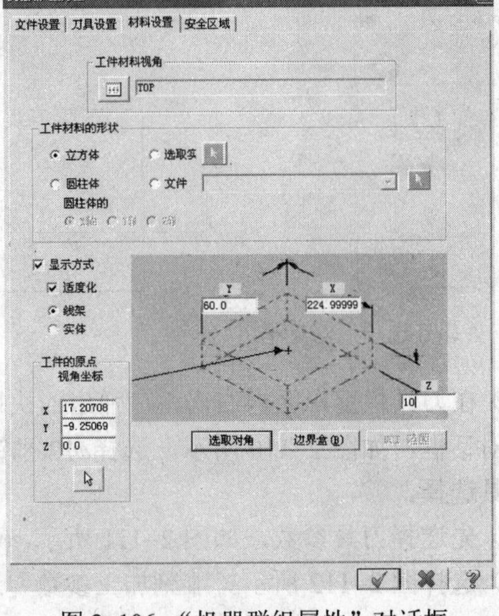

图 2–106 “机器群组属性”对话框

图 2–107　框选雕刻轮廓

（4）选择“刀具路径”|“雕刻加工”命令，出现“串连选项”对话框，如图 2–108 所示。单击“视窗选择”按钮，视窗选择图 2–107 所示的文字图形，单击“串连选项”对话框中的按钮，结束雕刻加工轮廓的选择，如图 2–109 所示。

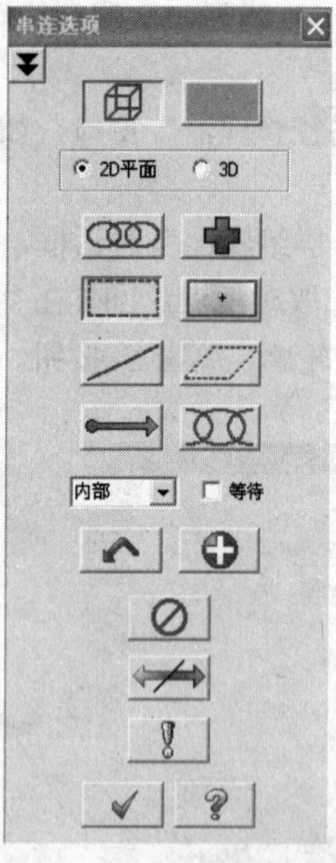

图 2–108　“串连选项”对话框

图 2–109　结束加工轮廓选择

（5）在刀具栏空白区内右击，在弹出的快捷菜单中选取“刀具管理器”，打开“刀具管理器”对话框，如图 2–110 所示。选择ϕ12 平铣刀，单击“加入”按钮，单击按钮，结束刀具选择。

（6）先选择刀具参数，如图 2–111 所示，再设置刀具参数。

（7）选择图 2–112 所示“雕刻加工参数”选项卡，设置相关参数。

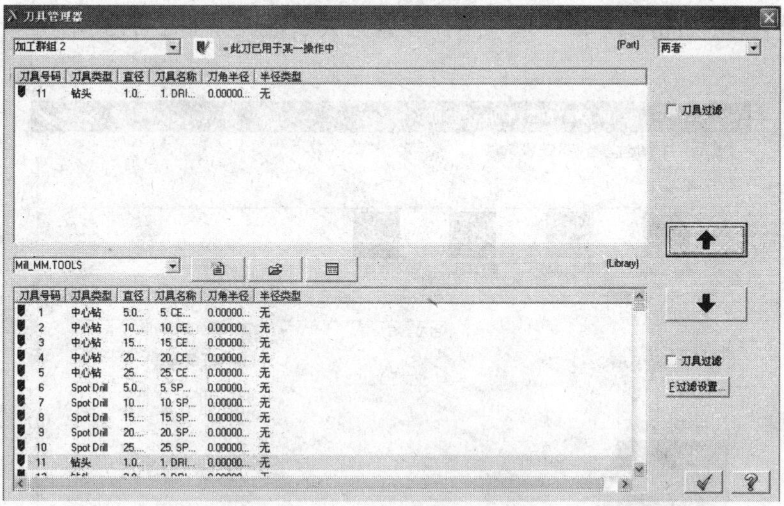

图 2–110 “刀具管理器”对话框

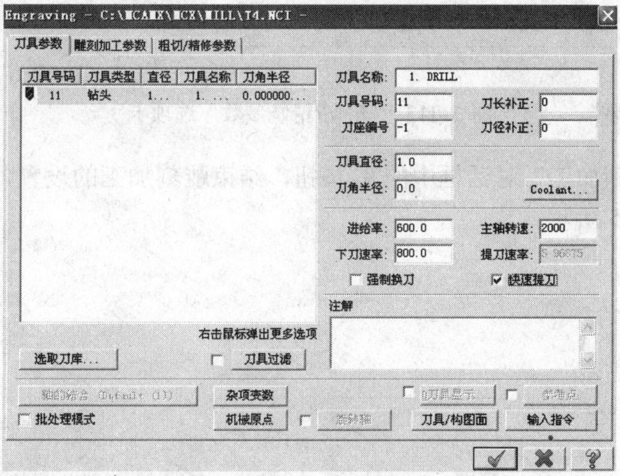

图 2–111　设置刀具参数

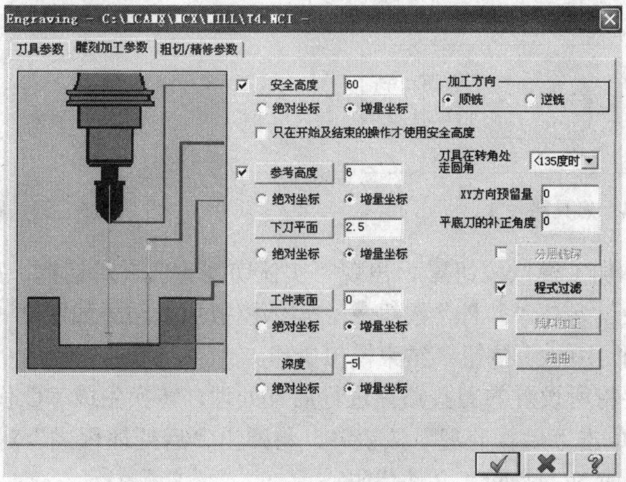

图 2–112 “雕刻加工参数”选项卡

（8）选择“粗切/精修参数”选项卡，设置相关参数，如图 2–113 所示。

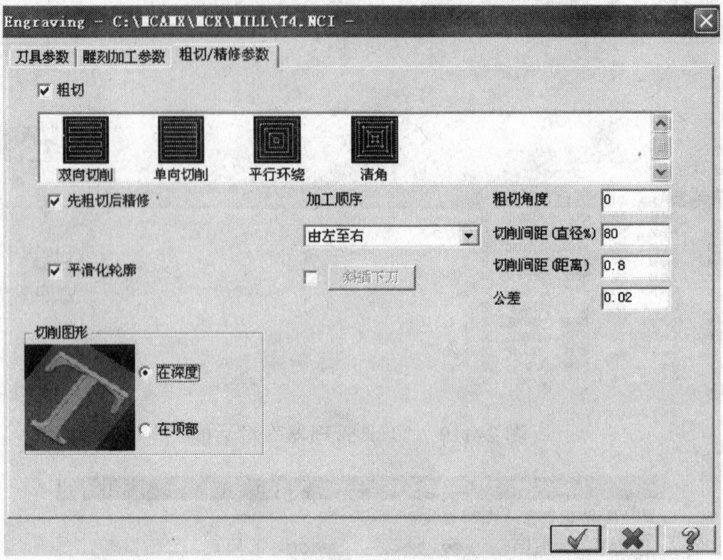

图 2–113 “粗切/精修参数”选项卡

（9）单击“雕刻加工”对话框中的按钮，结束雕刻加工的设置，产生刀具路径，如图 2–114 和图 2–115 所示。

图 2–114 刀具路径 1

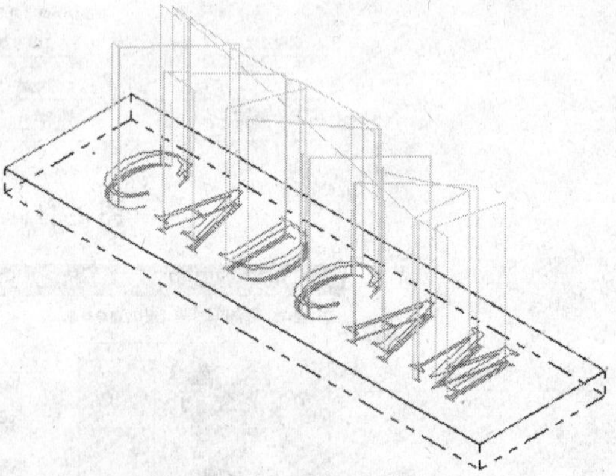

图 2–115 刀具路径 2

（10）单击实体加工模拟按钮，出现“实体切削验证”对话框，如图 2–116 所示，单击“执行”按钮，单击“暂停”按钮，实体模拟加工结果如图 2–117 所示，单击“实体加工模拟”对话框中的按钮，结束模拟操作。

（11）如果需要将所设置的刀具路径进行后置处理，转换生成 NC 代码，可在“刀具路径管理器”窗口中单击“后置处理”按钮 G1，将弹出“后处理程式”对话框，然后依次单击按钮，即可生成 NC 或 NCI 文件代码。

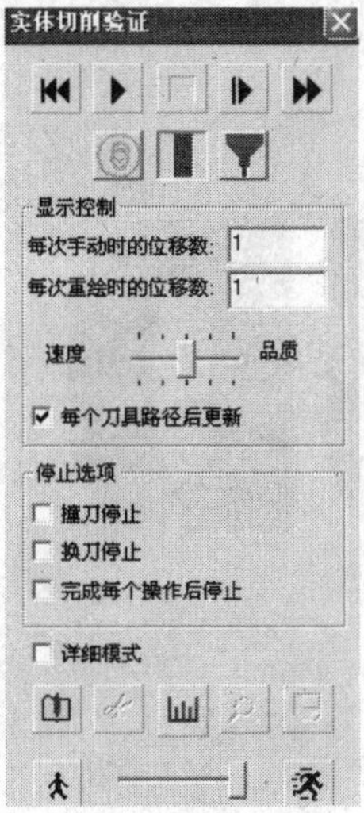

图 2–116 “实体切削验证”对话框

图 2–117　实体模拟加工结果

实 践 演 练

（1）创意设计一图形，并进行外形铣削加工。如图 2–118 所示。

图 2–118　图形

（2）挖槽和钻孔加工，如图 2–119 所示。

（3）外形和挖槽加工，如图 2–120 所示。

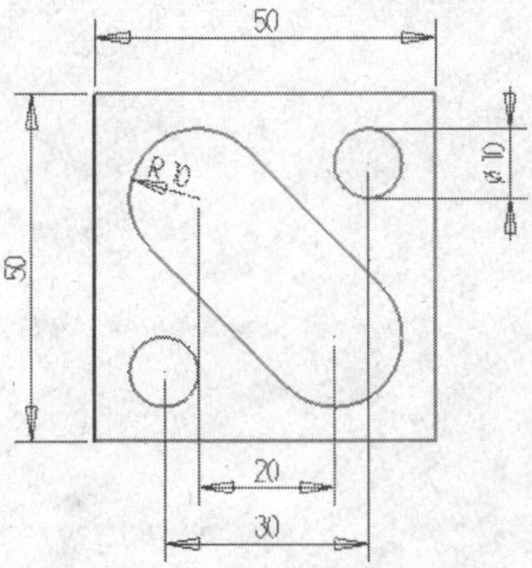

图 2–119　挖槽和钻孔加工图形

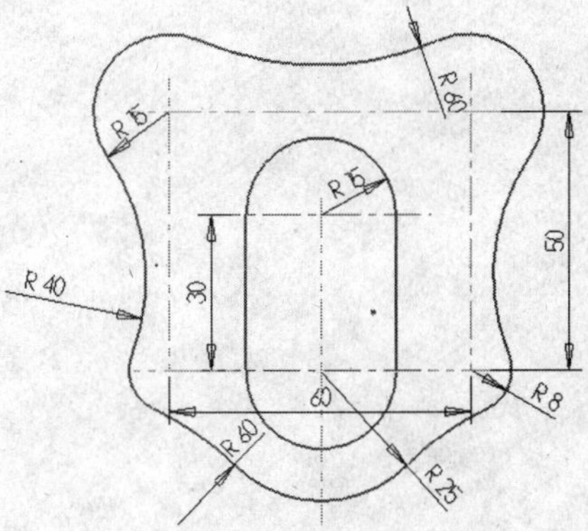

图 2–120　外形和挖槽加工图形

（4）设计一文字图标，并进行雕刻加工。如图 2–121 所示。

图 2–121　文字图标并雕刻加工

学 后 感 言

学习情境3　三维曲面加工

情境描述

通过使用 Mastercam X 软件，掌握三维曲面的创建和编辑，掌握平行铣削、挖槽曲面铣削、等高外形铣削及投影铣削粗加工刀具路径设置的方法，并能够进行仿真加工。

工作任务

任务 1　平行铣削粗加工

任务 2　挖槽曲面铣削粗加工

任务 3　等高外形铣削加工

任务 4　投影铣削粗加工

任务1　平行铣削粗加工

平行加工是分层平行切削加工的方法，加工完毕的工件表面刀路呈平行条纹状。刀路计算时间长，提刀次数多。

活动 1　建模

1. 启动软件

在 Windows 界面下，选择“开始”|“程序”|“Mastercam X”命令，进入 Mastercam X 的用户界面。

2. 参数设定

Z：0.000；作图颜色：黑色；图层：1；屏幕视角：I 等角视图；构图平面：T 俯视图；线型：实线；线宽：下拉菜单第二条。

3. 画矩形

单击屏幕工作区上面的“矩形”按钮，弹出提示栏，提示“选取第一个角的位置”，在提示栏输入坐标（–40，–40，0），按 Enter 键，提示“选取第二个角的位置”，在提示栏输入坐标（40，40，0），按 Enter 键，绘制出矩形，再单击提示栏中的按钮。

4. 生成实体

选择屏幕上方菜单栏“实体”|“挤出”命令，弹出“串连选项”对话框，单击“串连”按钮，单击矩形，出现串连的箭头（顺时针方向为向下举升，逆时针为向上举升，说明：本图形应为向上举升，若刚才串连的箭头为顺时针，则单击按钮），如图 3–1 所示，单击按钮，出现“实体挤出的设置”对话框，修改延伸距离为 60，如图 3–2 所示。

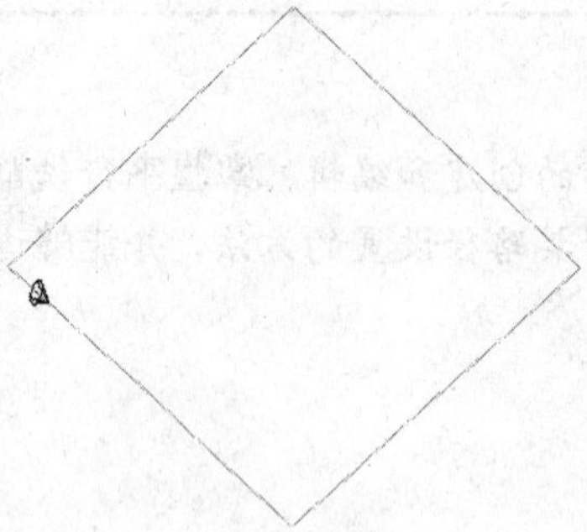
图 3–1　串连图形

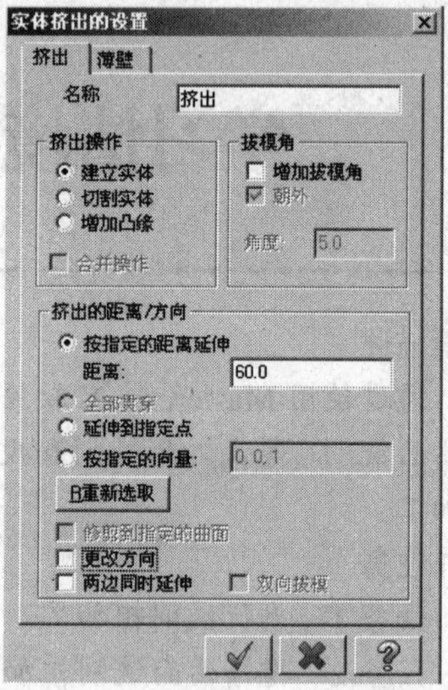

图 3–2 “实体挤出的设置” 对话框

单击按钮，生成实体，如图 3–3 所示。

5. 绘制曲线

为了在侧面上绘制曲线，先设置一些点，通过点生成曲线。

单击工作区下面的图层按钮，弹出“图层管理器”对话框，在编号中输入 2，单击按钮，即建立新图层 2。

选择屏幕上方菜单栏“C 构图”|“P 画点”|“P 指定位置”命令，在提示栏输入第一个点坐标 A（–40，40，20），按 Enter 键，再一次输入 B（–40，0，30），C（–40，40，50），D（40，–40，20），E（40，0，30），F（40，40，50），最后单击提示栏中的按钮，结果如图 3–4 所示。

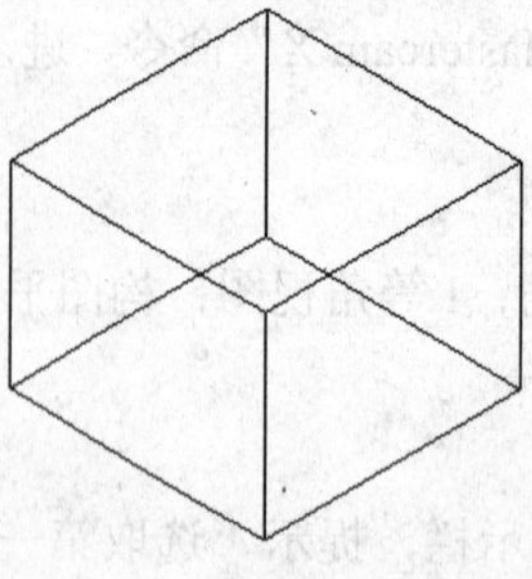
图 3–3　生成实体后图形

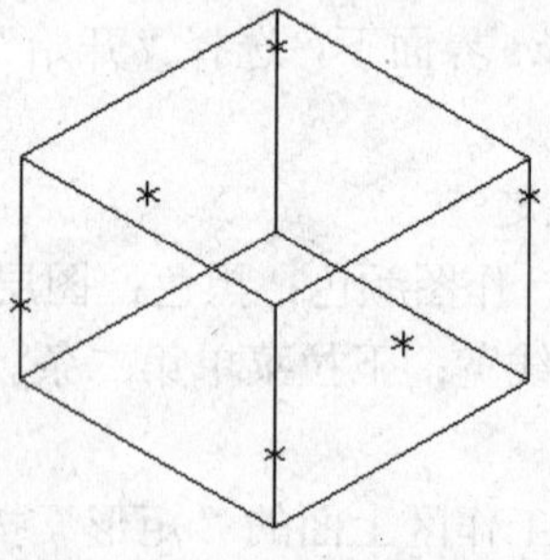
图 3–4　画点后图形

单击工作区下面的图层按钮，弹出“图层管理器”对话框，单击图层号 1，若图层 1 变成黄条，即选择成功，单击按钮，当前构图层变为第一图层。

选择屏幕工作区上面的“手动曲线”按钮，顺次捕捉同侧的 3 个点，按 Enter 键确认，再捕捉另一侧的 3 个点，单击提示栏中的按钮，结果如图 3–5 所示。

6. 隐藏点

单击工作区下面的图层按钮，弹出“图层管理器”对话框，单击第二个图层的红对勾，红对勾被取消了，单击按钮，第二图层隐藏了，那几个点也没了。结果如图 3–6 所示。

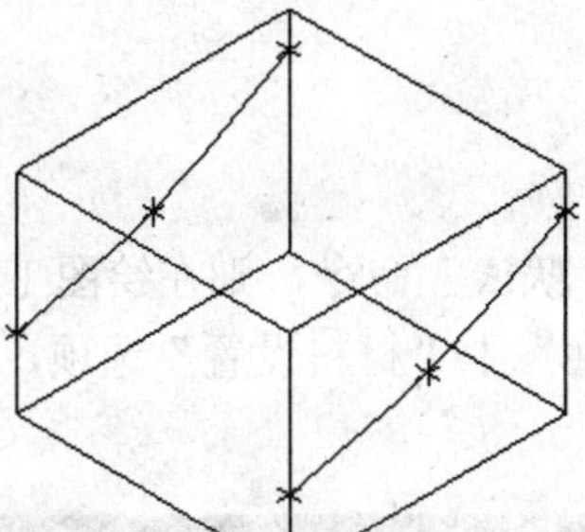

图 3–5　生成曲线后图形

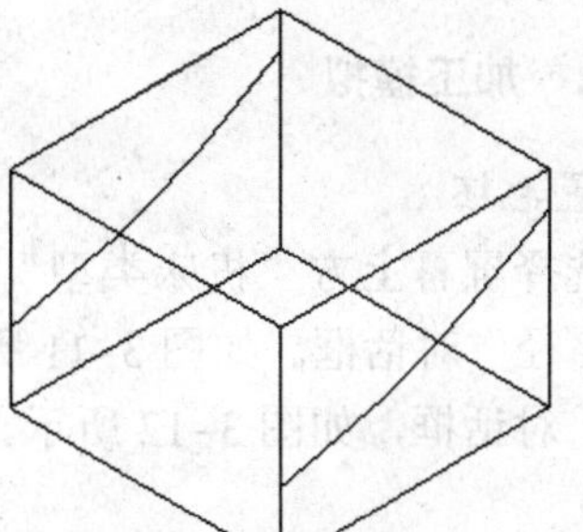

图 3–6　隐藏点后图形

7. 用直纹曲面构建曲面表面

单击屏幕工作区上面的“直纹曲面”按钮，弹出“串连选项”对话框，提示“举升曲面：定义曲面外形”，单击“串连”按钮，选择图中的一条曲线，再选择另一条曲线，注意选取的位置应相同（产生的箭头方向应相同，若方向不同，单击“反向”按钮），单击串连对话框中的按钮，生成曲面，再单击提示栏中的按钮。结果如图 3–7 所示。

8. 修剪实体

选择屏幕上方菜单栏“S 实体”|“T 修剪”命令，弹出“修剪实体”对话框，选取“S 曲面”单选项，如图 3–8 所示。

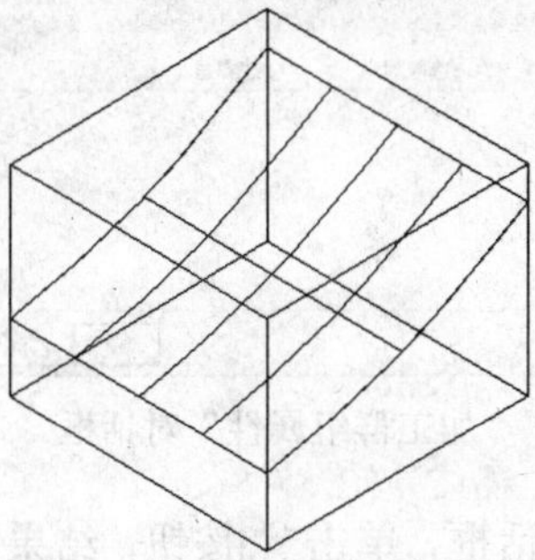

图 3–7　生成曲面后图形

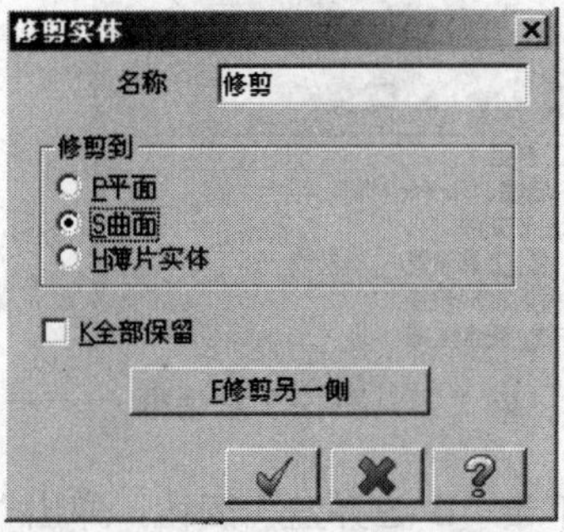

图 3–8　“修剪实体”对话框

提示“选取曲面”，选择曲面，箭头所指的方向为保留的部分，若箭头向上，单击“F 修剪另一侧”，改箭头向下，如图 3–9 所示。

单击按钮，实体被修剪。结果如图 3–10 所示。

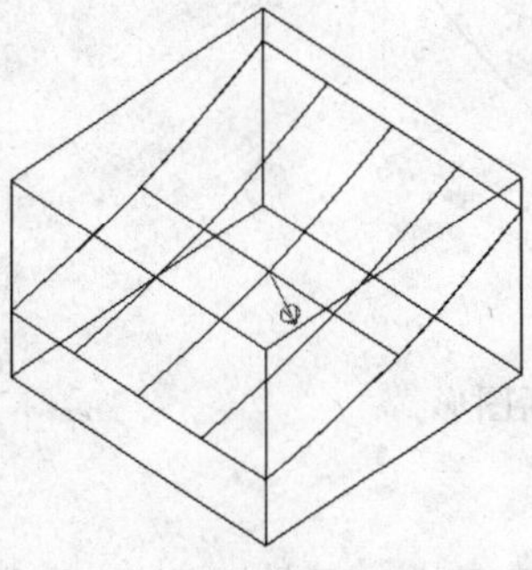

图 3–9　使箭头向下后的图形

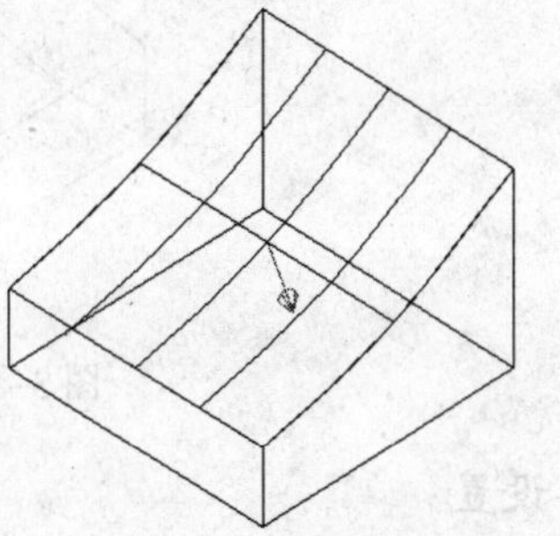

图 3–10　修剪实体后图形

活动 2　加工模拟

1. 设置毛坯

（1）选择屏幕上方“机床类型”｜“铣床”｜“默认”命令，则在绘图工作区左侧出现“刀具路径”对话框。如图 3–11 所示，单击“属性”｜“材料设置”选项，出现“加工群组属性”对话框，如图 3–12 所示。

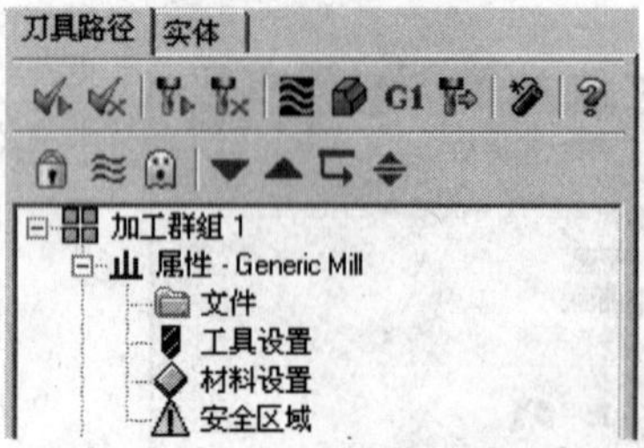

图 3–11　“刀具路径”对话框

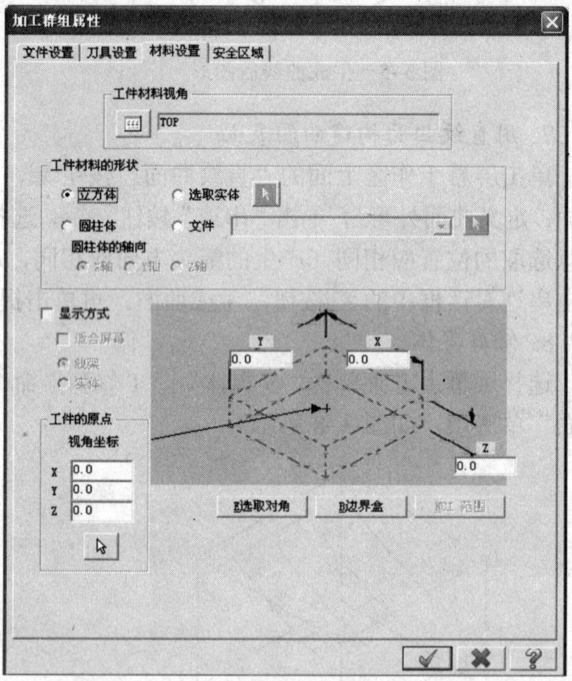

图 3–12　“加工群组属性”对话框

（2）单击“B 边界盒”按钮，弹出“边界盒选项”对话框，单击按钮，结果如图 3–13 所示。

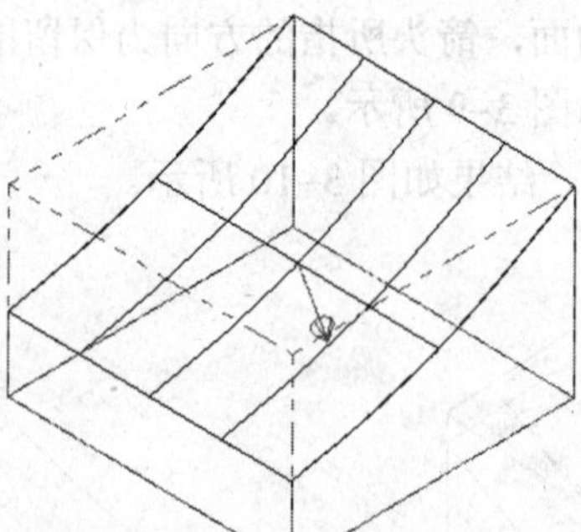

图 3–13　建立边界盒后图形

2. 刀具设置

选择菜单“刀具路径”｜“刀具管理器”命令，出现“刀具管理器”对话框，选择$\phi 10$

的平刀，单击“添加”按钮，如图 3–14 所示，单击按钮，完成刀具的设置。

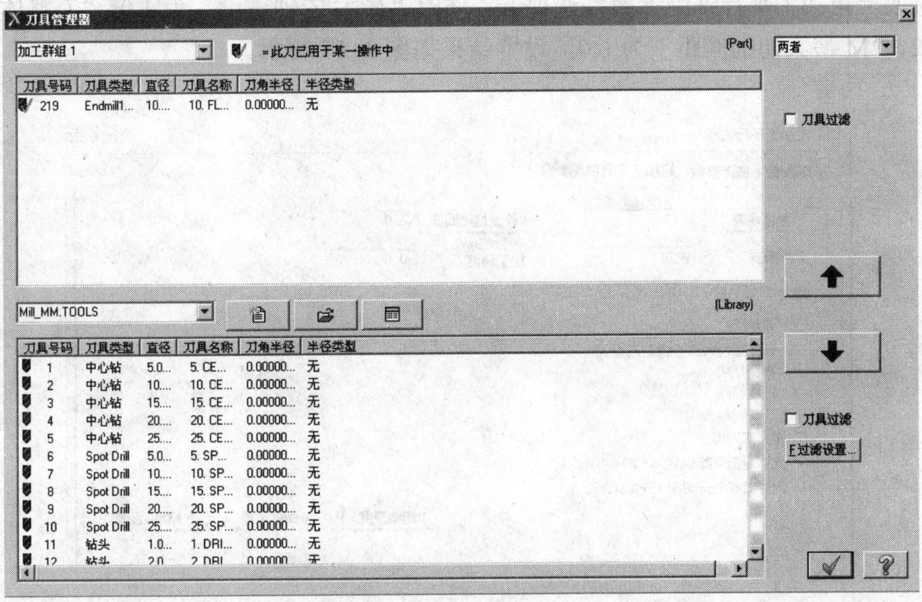

图 3–14　“刀具管理器”对话框

3. 设置走刀路径

（1）设置加工平面：T 俯视图；屏幕视角：I 等角视图；其余系统默认。

（2）选择加工曲面。选择屏幕上方菜单栏“刀具路径”|“曲面粗加工”|“平行铣削”命令，弹出“选取工件的形状”对话框，选择“凹”，如图 3–15 所示，然后单击按钮，提示“选取加工曲面”，选择实体上的曲面，按 Enter 键，弹出“刀具路径的曲面选取”对话框，单击按钮。

（3）设定加工参数。在弹出“曲面粗加工平行铣削”对话框中，修改刀具参数，“进给率”为 200.0，“下刀速率”为 100.0，“主轴转速”为 1 000。如图 3–16 所示。

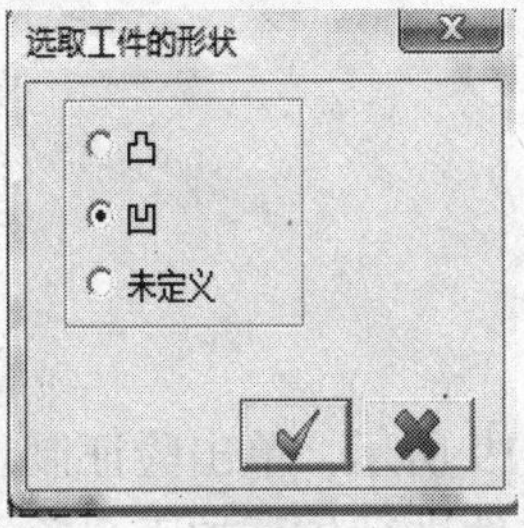

图 3–15　选取工件的形状

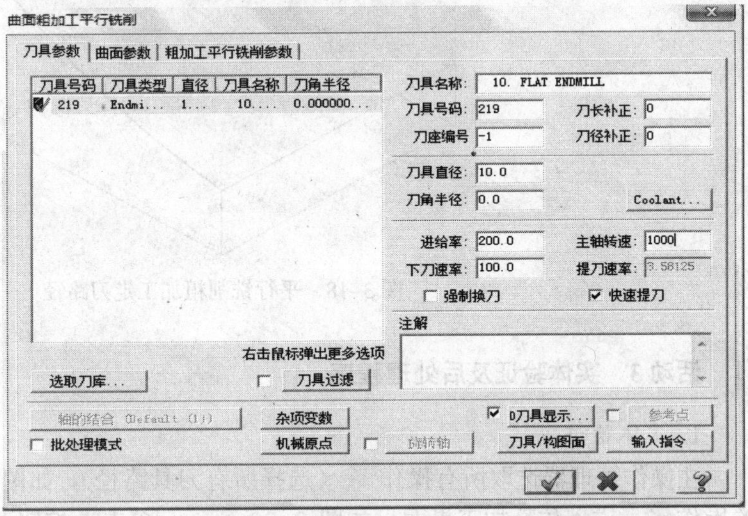

图 3–16　“曲面粗加工平行铣削”对话框

选取“曲面参数”选项卡，修改加工曲面的预留量为 0.2。

选取“粗加工平行铣削参数”选项卡，修改“最大 Z 轴进给”为 1.0，“T 整体误差”为 0.02，“M 最大切削间距”为 6.0，设置结果如图 3–17 所示。

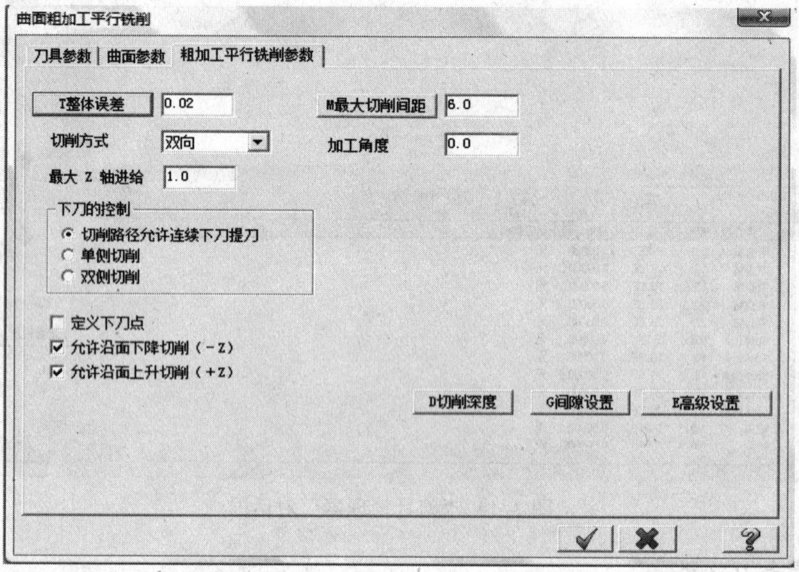

图 3–17　粗加工平行铣削参数设置

单击✔按钮，出现走刀路径，结果如图 3–18 所示。

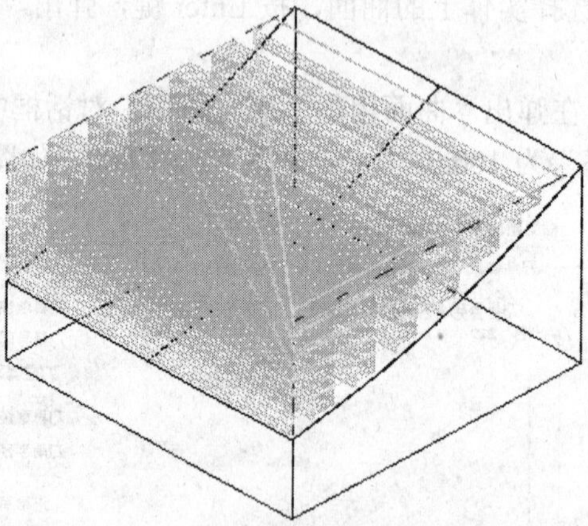

图 3–18　平行铣削粗加工走刀路径

活动 3　实体验证及后处理程序

1. 实体验证

在操作管理器选取所有操作（选择所有刀具路径），如图 3–19 所示，单击验证制定的操作，进入仿真加工界面，如图 3–20 所示，单击▶按钮对零件进行仿真加工。验证结果如图 3–21 所示。

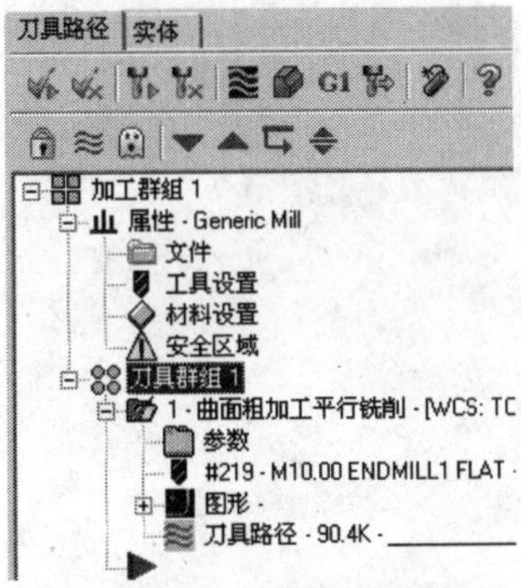

图 3–19　操作管理器

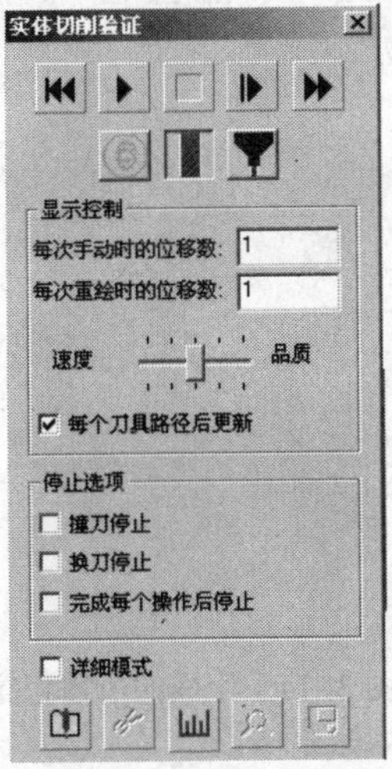

图 3–20　实体切削验证

图 3–21　实体验证结果

2. 生成程序

在操作管理器中单击所需生成程序的刀具路径（当其前面文件夹显示“√”时表明已选取生成该路径的程序），如图 3–22 所示。在操作管理器中单击“后处理制定的操作”按钮 G1 后出现“后处理程式”对话框，如图 3–23 所示，选择“编辑”选项则对生成的程序进行编辑，单击 ✓ 按钮，出现“局部输出文件”对话框，选择“否”，然后出现“选择保存地址”对话框，找到保存地址，单击“保存”按钮则生成所需程序。如图 3–24 所示。

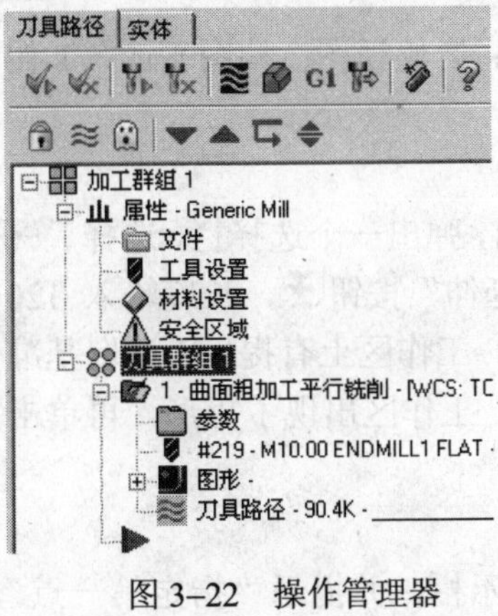

图 3–22　操作管理器

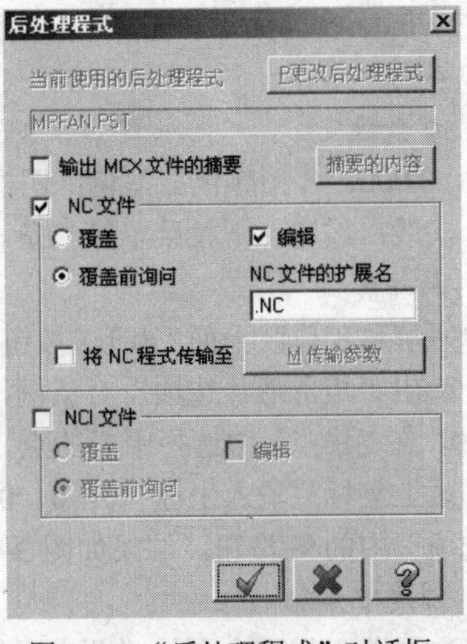

图 3–23 “后处理程式”对话框

```
%
00000
(PROGRAM NAME - 11 )
(DATE=DD-MM-YY - 10-08-09 TIME=HH:MM - 13:01 )
N100 G21
N102 G0 G17 G40 G49 G80 G90
( 10. FLAT ENDMILL  TOOL - 219 DIA. OFF - 0 LEN. - 0 DIA. - 10. )
N104 T219 M6
N106 G0 G90 G54 X40. Y-40. A0. S1000 M3
N108 G43 H0 Z54.
N110 Z52.
N112 G1 Z50. F100.
N114 X-40. F200.
N116 Y-34.286
N118 X40.
N120 Y-28.571
N122 X-40.
N124 Y-22.857
N126 X40.
N128 Y-17.143
N130 X-40.
N132 X-39.999 Y-11.429
N134 X39.999
N136 Y-5.714
N138 X-39.999
N140 Y0.
N142 X39.999
N144 X40. Y5.714
N146 X-40.
N148 Y11.429
N150 X40.
N152 Y17.143
N154 X-40.
N156 Y22.857
N158 X40.
N160 Y28.571
N162 X-40.
```

图 3–24　生成的所需程序

任务 2　挖槽曲面铣削粗加工

挖槽曲面加工是分层清除曲面与加工范围之间所有材料的加工方法，加工完毕的工件表面呈梯田状，刀具计算时间短，刀具切削负荷均匀，加工效率高。由于它具有如此多的加工优点，故常作为粗加工第一步的首选方案。

活动 1　建模

1. 启动软件

在 Windows 界面下，选择“开始” | “程序” | “Mastercam X”命令，进入 Mastercam X 的用户界面。

2. 参数设定

Z：0.000；作图颜色：黑色；图层：1；屏幕视角：T 俯视图；构图平面：T 俯视图；线型：实线；线宽：下拉菜单第二条。

3. 画矩形

单击屏幕工作区上面“矩形”按钮，单击黑三角，弹出一个选择栏，选择 E矩形形状设置... 按钮，弹出“矩形形状选项”对话框，单击对话框“延伸”按钮，长度输入 120，宽度输入 80，在“锚点”中选择中心的点，如图 3–25 所示，工作区上有提示“选取基准位置”，在工作区上坐标栏输入坐标（0，0，0），按 Enter 键，工作区出现了矩形，再单击“矩形形状选项”中的按钮。结果如图 3–26 所示。

4. 创建中心轴

单击屏幕工作区上面的“两点画线”，弹出提示栏，并提示“指定第一点”，在坐标栏里输入坐标（–70，0，0），然后提示“指定第二点”，输入（70，0，0），按 Enter 键，矩形上出现一条直线，单击提示栏中的按钮。改变屏幕视角：I 等角视图，结果如图 3–27 所示。

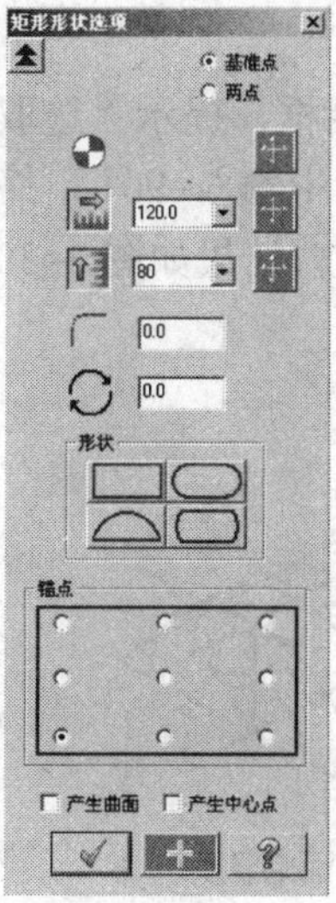

图 3–25　矩形设置

图 3–26　绘制矩形

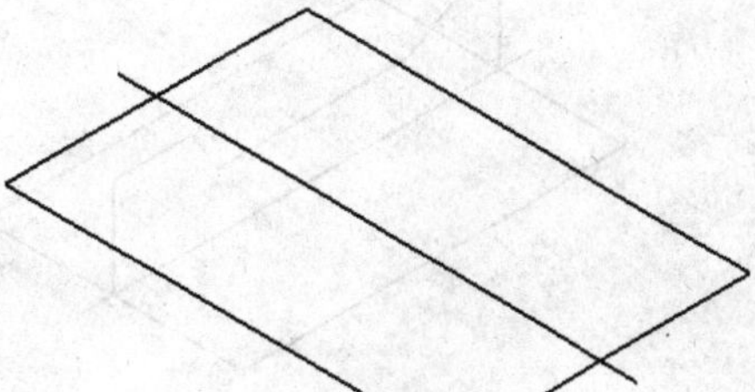

图 3–27　创建中心轴

5. 绘制轮廓线

（1）改变构图平面：F 前视图；屏幕视角：F 前视图。

（2）画垂线：单击屏幕工作区上面的“两点画线”按钮，弹出提示栏，并提示“指定第一点”，在坐标栏里输入坐标（–60，0，0）；输入直线长度：25；输入角度：90°；按 Enter 键，出现一条垂线。

（3）画一水平线，长度为 15，角度为 0，捕捉上一步已画垂线的上端点，按 Enter 键。

（4）画一斜线，长度为 15，角度为–30°，捕捉上一步已画水平线右端点，按 Enter 键。

（5）画一水平线，长度为 60，捕捉上一步已画斜线右端点，按 Enter 键。

（6）画一斜线，长度为 15，角度为 60°，捕捉上一步已画水平线右端点，按 Enter 键。

（7）画一水平线，长度为 30，捕捉上一步已画斜线右端点，按 Enter 键。

（8）在坐标栏中输入坐标（60，0，0），按 Enter 键，然后单击提示栏中的“垂线”按钮，向上画垂线，捕捉和上面水平线的交点，按 Enter 键，最后单击提示栏中的按钮。轮廓线绘制完成，如图 3–28 所示。

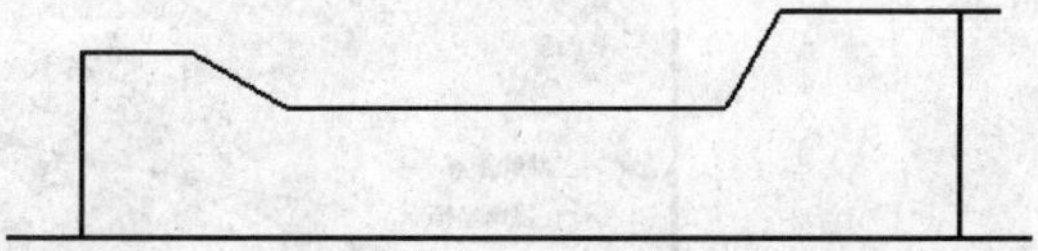

图 3–28　画轮廓线

6. 修剪轮廓线

单击屏幕工作区上面的“修剪”按钮，弹出提示栏并提示“选取图素去修剪或延伸”，单击最后画的长度为 30 的水平线，所选的线段变色并提示“选取修剪或延伸图素”，再单击与之垂直的线段，最后单击提示栏中的按钮。

改变构图平面：T 俯视图；屏幕视角：I 等角视图。结果如图 3–29 所示。

7. 创建旋转曲面

单击屏幕工作区上面的“旋转曲面”按钮，弹出“串连选项”对话框，提示“选取轮廓线”，单击轮廓线，按 Enter 键，提示“选取旋转轴”，先在起始角度中输入–90°，终止角度输入 90°，再单击中心轴，出现旋转曲面，单击提示栏中的按钮，结果如图 3–30 所示。

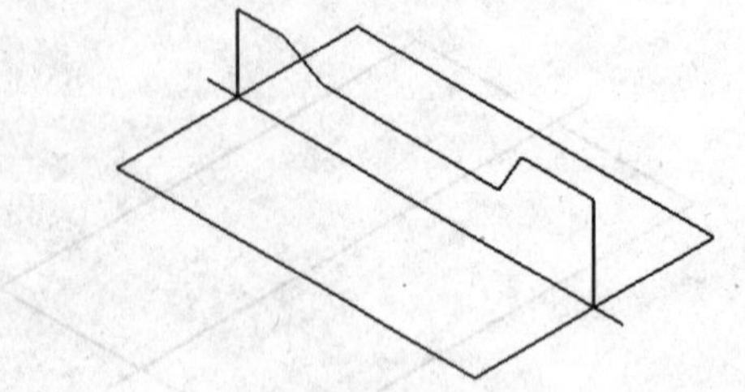

图 3–29　修剪图素后图形

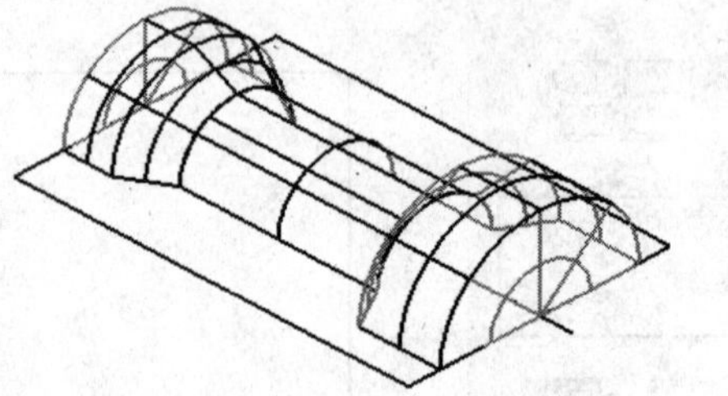

图 3–30　旋转曲面后图形

活动 2　模拟加工

1. 设置毛坯

（1）选择屏幕上方“机床类型”｜“铣床”｜“默认”命令，则在绘图工作区左侧出现“刀具路径设置”对话框。如图 3–31 所示，单击“属性”｜“材料设置”命令，出现“加工群组属性”对话框，如图 3–32 所示。

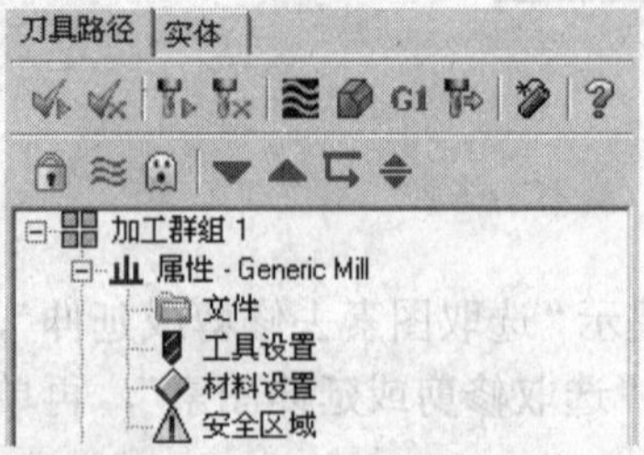

图 3–31　“刀具路径设置”对话框

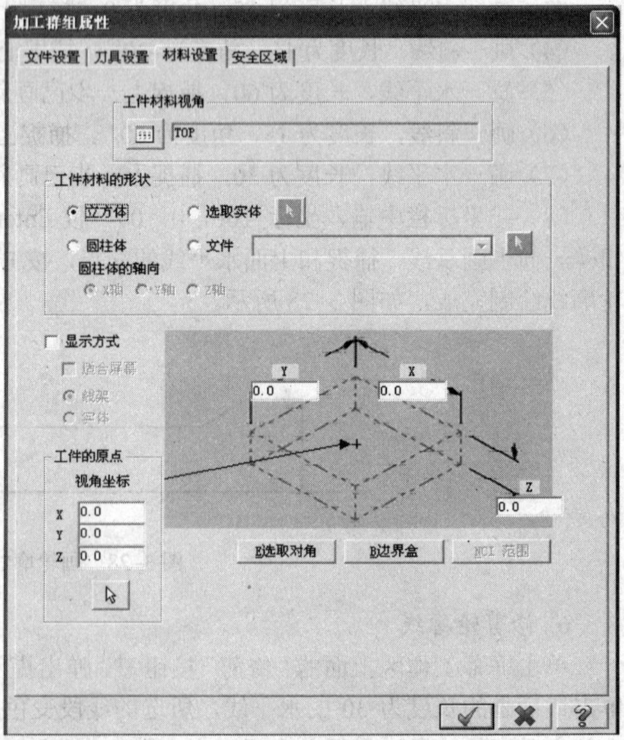

图 3–32　“加工群组属性”对话框

（2）单击“B 边界盒”按钮，弹出“边界盒选项”对话框，单击按钮，结果如图 3–33 所示。

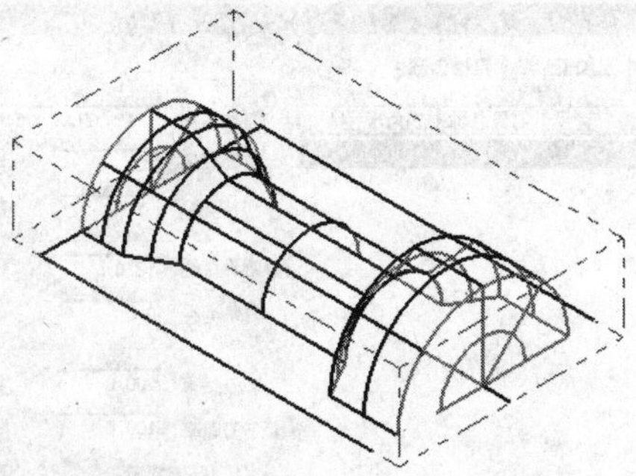

图 3–33　建立边界盒后图形

2. 设置刀具

选择菜单“刀具路径”｜“刀具管理器”命令，出现“刀具管理器”对话框，选择$\phi 12$的平刀，单击“添加”按钮，如图 3–34 所示，单击按钮，完成刀具的设置。

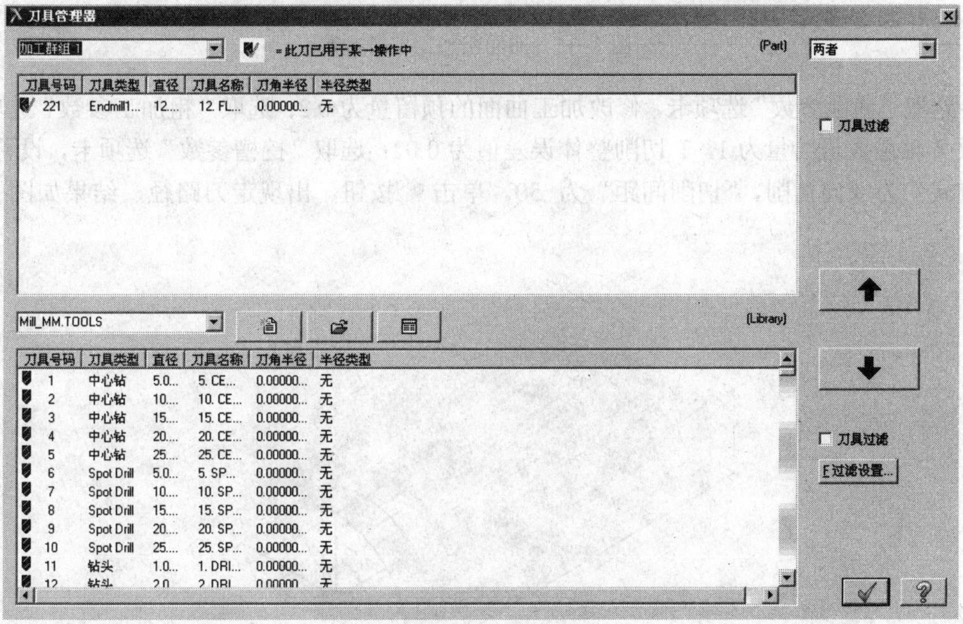

图 3–34　刀具设置

3. 设置走刀路径

（1）设置加工平面：T 俯视图；屏幕视角：I 等角视图；其余系统默认。

（2）选择加工曲面。选择屏幕上方菜单栏“刀具路径”｜“曲面粗加工”｜“挖槽”命令，提示“选取加工曲面”，用鼠标框选择所有图素，产生的曲面被选中了，按 Enter 键，弹出“刀具路径的曲面选取”对话框，单击对话框中切削范围边界的白色箭头，弹出“串连选项”对话框，提示“选择切削的边界”，选择矩形的边界，单击按钮。再弹出“刀具路径的曲面选取”对话框，单击按钮。

（3）设定加工参数。在弹出的“曲面粗加工挖槽”对话框中，修改刀具参数，“进给率”为 200.0，“下刀速率”为 100.0，“主轴转速”为 1 000，如图 3–35 所示。

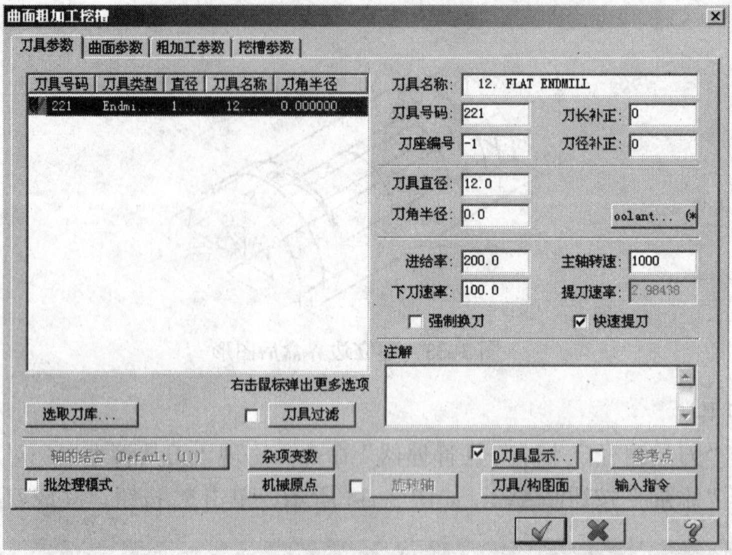

图 3–35　曲面粗加工挖槽参数

选取“曲面参数”选项卡，修改加工曲面的预留量为 0.2；选取“粗加工参数”选项卡，修改 Z 轴最大进给量为 1，T 切削整体误差值为 0.02；选取“挖槽参数”选项卡，设置“切削方式”为双向切削，“切削间距”为 50。单击✓按钮，出现走刀路径，结果如图 3–36 所示。

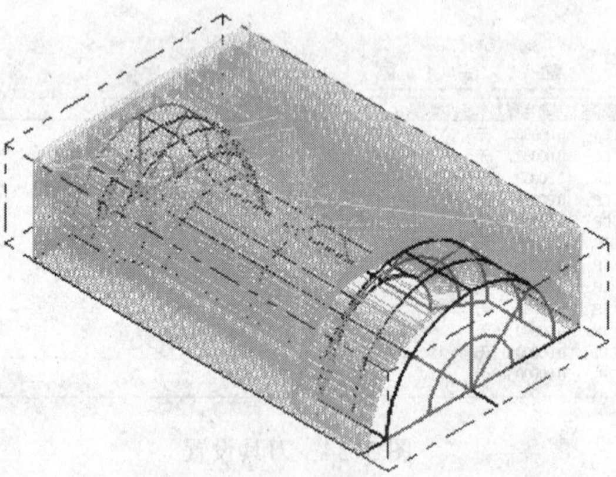

图 3–36　曲面挖槽加工路径

任务 3　等高外形铣削加工

等高外形铣削加工是刀具沿曲面等高曲线加工的方法，用平刀加工完毕后的工件表面呈梯田状，缺点是曲面平坦时图形效果不佳。

活动 1　建模

1. 启动软件

在 Windows 界面下，选择“开始” | “程序” | “Mastercam X”命令，进入 Mastercam X 的用户界面。

2. 参数设定

Z：0.000；作图颜色：黑色；图层：1；屏幕视角：T 俯视图；构图平面：T 俯视图；线型：实线；线宽：下拉菜单第二条。

3. 绘制圆形

单击屏幕工作区上面的“圆”命令，弹出提示框，输入圆心坐标（0，0，0），在 中输入半径 80，单击工作区，出现半径为 80 的圆，再单击按钮（如果看不见画的圆，可单击屏幕工作区上面的“适合屏幕”按钮或用鼠标上的滑轮向里滑动直到图形变小）。如图 3–37 所示。

4. 挤出实体

选择屏幕上方菜单栏“实体” | “挤出”命令，弹出“串连选项”对话框，单击“串连”按钮，串连那个圆，单击按钮，弹出“实体挤出的设置”对话框，在延伸距离中输入 20，选择更改方向（向下挤出），如图 3–38 所示，再单击按钮。单击屏幕工作区上面的“等角视图”按钮，结果如图 3–39 所示。

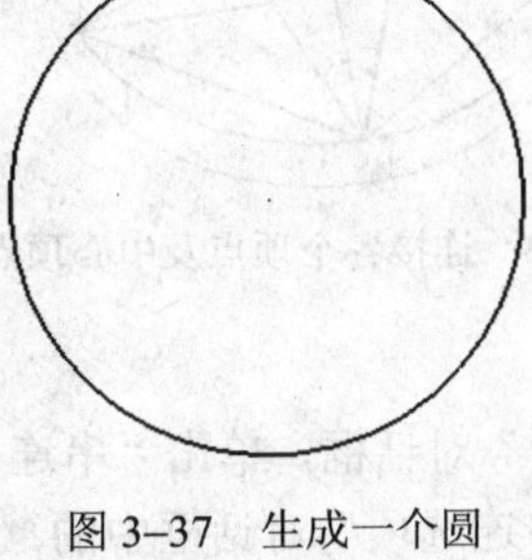

图 3–37　生成一个圆

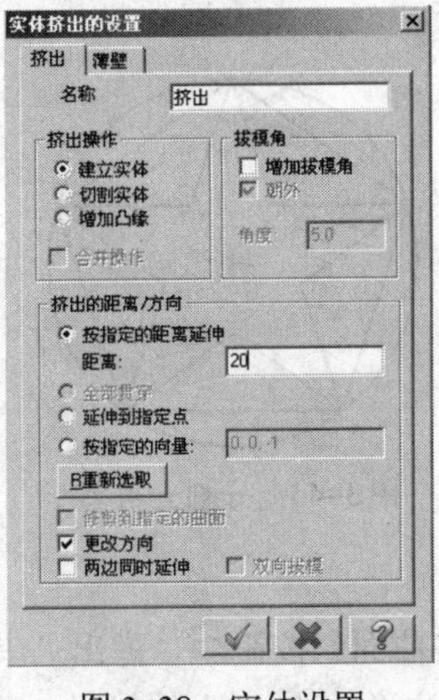

图 3–38　实体设置

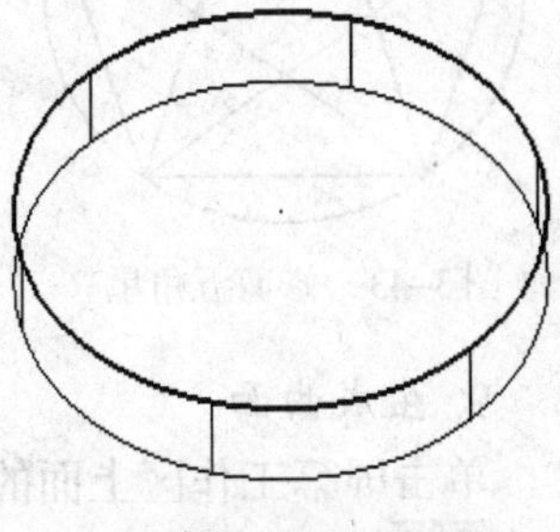

图 3–39　挤出圆形实体

5. 绘制五边形

单击屏幕工作区上面的“画矩形”按钮的小黑三角，再单击 N画多边形 按钮，弹出多边形选项，多边形边数为 5，半径为 80，勾选“内接”，如图 3–40 所示。

然后选取基准点位置为圆心，出现五边形，单击按钮，结果如图 3–41 所示。

6. 设置五边形的中心顶点

设置 Z：15；屏幕视角：T。

单击屏幕工作区上面的“指定位置画点”按钮，弹出提示栏，输入中心顶点坐标值（0，0，15）。按 Enter 键，五边形上面出现一个点，单击按钮。

连接五边形的各顶点，单击屏幕工作区上面的“两点画线”按钮，分别捕捉两个顶点画线，单击按钮，生成五角星的外轮廓，如图 3–42 所示。

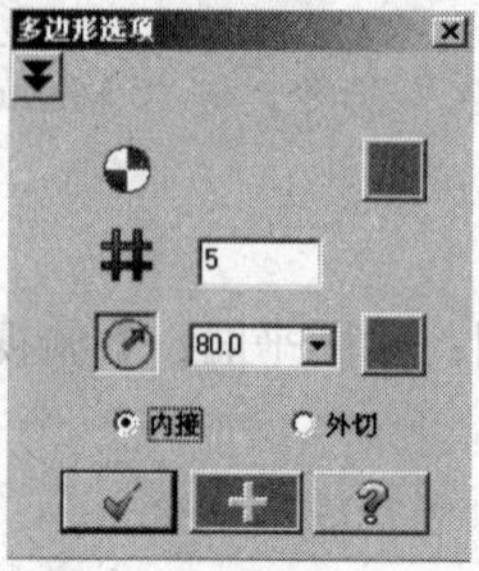

图 3–40　多边形设置

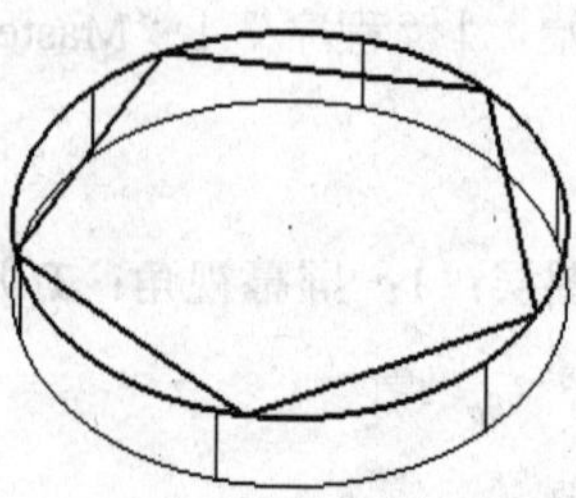
图 3–41　绘制五边形

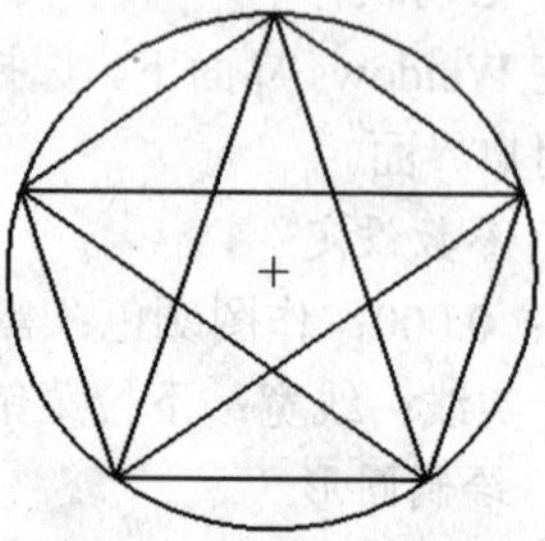
图 3–42　五角星外轮廓

7. 修剪五角星

单击屏幕工作区上面的“修剪图标”按钮，弹出提示栏，单击“分割”按钮，然后单击图 3–43 中箭头所示区域的线段，直线被分割，再分别单击其余线段，最后单击按钮，分割结果如图 3–44 所示。

8. 创建五边形 5 个顶点和中心顶点的连接

将屏幕视角设置：I 等角视图。

单击屏幕工作区上面的“两点画线”按钮，分别捕捉五角形各个顶点到中心顶点，单击按钮，结果如图 3–45 所示。

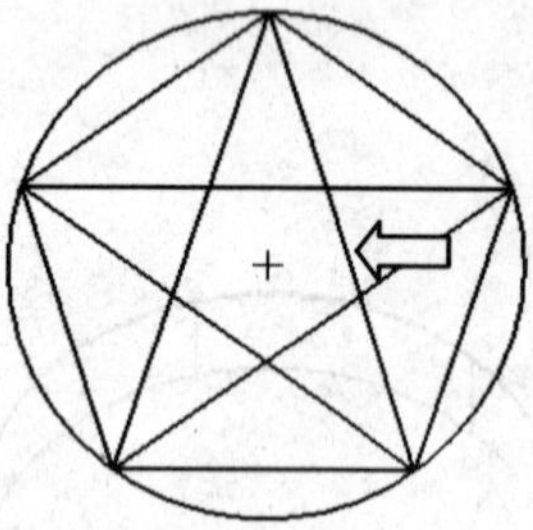
图 3–43　修剪五角星

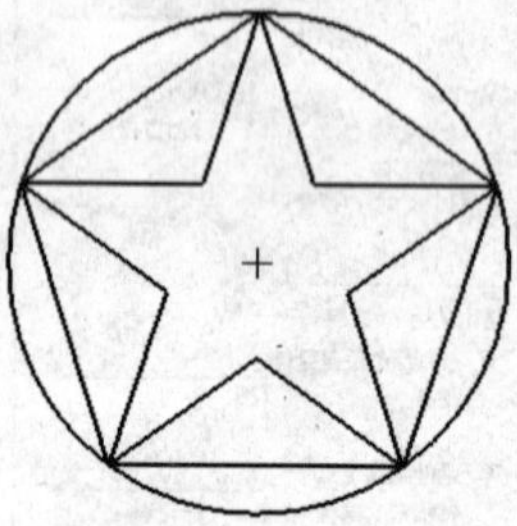
图 3–44　分割五角星

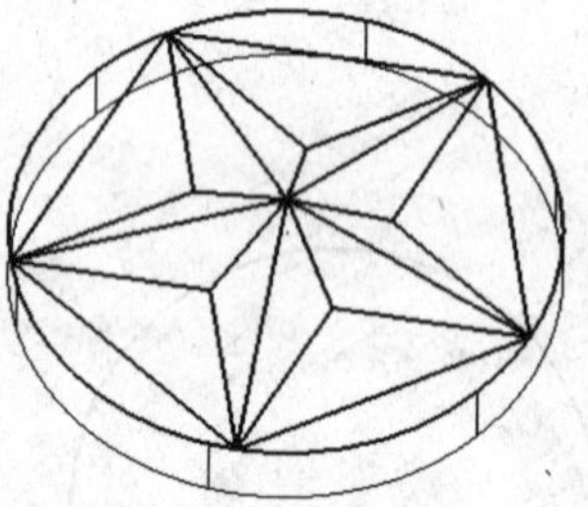
图 3–45　连接各个顶点及中心顶点

9. 生成曲面

单击屏幕工作区上面的“网格曲面”按钮，弹出“串连选项”对话框，单击“串连”按钮，分别串连图 3–46 中标注“1、2、3”的线段，单击“串连选项”对话框中的按钮，出现一个小曲面，如图 3–47 所示。

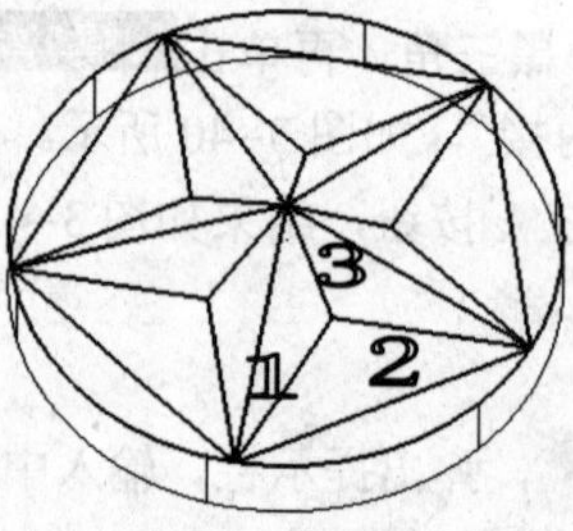

图 3–46　选择三条边

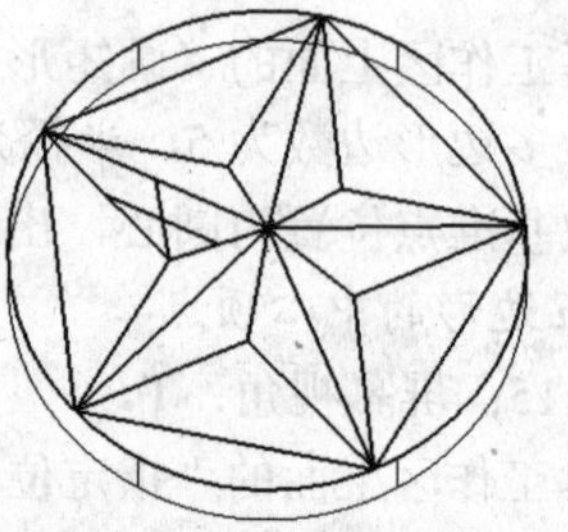
图 3–47　生成了一个小曲面

继续重复上一次生成曲面的过程，生成各个曲面，生成最后一个曲面后，单击提示栏中的✔按钮。生成曲面后结果如图 3–48 所示。

10. 删除多余线段

选择五边形的 5 条线段，单击屏幕工作区上面的“删除”按钮，删除结果如图 3–49 所示。

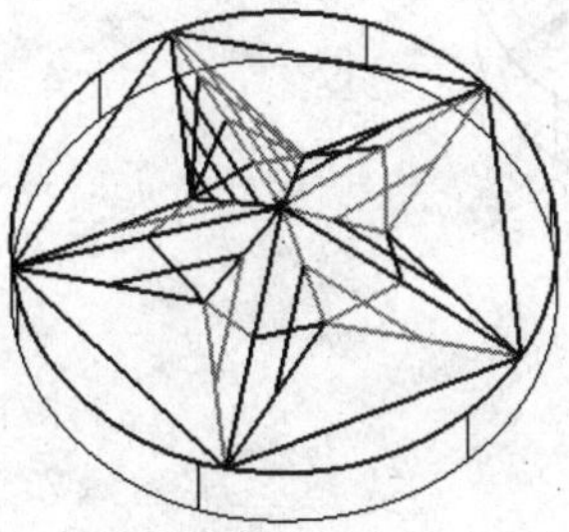

图 3–48　生成各个曲面

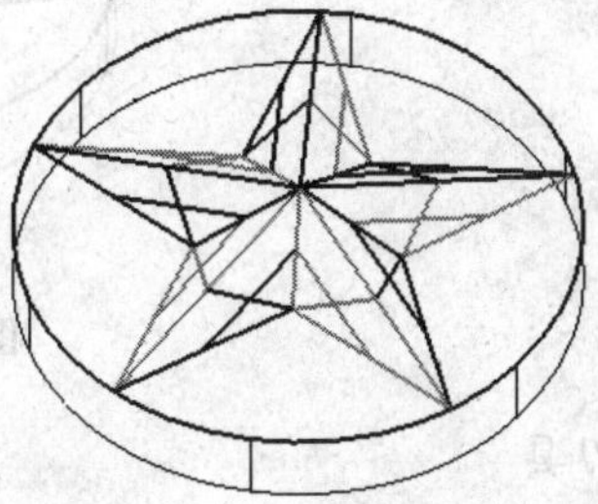

图 3–49　删除多余线段

活动 2　模拟加工

1. 设置毛坯

（1）选择屏幕上方“机床类型”｜“铣床”｜“默认”命令，则在绘图工作区左侧出现“刀具路径设置”对话框，如图 3–50 所示。单击“属性”｜“材料设置”选项，出现“加工群组属性”对话框，结果如图 3–51 所示。

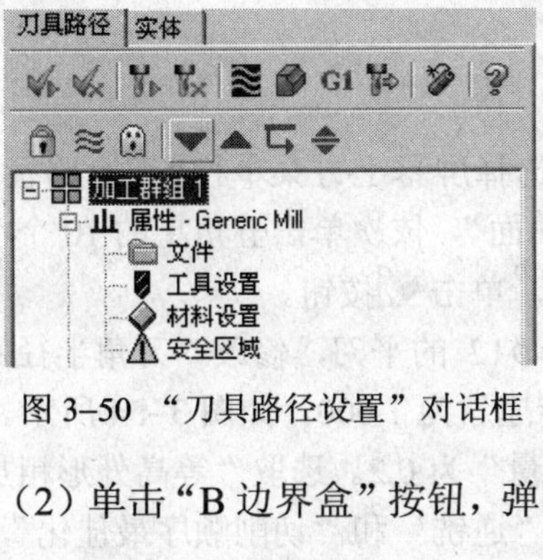

图 3–50 “刀具路径设置”对话框

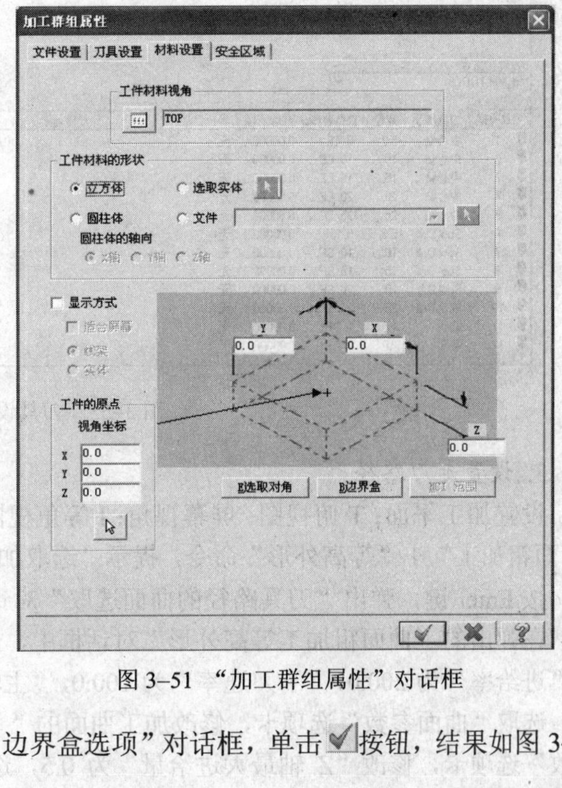

图 3–51 “加工群组属性”对话框

（2）单击“B 边界盒”按钮，弹出“边界盒选项”对话框，单击✔按钮，结果如图 3–52

所示。

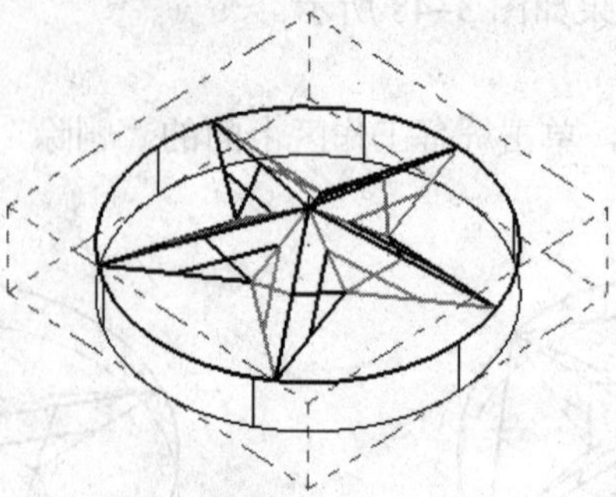

图 3–52　边界盒

2. 设置刀具

选择菜单“刀具路径”｜“刀具管理”命令，出现图 3–53 所示对话框，分别选择$\phi 12$的平刀和$\phi 8$ 的球刀，单击按钮添加后单击按钮，完成刀具的设置。

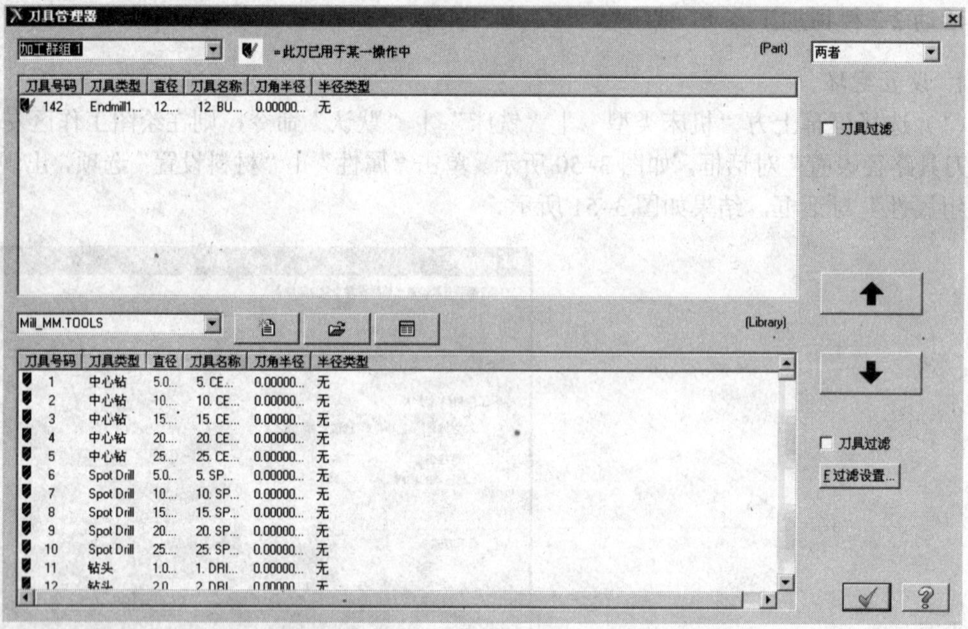

图 3–53　刀具设置

3. 设置走刀路径

设置加工平面：T 俯视图；屏幕视角：I 等角视图。选择屏幕上方菜单栏“刀具路径”｜“曲面粗加工”｜“等高外形”命令，提示“选取加工曲面”，依次单击五角星的 10 个小曲面，按 Enter 键，弹出“刀具路径的曲面选取”对话框，单击按钮。

在弹出的“曲面粗加工等高外形”对话框中，选择$\phi 12$ 的平刀，修改“刀角半径”为 0，“进给率”为 200.0，“下刀速率”为 100.0，“主轴转速”为 1 000，如图 3–54 所示。

选取“曲面参数”选项卡，修改加工曲面的“预留量”为 0.2。选取“等高外形粗加工参数”选项卡，修改“Z 轴最大进给量”为 0.5，选定“逆铣”和“切削顺序最佳化”，如

图 3–55 所示。最后单击按钮，生成走刀路径，结果如图 3–56 所示。

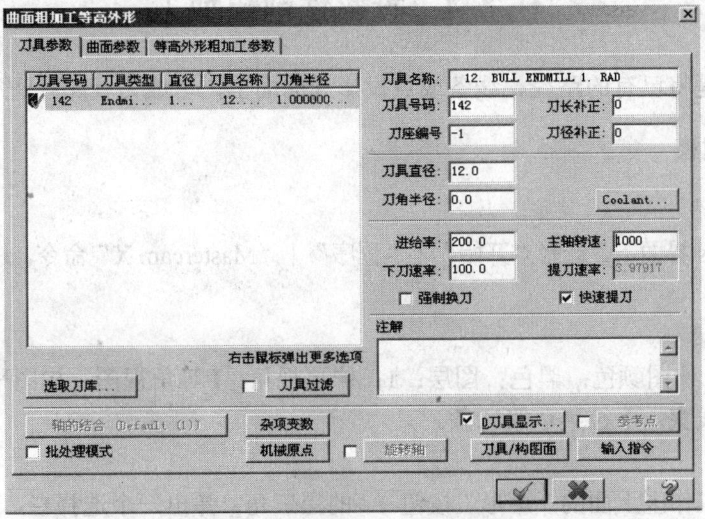

图 3–54　曲面粗加工等高外形参数

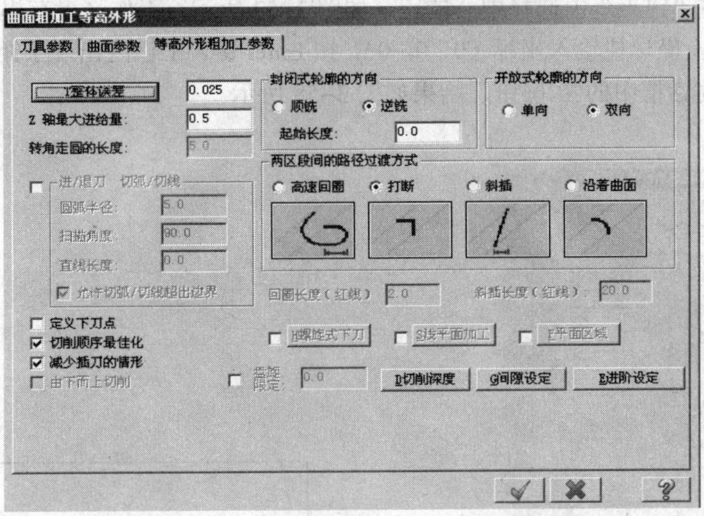

图 3–55　等高外形粗加工参数

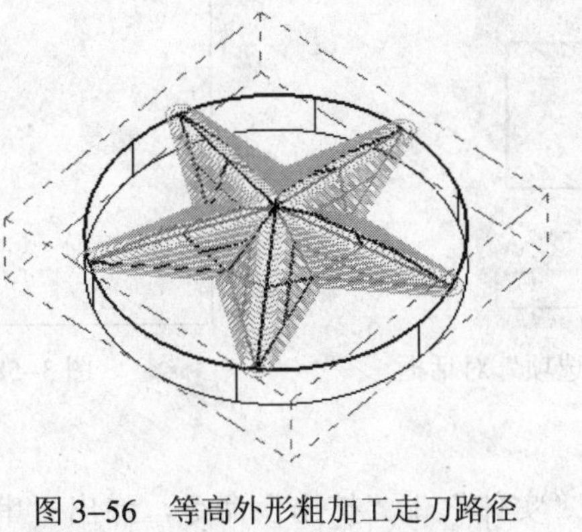

图 3–56　等高外形粗加工走刀路径

任务 4　投影铣削粗加工

投影加工是将已有的路径、线条或点投影到曲面上，生成刀具路径进行加工的方法。

活动 1　建模

1. 启动软件

在 Windows 界面下，选择“开始”|“程序”|“Mastercam X”命令，进入 Mastercam X 的用户界面。

2. 参数设定

Z：0.000；作图颜色：黑色；图层：1；屏幕视角：I 等角视图；构图平面：T 俯视图；线型：实线；线宽：下拉菜单第二条。

3. 画矩形

单击屏幕工作区上面的“矩形”按钮的黑三角，弹出一个选择栏，选择 E矩形形状设置... 按钮，弹出“矩形形状选项”对话框，单击对话框中“延伸”按钮，长度输入 50.0，宽度输入 50.0，在“锚点”中选择中心的点，如图 3–57 所示，工作区上有提示“选取基准位置”，在工作区上坐标栏输入坐标（0，0，0），按 Enter 键，工作区出现了矩形，再单击“矩形形状选项”对话框中的按钮，结果如图 3–58 所示。

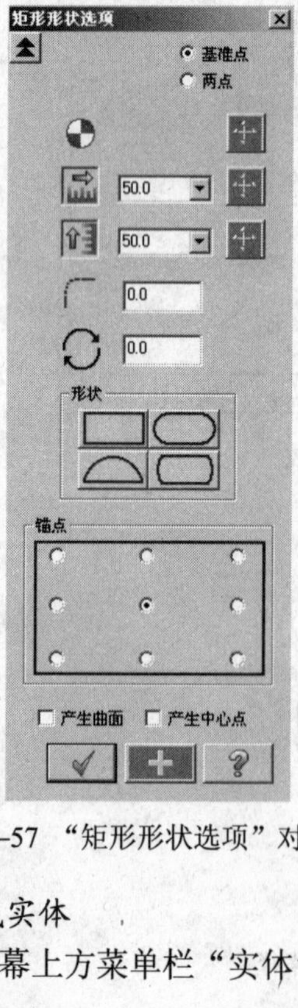

图 3–57　“矩形形状选项”对话框

图 3–58　绘制矩形

4. 生成实体

选择屏幕上方菜单栏“实体”|“挤出”命令，弹出“串连选项”对话框，单击“串

连”按钮，单击矩形，出现串连的箭头（顺时针方向为向下举升，逆时针为向上举升。说明：本图形应为向上举升，若刚才串连的箭头为顺时针，则单击按钮），如图 3–59 所示，单击按钮，出现“实体挤出的设置”对话框，修改延伸距离为 60，如图 3–60 所示。单击按钮。生成实体如图 3–61 所示。

图 3–59　串连图形

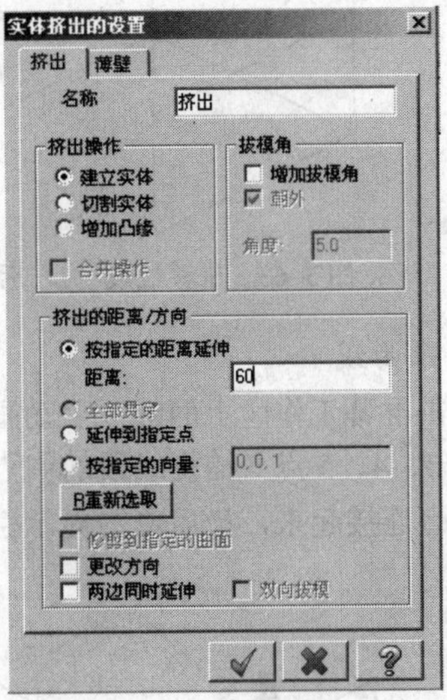

图 3–60　“实体挤出的设置”对话框

5. 平移线段

（1）平移“1”处的线段：单击屏幕工作区上面的“平移”按钮，弹出提示“平移：选取图素去平移”，选择图 3–62 所标“1”的线段，按 Enter 键，弹出“平移选项”对话框，选择“复制”，在“输入角度向量值”的 Z 值中输入 30，按 Enter 键，出现平移线段，再单击平移对话框中的“重复上次操作命令”按钮，继续把“1”位置的线段，用相同方法向 Z 轴方向上平移 60，最后单击对话框中的按钮，平移结果如图 3–63 所示。

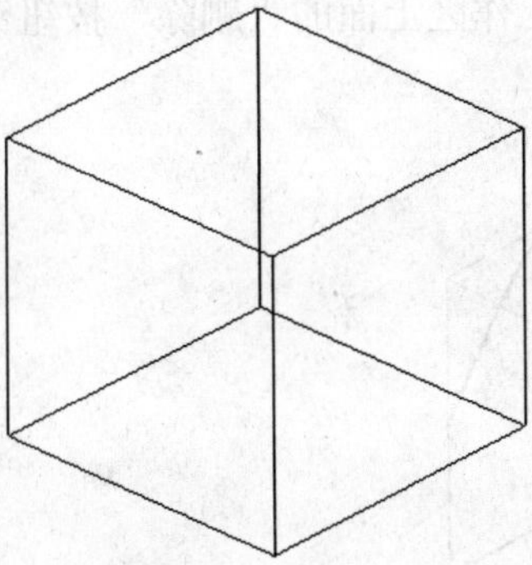

图 3–61　生成实体

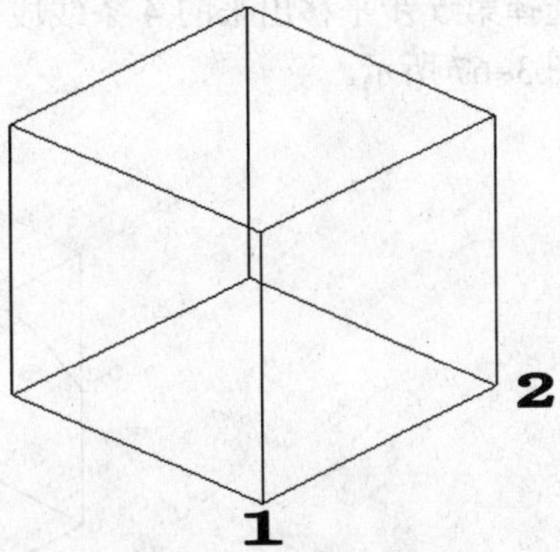

图 3–62　要平移的线段

（2）平移“2”处的线段：用平移线段“1”的方法，把线段“2”分别平移 30 和 60，结果如图 3–64 所示。

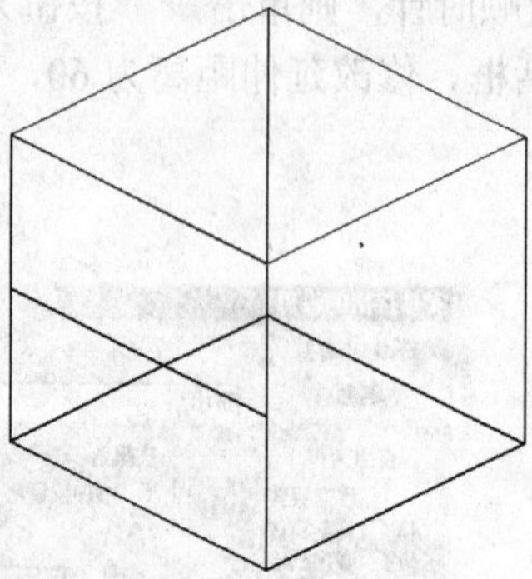

图 3–63　平移线段“1”后图形

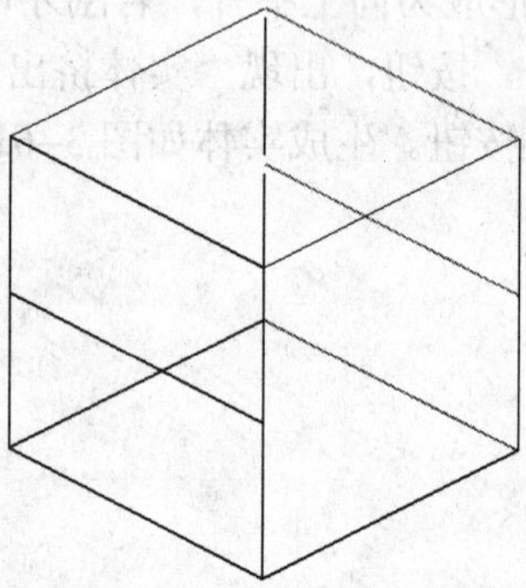

图 3–64　平移线段“2”后图形

6. 画曲线

单击屏幕工作区上面的“手动画曲线”按钮，弹出提示“选取一点”，连接图 3–65 所示的 3、4、5 点（捕捉线段的中点“4”），按 Enter 键，出现曲线。再把与 3、4、5 点相对应的点连接起来，最后单击提示栏中的按钮。结果如图 3–66 所示。

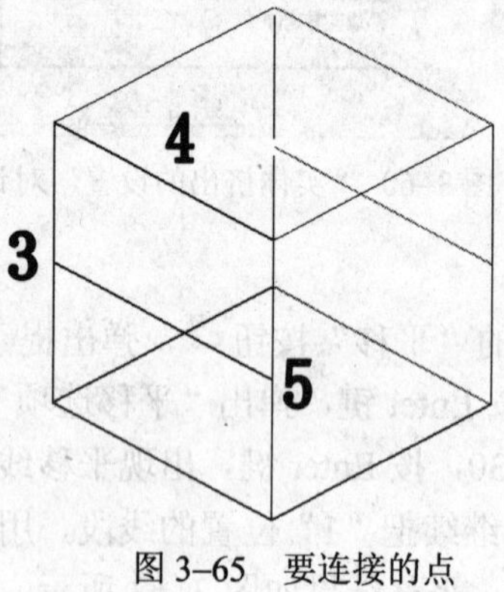

图 3–65　要连接的点

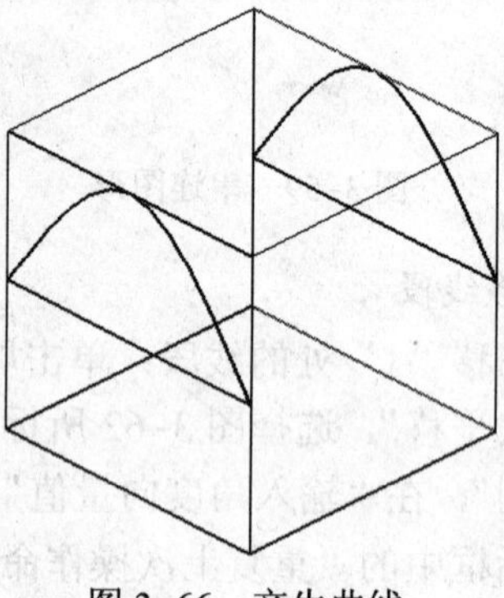

图 3–66　产生曲线

7. 删除多余的线段

选择第 5 步平移出来的 4 条线段，再单击屏幕工作区上面的“删除”按钮，删除结果如图 3–67 所示。

图 3–67　删除多余线段后图形

8. 创建曲面

单击屏幕工作区上面的“直纹曲面”按钮，弹出“串连选项”对话框，提示“举升曲面：定义曲面外形”，单击“串连”按钮，选择图中的一条曲线，再选择另一条曲线，注意选取的位置应相同（产生的箭头方向应相同，若方向不同，单击“反向”按钮），单击串连对话框中的按钮，生成曲面，再单击提示栏中的按钮。结果如图 3–68 所示。

9. 剪切实体

选择屏幕上方菜单栏“实体”|“修剪”命令，弹出“修剪实体”对话框，选取“S 曲面”，如图 3–69 所示。

提示“选取曲面”，选择曲面，箭头所指的方向为保留的部分，若箭头向上，单击“F 修剪另一侧”按钮，改箭头向下。单击按钮，实体被修剪。结果如图 3–70 所示。

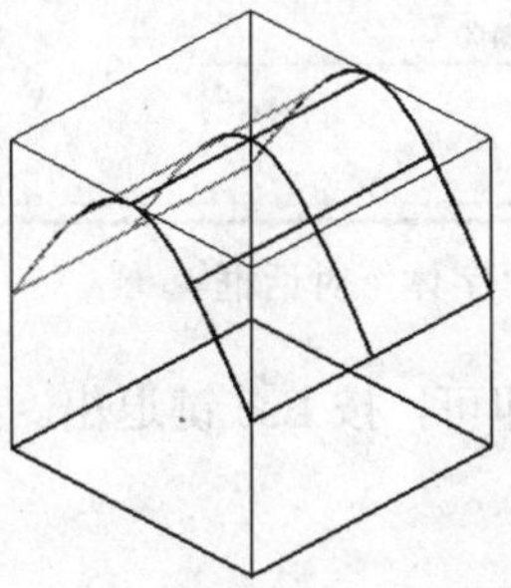

图 3–68　生成曲面后图形

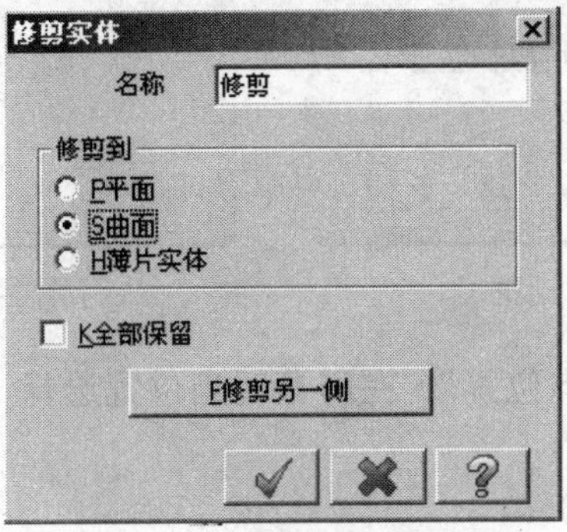

图 3–69 “修剪实体”对话框

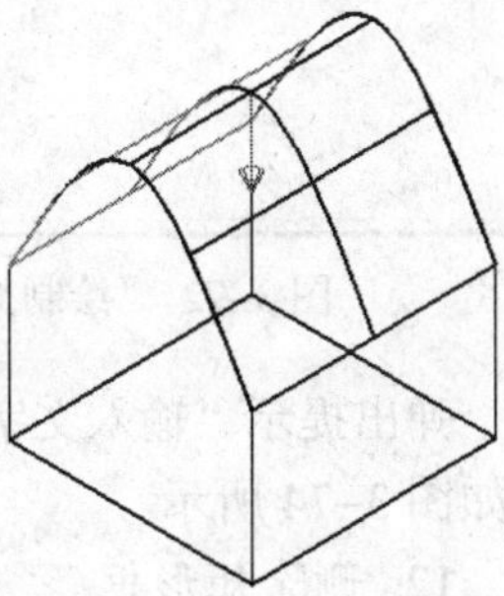

图 3–70　修剪实体后图形

10. 平移矩形

单击屏幕工作区上面的“平移”按钮，弹出提示“平移：选取图素去平移”，选择底面矩形的 4 条边，按 Enter 键，弹出平移选项对话框，选择“复制”，在“输入角度向量值”的 Z 中输入 80，按 Enter 键，出现平移的矩形，单击对话框中的按钮，结果如图 3–71 所示。

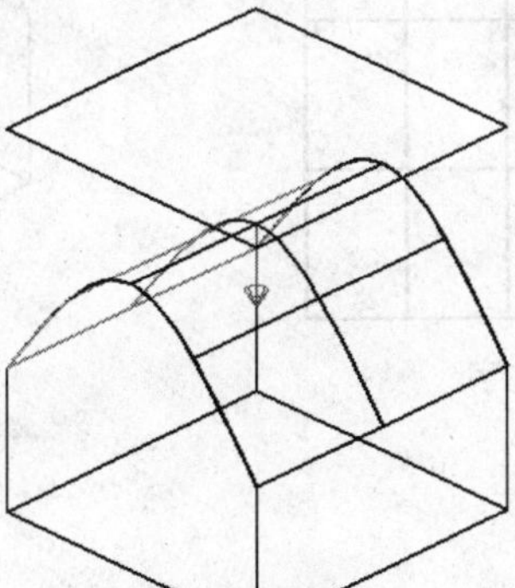

图 3–71　平移的矩形

11. 绘制文字

改变屏幕视角：T 俯视图；Z：80。

选择屏幕上方菜单栏“构图”|“绘制文字”命令，弹出“绘制文字”对话框，在“文字内容”栏输入文字“3A”，如图 3–72 所示，单击“真实字型”按钮，弹出“字体”对话框，“字体”选宋体，“字形”选粗体，“大小”选 10，如图 3–73 所示，单击“字体”对话框中的 按钮，再单击“绘制文字”对话框中的 按钮。

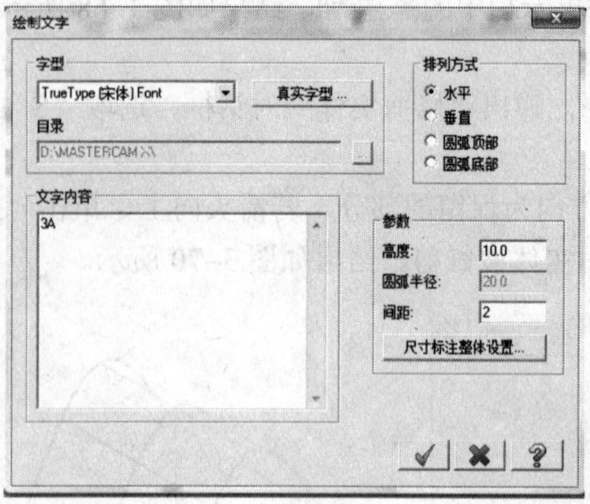

图 3–72 “绘制文字”对话框

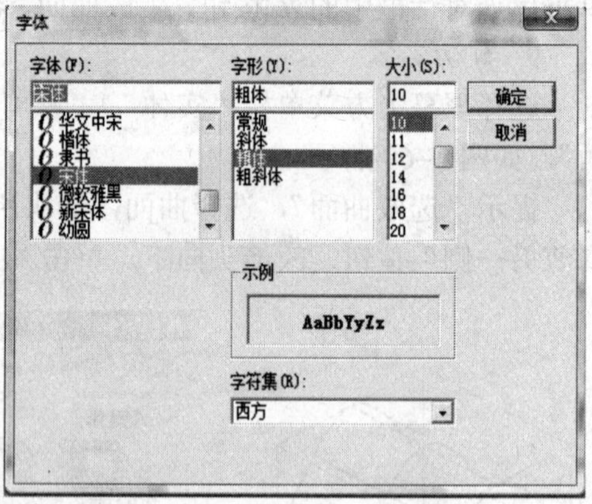

图 3–73 “字体”对话框

弹出提示“输入文字的起点位置”，在屏幕适当位置选择一点即可，按 Esc 键退出。结果如图 3–74 所示。

12. 删除矩形框

改变屏幕视角为：I 等角视图。选择曲面上面的矩形框，再单击屏幕工作区上面的“删除”按钮，删除结果如图 3–75 所示。

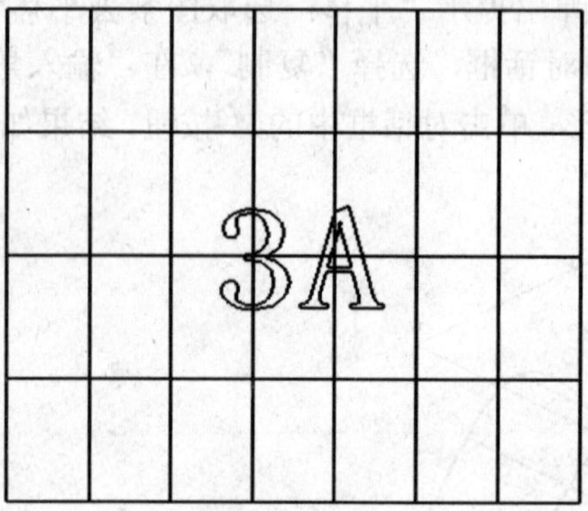

图 3–74 产生文字

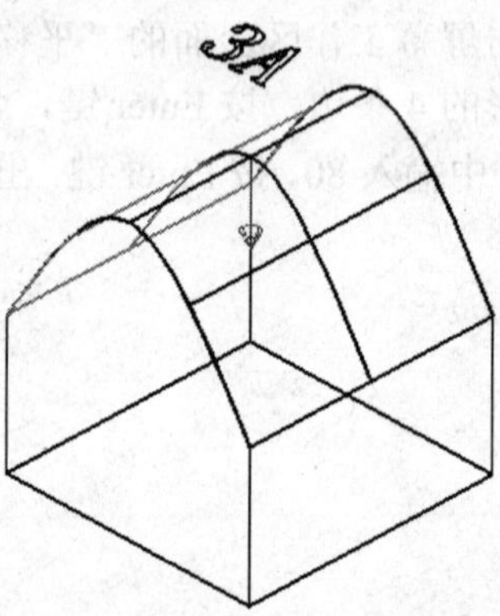

图 3–75 完成后的图形

活动 2 模拟加工

1. 设置毛坯

（1）选择屏幕上方“机床类型”|“铣床”|“默认”命令，则在绘图工作区左侧出现“刀具路径设置”对话框，如图 3–76 所示。单击“属性”|“材料设置”选项，出现“加工群组属性”对话框，结果如图 3–77 所示。

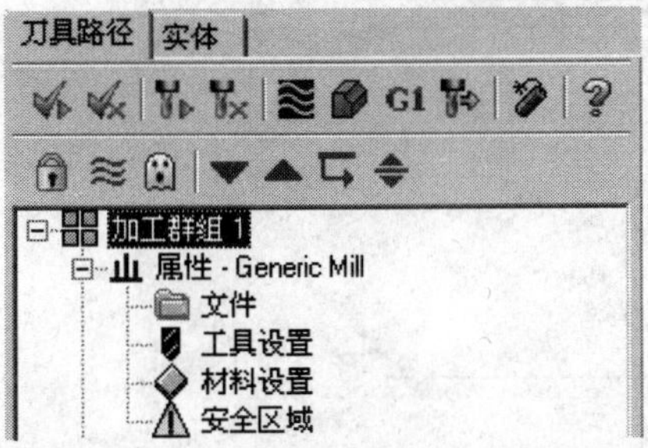

图 3–76 “刀具路径设置”对话框

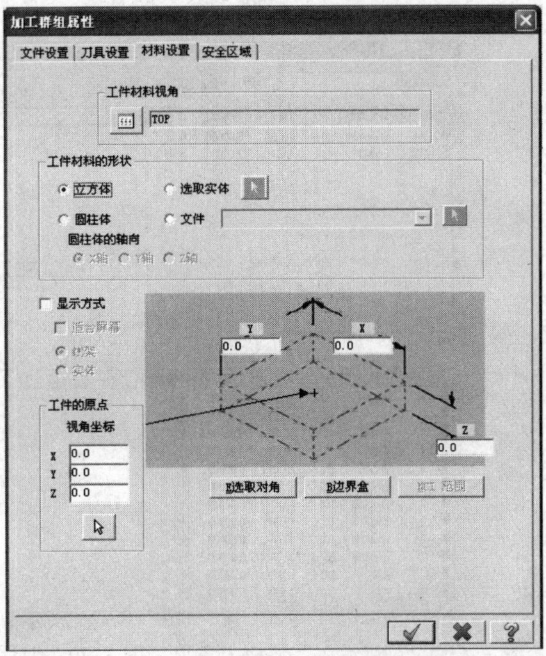

图 3–77 “加工群组属性”对话框

（2）单击“B 边界盒”按钮，弹出“边界盒选项”对话框，单击按钮，结果如图 3–78 所示。

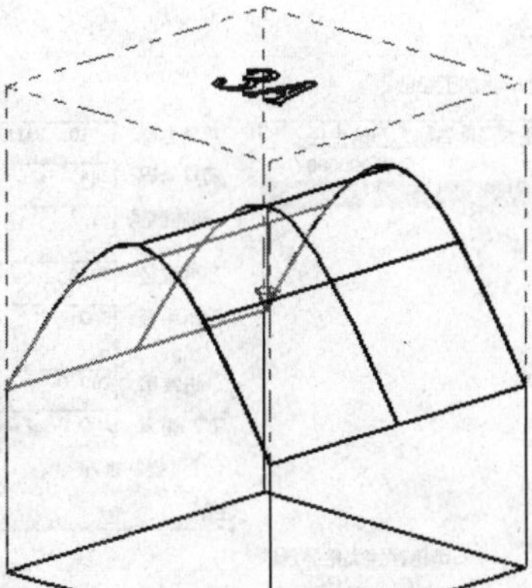

图 3–78　建立边界盒

2. 设置刀具

选择菜单“刀具路径” | “刀具管理器”命令，出现“刀具管理器”对话框，选择$\phi 10$和$\phi 4$的球面铣刀，单击按钮添加，如图 3–79，单击按钮，完成刀具的设置。

3. 等高外形粗加工刀具路径设置

设置加工平面：T 俯视图；屏幕视角：I 等角视图。选择屏幕上方菜单栏“刀具路径” | “曲面粗加工” | “等高外形”命令，提示“选取加工曲面”，选择实体上的曲面，按 Enter 键，弹出“刀具路径的曲面选取”对话框，单击按钮。

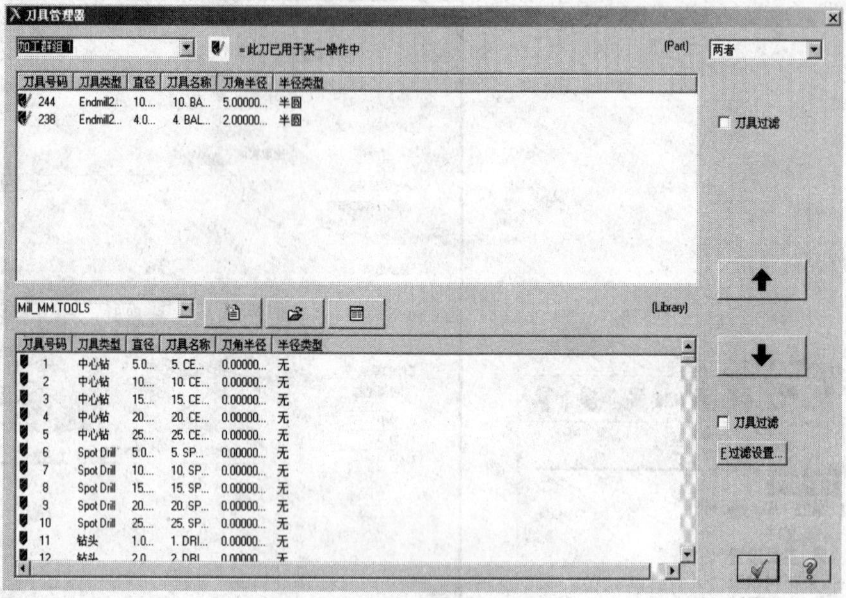

图 3–79　刀具设置

在弹出的“曲面粗加工等高外形”对话框中，选择ϕ10 的球刀，修改刀具参数，“进给率”为 200.0，“下刀速率”为 100.0，“主轴转速”为 1 000，如图 3–80 所示。

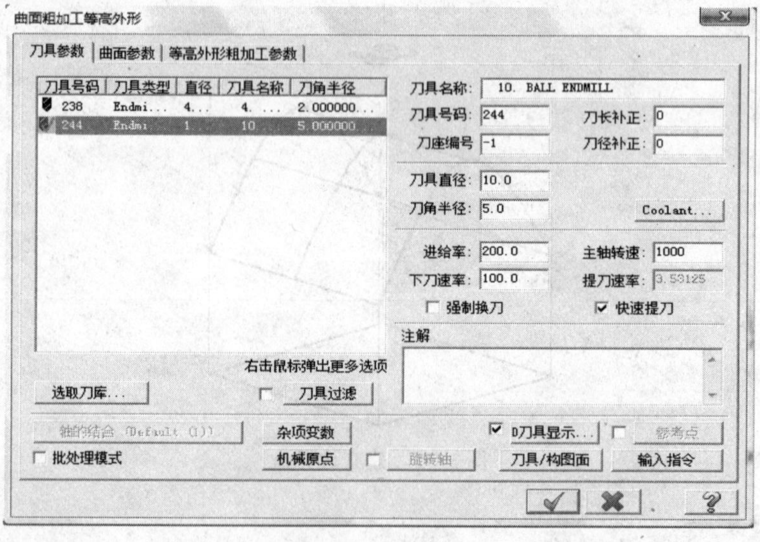

图 3–80 “曲面粗加工等高外形”对话框

选取“曲面参数”选项卡，修改加工曲面的预留量为 0.2；选取“等高外形粗加工参数”选项卡，勾选“切削顺序最优化”，修改 Z 轴最大进给量为 1，T 切削整体误差值为 0.02，设置结果如图 3–81 所示。其余设置为默认值，单击✓按钮，出现走刀路径，如图 3–82 所示。

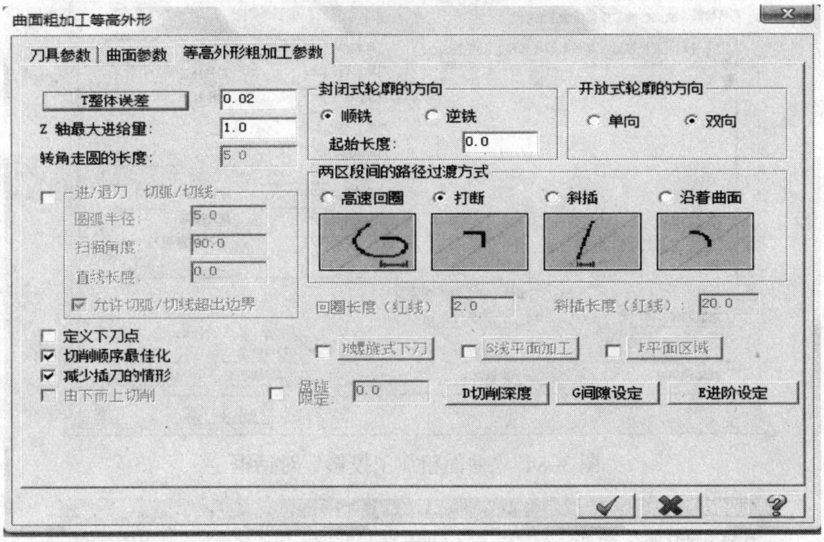

图 3–81　等高外形粗加工参数

4. 投影粗加工刀具路径设置

设置构图平面：T 俯视图；屏幕视角：I 等角视图。选择屏幕上方菜单栏“刀具路径”|“曲面粗加工”|“投影加工”命令，弹出“选取工件的形状”对话框，选择“凸”，如图 3–83 所示，单击✔按钮，弹出提示“选取加工曲面”，单击“加工的曲面”按钮，按 Enter 键，弹出“刀具路径的曲面选取”对话框，单击✔按钮。

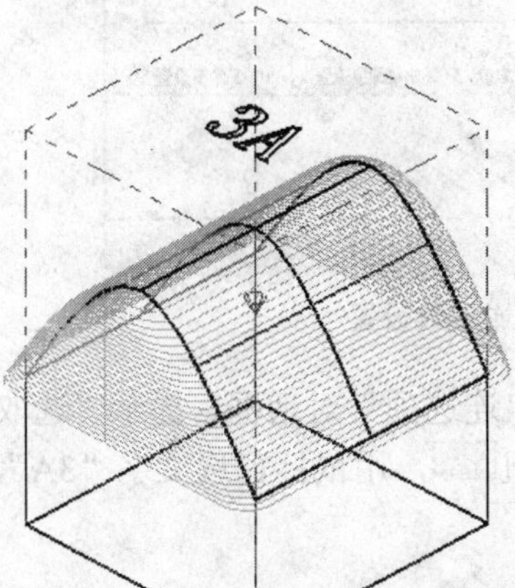

图 3–82　等高外形走刀路径

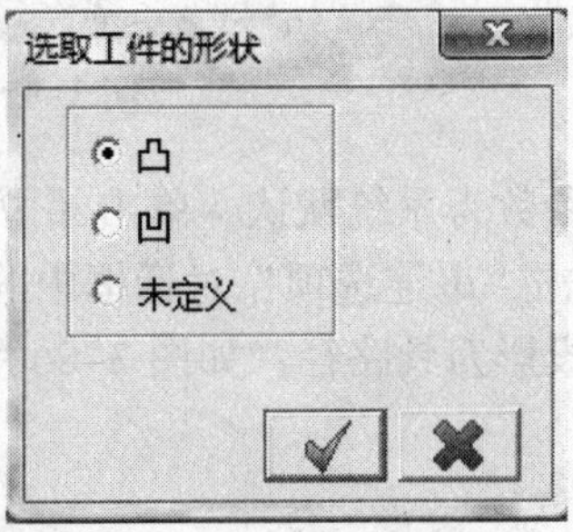

图 3–83　选取工件形状

在弹出的“曲面粗加工投影”对话框中，选择$\phi 4$ 的球刀，修改刀具参数，“进给率”为 200.0，“下刀速率”为 100.0，“主轴转速”为 1 000。如图 3–84 所示。

选取“投影粗加工参数”选项卡，修改 Z 轴最大进给量为 1.0，“T 整体误差值”为 0.02，点选“曲线”，勾选“允许沿面下降切削（–Z）”，点选“切削路径允许连续下刀提刀”，如图 3–85 所示。

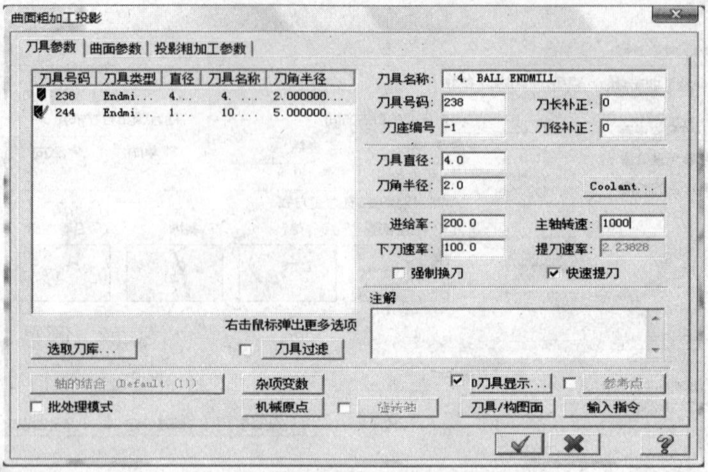

图 3–84 “曲面粗加工投影”对话框

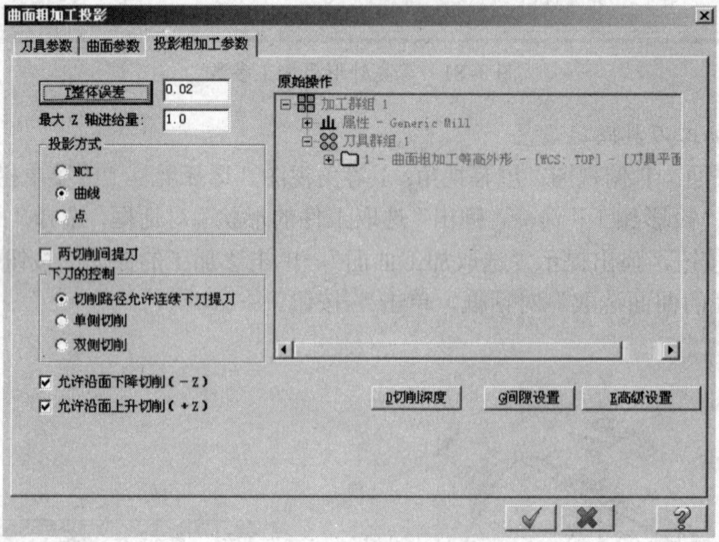

图 3–85 投影粗加工投影参数设置

其余参数为系统默认。单击✔按钮，弹出“串连选项”对话框，提示“选取曲线去投影 1”，单击“串连选项”对话框中的“窗选”按钮，用鼠标窗选文字“3A”，按 Enter 键，生成投影刀具路径，如图 3–86 所示。

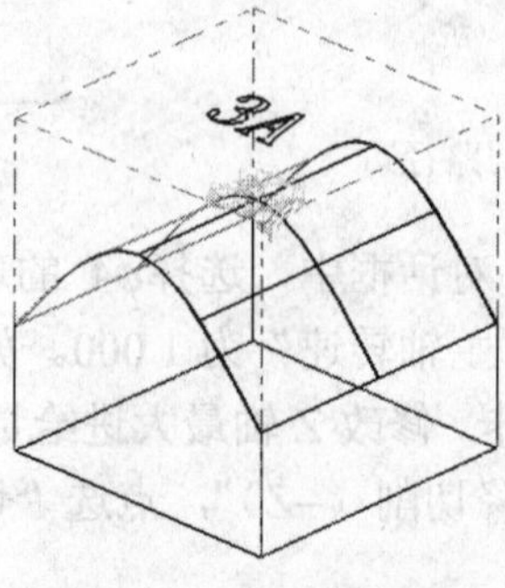

图 3–86 投影刀具路径

实 践 演 练

1. 创意建模，进行平行铣削粗加工、挖槽曲面铣削粗加工。
2. 创建奔驰车标模型，进行等高外形铣削粗加工。
3. 创意建模，进行投影铣削粗加工。

学 后 感 言

学习情境 4　三维线架加工

情境描述

通过使用 Mastercam X 软件，掌握二维旋转、2D 扫描、3D 扫描、昆氏及直纹加工刀具路径设置方法，并能进行仿真加工。

工作任务

任务 1　旋转加工

任务 2　2D 扫描加工

任务 3　3D 扫描加工

任务 4　昆氏加工

任务 5　直纹加工

任务 1　旋 转 加 工

活动 1　建模

1. 启动软件

在 Windows 界面下，选择“开始” | “程序” | “Mastercam X”命令，进入 Mastercam X 的用户界面。

2. 参数设定

Z：0.000；作图颜色：10；图层：1；构图面：T。

3. 绘制草图

（1）绘制直线。单击工具栏“构图” | “画直线” | “两点画线”，输入点（37.8，18.0，0），（2.4，12.6，0），按 Enter 键确认，输入点（2.4，12.6，0），（2.4，8.4，0）按 Enter 键确认，输入点（2.4，8.4，0），（31.7，1.4，0）按 Enter 键确认，输入点（31.7，1.4，0）（35.3，5.9，0）按 Enter 键确认，输入点（35.3，5.9，0）（42.2，2.7，0）按 Enter 键确认，输入点（42.2，2.7，0）（42.2，–5.4，0）按 Enter 键确认，结果如图 4–1 所示。

（2）直线倒圆角。单击工具栏“构图” | “倒圆角” | “两物体”，左起前两个倒角半径为 2，剩下的 3 个角按顺序分别倒半径为 3、4、4 的圆角，结果如图 4–2 所示。

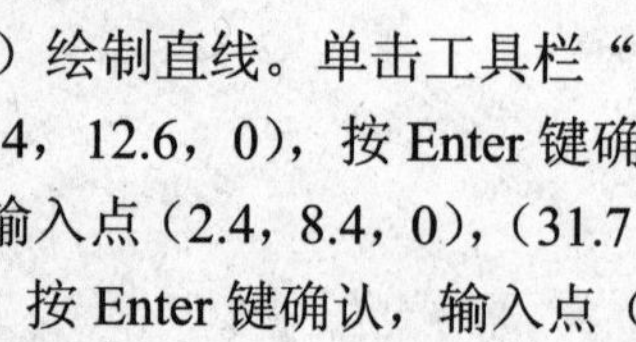

图 4–1　绘制直线

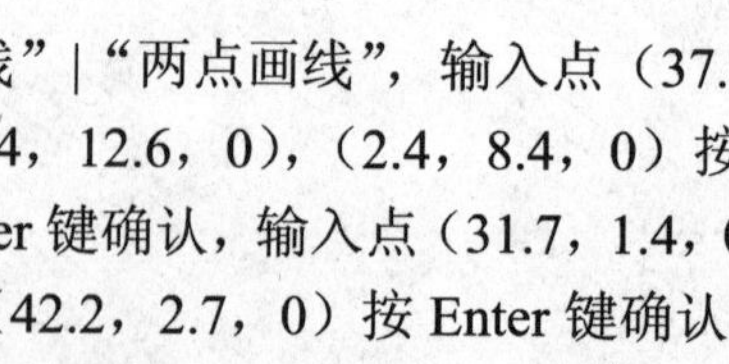

图 4–2　倒圆角

活动 2　模拟加工

1. 设置毛坯

选择菜单“机床选择”|“铣床”|“默认”命令，则在绘图工作区左侧出现“刀具路径设置”对话框。如图 4–3 所示。

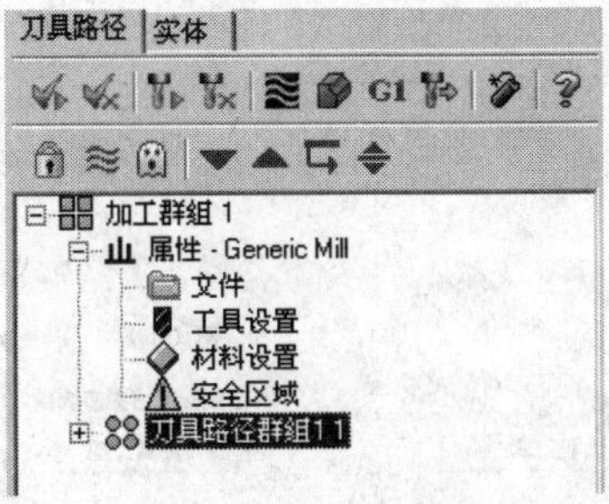

图 4–3　“刀具路径设置”对话框

2. 设置刀具

选择菜单“刀具路径”|“刀具管理”命令，出现图 4–4 所示对话框，选择直径为 2 的球头刀，单击按钮添加，然后单击按钮，完成刀具的设置。

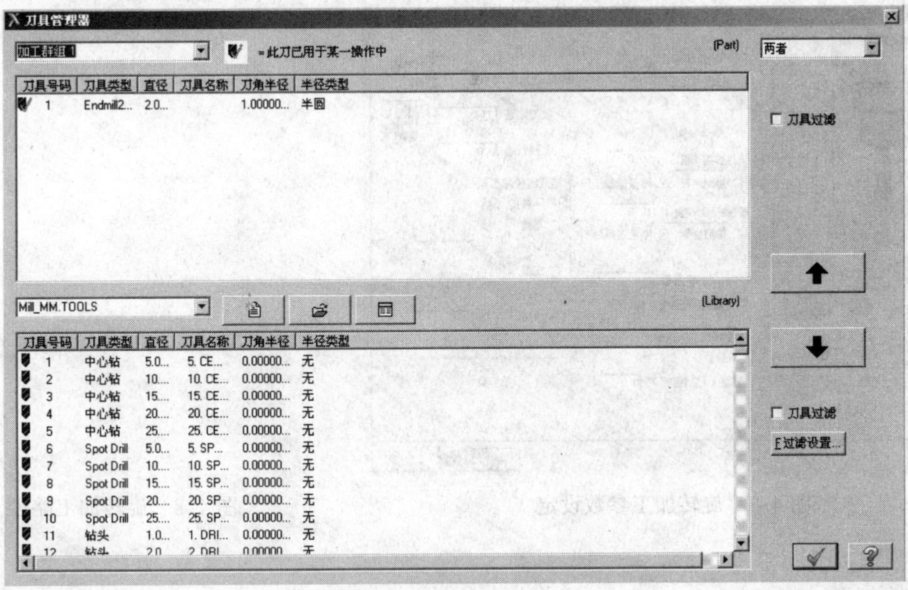

图 4–4　添加刀具

3. 设置走刀路径

设置构图平面：T 俯视图。选择菜单“刀具路径”|“线架加工”|“旋转加工”命令，如图 4–5 所示，选择串连选项，单击图素，出现“选取旋转轴上的一点”，单击图素下方一点，如图 4–6 所示。设置“进给率”为 500.0，“下刀速率”为 50.0，主轴转速为 1 000，实际进给量视具体情况而定，将“步进量”改为 0.5，如图 4–7 所示，按 Enter 键确认，如图 4–8 所示。

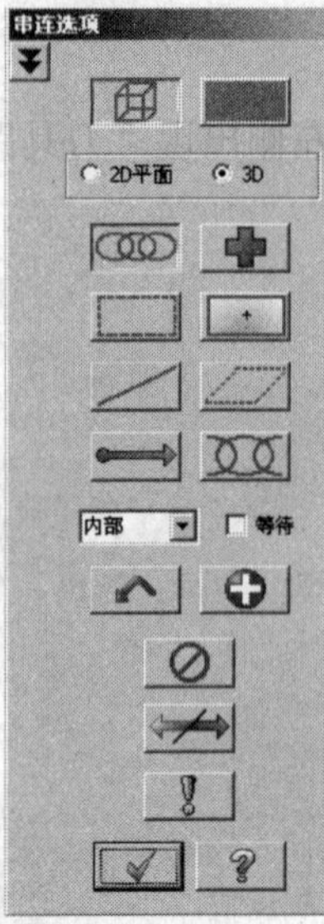

图 4–5　串连选项

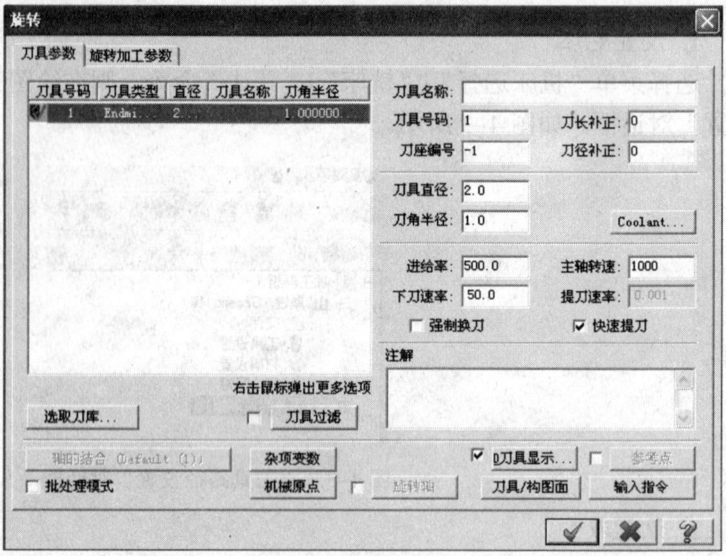

图 4–6　刀具参数设置

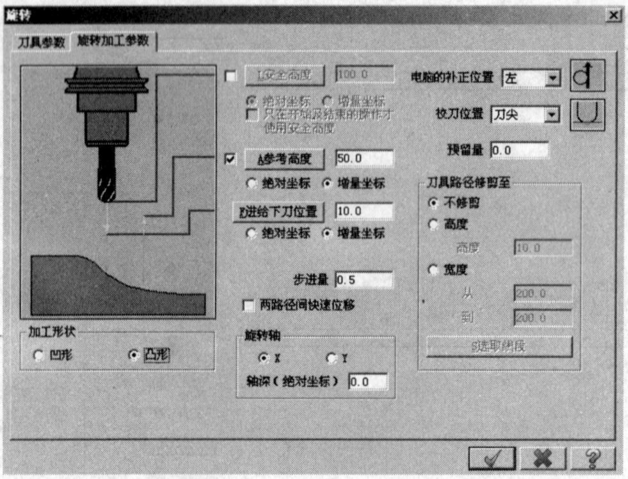

图 4–7　旋转加工参数设定

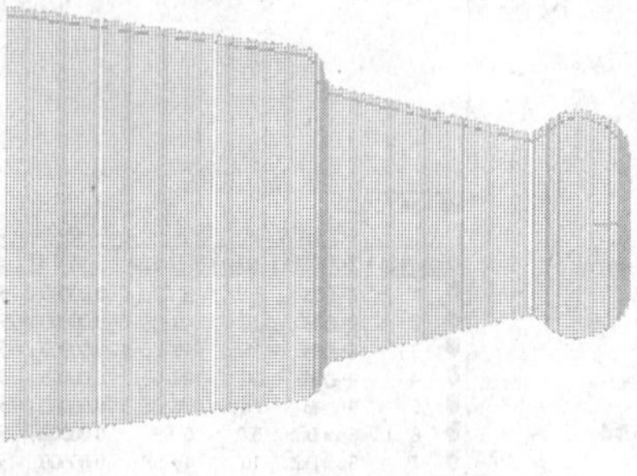

图 4–8　旋转加工路径

任务 2　2D 扫描加工

活动 1　创建曲面特征

1. 启动软件

在 Windows 界面下，选择菜单“开始”|“程序”|“Mastercam X”命令，进入“Mastercam X”的用户界面。

2. 参数设定

Z：0.000；作图颜色：10；图层：1；构图面：T。

3. 绘制草图

（1）画 3 个圆。单击工具栏“构图”|“画圆弧”|“圆心点圆弧”命令，输入坐标（0，0，0），画半径为 15 的圆，按 Enter 键确认。再单击按钮，输入坐标（50，0，0），画半径为 15 的圆，按 Enter 键确认。将视图改为前视图，输入坐标（80，0，0），画半径为 15 的圆，单击按钮，如图 4–9 所示。

图 4–9　绘制 3 个圆

（2）修剪图形。单击工具栏“构图”|“画直线”|“两点画线”命令，单击“相切”按钮，分别单击两个圆，画出两条与两个圆相切的直线，再画一条同时穿过右边两圆心的直线，如图 4–10 所示。单击工具栏“编辑”|“修剪”|“打断”|“在交点处打断”命令，单击最右边的圆和相交的直线，按 Enter 键确定，单击工具栏“编辑”|“修剪”|“打断”命令，单击“两线间”按钮，分别单击与两圆相切的两条平行线，然后单击要修剪的部分，删去多余的线段，如图 4–11 所示。

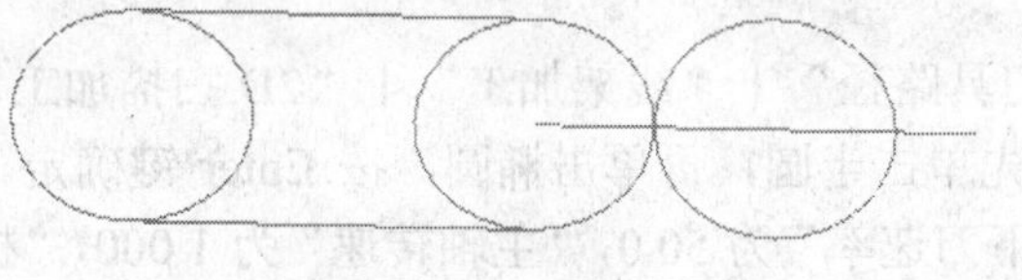

图 4–10　画 3 条直线

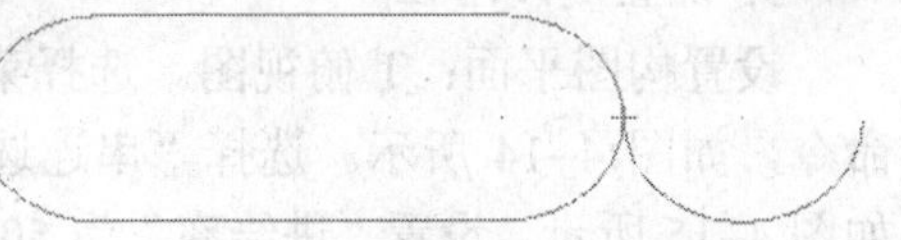

图 4–11　修剪图形

活动 2　模拟加工

1. 设置毛坯

选择菜单“机床选择”|“铣床”|“默认”命令，则在绘图工作区左侧出现“刀具路径设置”对话框。如图 4–12 所示。

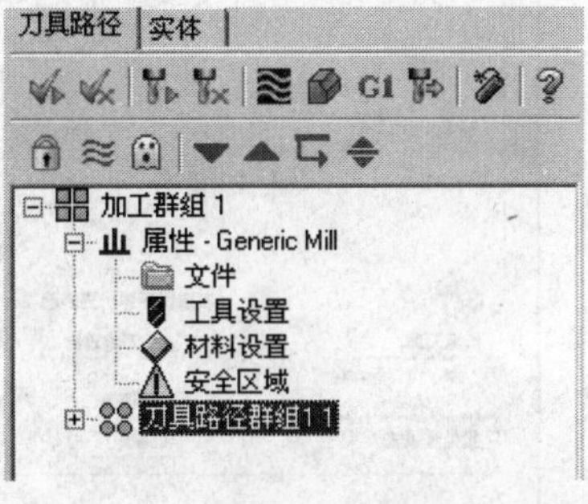

图 4–12　“刀具路径设置”对话框

2. 设置刀具

选择菜单“刀具路径”|“刀具管理”命令，出现图 4–13 所示对话框，选择$\phi5$的球头

刀，单击 添加，然后单击 按钮，完成刀具的设置。

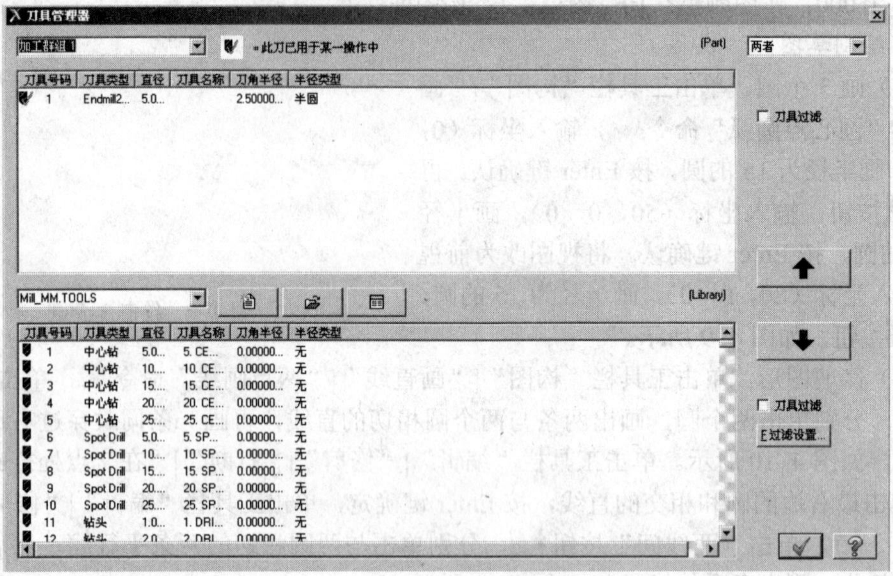

图 4–13 添加刀具

3. 设置走刀路径

设置构图平面：T 俯视图。选择菜单“刀具路径”｜“线架加工”｜“2D 扫描加工”命令，如图 4–14 所示。选择“串连选项”，先单击半圆，再单击椭圆，按 Enter 键确定。如图 4–15 所示，设置“进给率”为 500.0，“下刀速率”为 50.0，“主轴转速”为 1 000，“提刀速率”改为 200（实际进给量视具体情况而定），2D 扫描设置不变，如图 4–16 所示，按 Enter 键确认，结果如图 4–17 所示。

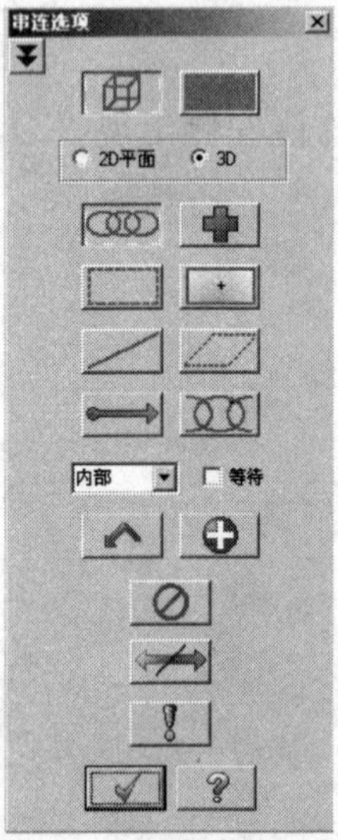

图 4–14 串连选项

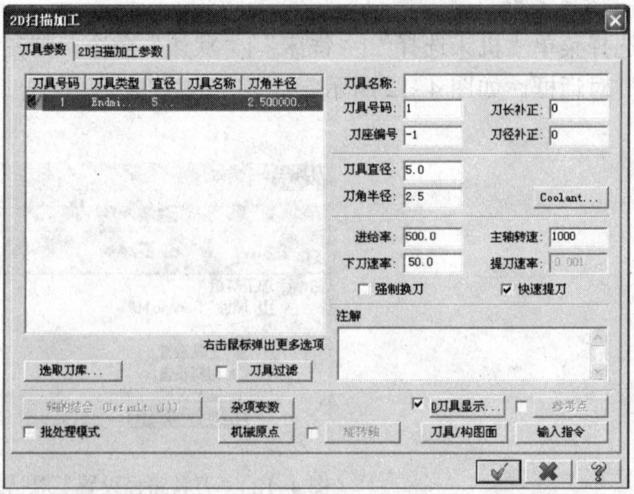

图 4–15 刀具参数设置

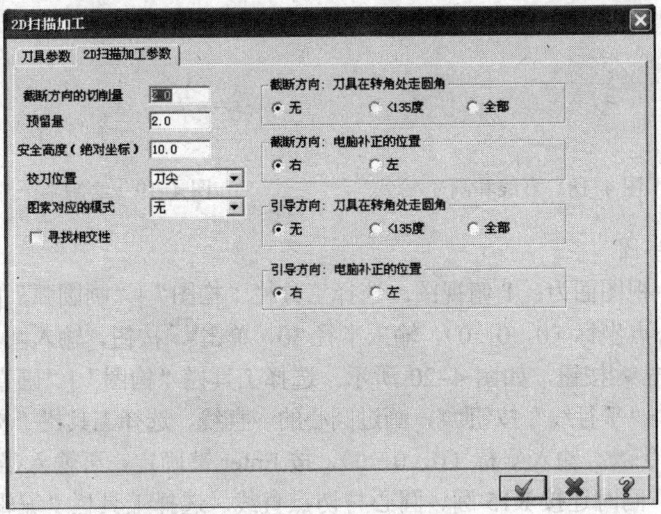

图 4–16 “2D 扫描加工参数”设置

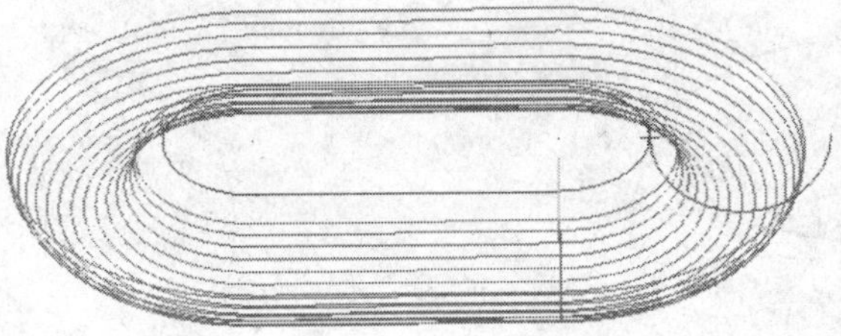

图 4–17　2D 扫描加工刀具路径

任务 3　3D 扫描加工

活动 1　建模

1. 启动软件

在 Windows 界面下，选择“开始”|“程序”|“Mastercam X”命令，进入 Mastercam X 的用户界面。

2. 参数设定

参数设置为：Z：0.000；作图颜色：10；图层：1；构图面：F。

3. 绘制半圆

选择工具栏“构图”|“画圆弧”|“圆心点半径圆”命令，输入圆心点坐标（0，0，0），输入半径 6，选择工具栏“构图”|“画直线”|“两点画直线”命令，单击“平行线”按钮，画过圆心的一直线，如图 4–18 所示。选择工具栏“编辑”|“修剪”|“打断”|“I 在交点处打断”命令，窗选所有的图素，按 Enter 键确定，删除多余的部分，留上面半个圆，如图 4–19 所示。

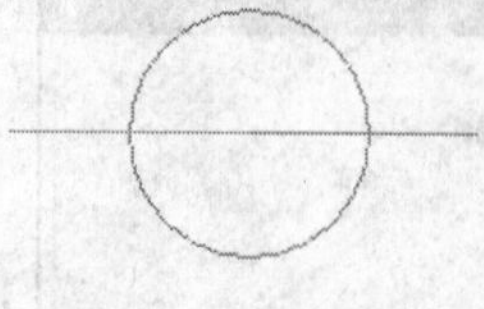

图 4–18　直线和圆

图 4–19　绘制半个圆

4. 绘制两个半圆

设置构图面、视图面为：T 俯视图。选择工具栏“构图”|“画圆弧”|“圆心点半径圆”命令，输入圆心点坐标（0，0，0），输入半径 30，单击按钮，输入圆心点坐标（15，0，0），半径 15，单击按钮，如图 4–20 所示。选择工具栏“构图”|“画直线”|“两点画直线”命令，单击“平行线”按钮，画过圆心的一直线，选择工具栏“构图”|“画直线”|“两点画直线”命令，输入坐标（0，0，0），按 Enter 键确定，再输入坐标（–26.2，16.2，0），单击按钮，同时连接 R15 圆、圆心与切点直线。选择工具栏“编辑”|“修剪”|“打断”|“I 在交点处打断”按命令，窗选所有的图素，按 Enter 键确定，删除多余的部分，如图 4–21 所示。

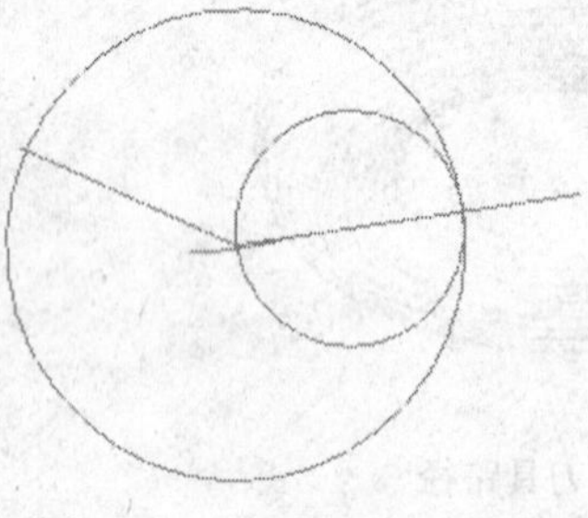

图 4–20　绘制两个圆和直线

图 4–21　修剪两圆

活动 2　毛坯及刀具路径的设置

1. 设置毛坯

选择菜单“机床选择”|“铣床”|“默认”命令，则在绘图工作区左侧出现“刀具路径设置”对话框。如图 4–22 所示。

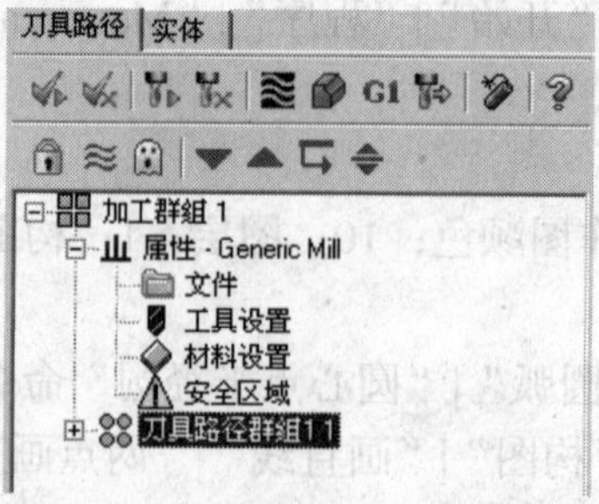

图 4–22 “刀具路径设置”对话框

2. 设置刀具

选择菜单“刀具路径”|“刀具管理”命令，出现图 4–23 所示对话框，选择$\phi 5$ 球头铣

刀，单击 按钮添加，然后单击 按钮，完成刀具的设置。

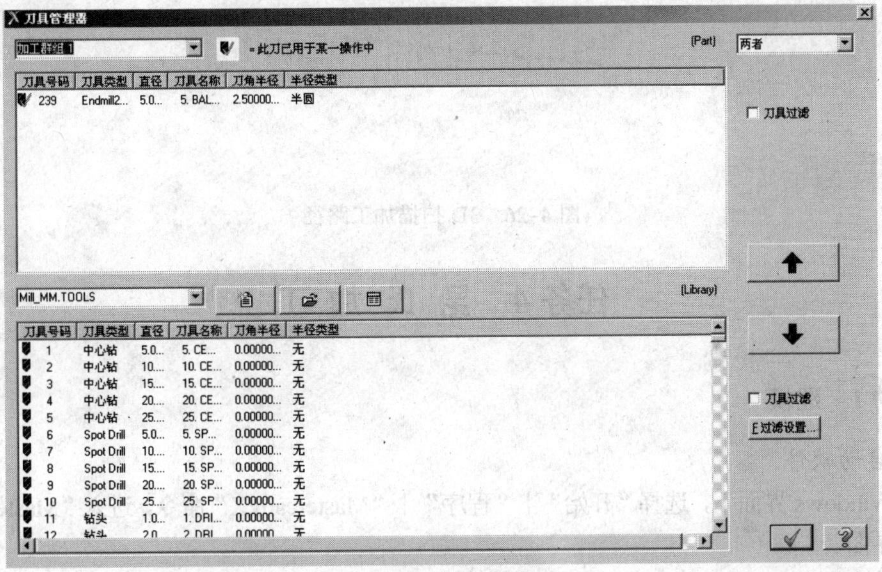

图 4–23　添加刀具

3. 设置走刀路径

设置构图平面：T 俯视图。选择菜单“刀具路径”|“线架加工”|“3D 扫描加工”命令，如图 4–24 所示，选择串连选项，先选择前视图的半圆，再选择俯视图的半圆，按 Enter 键确定，设置“进给率”为 500.0，“下刀速率”为 50.0，“主轴转速”为 1 000，“提刀率”改为 200.0（实际进给量视具体情况而定），3D 扫描设置将“引导方向的切削量”改为 1.0，“截断方向的切削量”改为 1.0，其余不变，按 Enter 键确认，如图 4–25 所示，按 Enter 键确认，结果如图 4–26 所示。

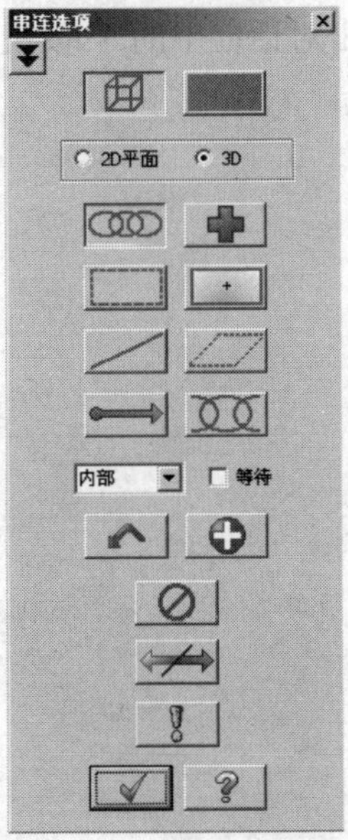

图 4–24　串连选项

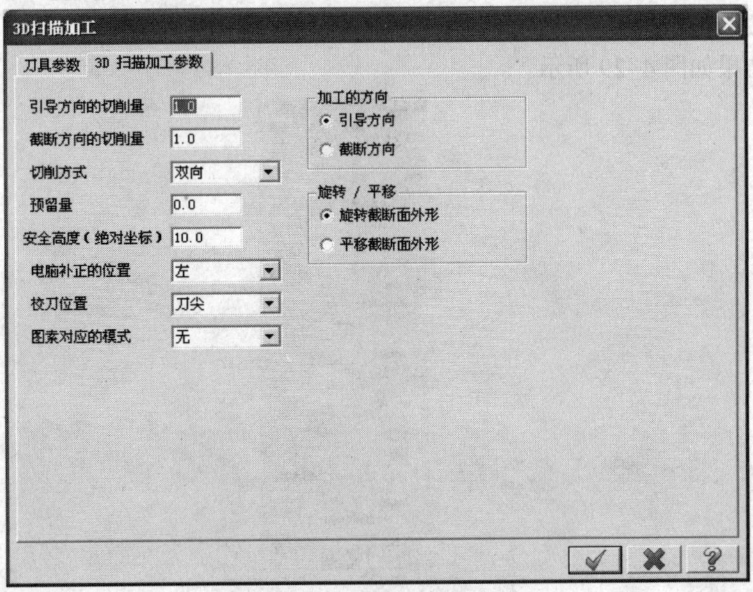

图 4–25　3D 扫描加工参数

图 4–26　3D 扫描加工路径

任务 4　昆 氏 加 工

活动 1　建模

1. 启动软件

在 Windows 界面下，选择“开始” | “程序” | “Mastercam X” 命令，进入 “Mastercam X” 的用户界面。

2. 参数设定

参数设置为：Z：0.000；作图颜色：10；图层：1；构图面：T。

3. 绘制曲线

选择工具栏“构图” | “画样条曲线” | “手动输入”命令，输入（–11.5，24.5，0），（–22.1，4.3，0），（–11.6，–7.4，0）和（–19.5，–30.8，0）各点，按 Enter 键确定，如图 4–27 所示。

4. 平移曲线

选择工具栏“转换” | “平移”命令，单击曲线，按 Enter 键确定，如图 4–28 所示，选取“复制”单选项，ΔX 输入 30，单击对话框中的按钮，单击按钮，单击曲线，按 Enter 键确定，选取“复制”单选项，ΔX 输入 15，ΔZ 输入 15，单击对话框中的按钮，结果如图 4–29 所示。

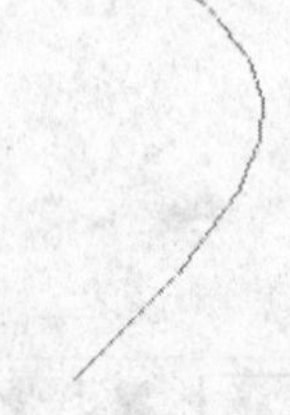

图 4–27　绘制曲线

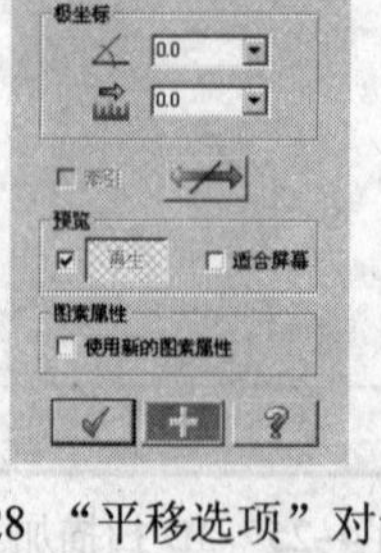

图 4–28　“平移选项”对话框

图 4–29　平移图素

5. 绘制曲线

（1）将视图改为等角视图，选择工具栏“构图”|“画样条曲线”|“手动输入”命令，单击 3 条曲线的端点，按 Enter 键确定，如图 4–30 所示。

（2）选择工具栏“构图”|“画样条曲线”|“手动输入”命令，把鼠标放到曲线上，自动捕捉曲线中点，连接 3 条曲线中点，按 Enter 键确定，如图 4–31 所示，单击对话框中的按钮。

图 4–30　绘制曲线

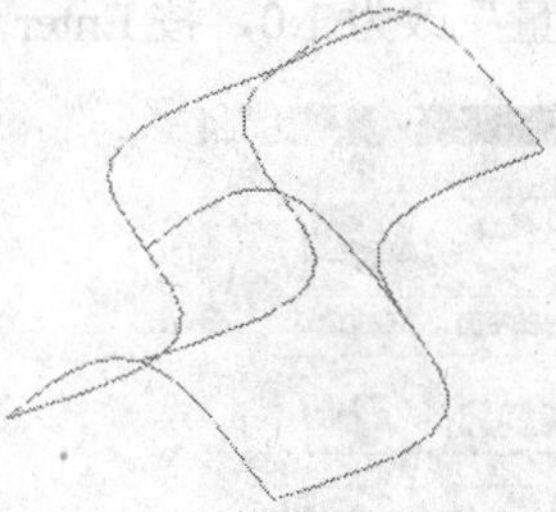

图 4–31　绘制曲线

（3）打断曲线。选择工具栏“编辑”|“修剪”|“打断”|“I 在交点处打断”命令，全选所有的曲线，按 Enter 键确定。

活动 2　加工模拟

1. 设置毛坯

选择菜单“机床选择”|“铣床”|“默认”命令，则在绘图工作区左侧出现“刀具路径设置”对话框。如图 4–32 所示。

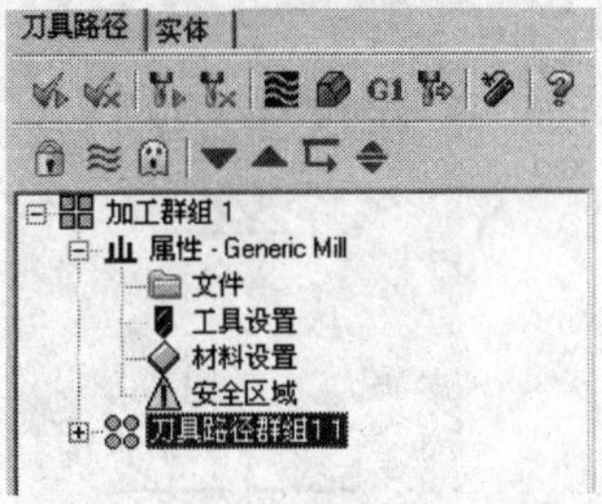

图 4–32 “刀具路径设置”对话框

2. 设置刀具

选择菜单“刀具路径”|“刀具管理”命令，出现图 4–33 所示对话框，选择ϕ10 的球头铣刀，单击按钮添加，然后单击按钮，完成刀具的设置。

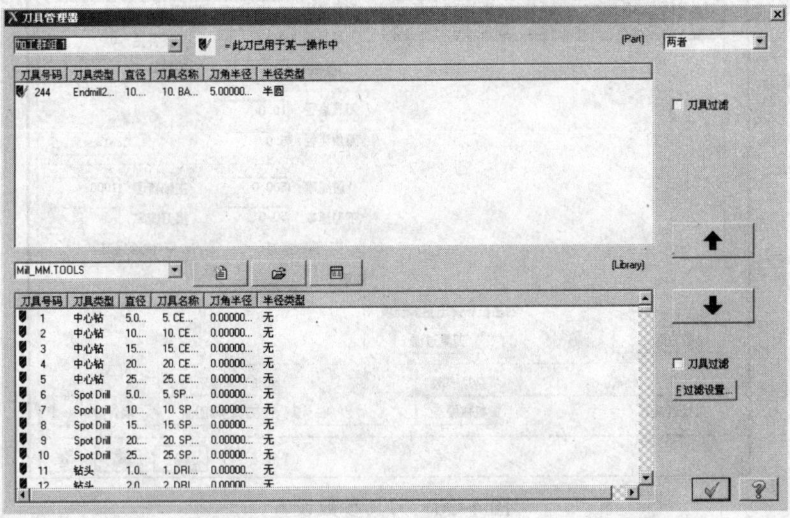

图 4–33　添加刀具

3. 设置走刀路径

设置构图平面：T 俯视图。选择菜单“刀具路径”|“线架加工”|“昆氏加工”命令，输入引导方向缀面数为 2，输入截断方向缀面数为 2，按 Enter 键确定，如图 4–34 所示。选“单体”，按图 4–35 顺序单击 12 条曲线，将方向调成同一方向，提示串连完成，单击按钮，如图 4–36 所示。设置“进给率”为 500.0，“下刀速率”为 50.0，“主轴转速”为 1 000（实际进给量视具体情况而定），如图 4–37 所示，将“引导方向的切削量”改为 1.0，“截断方向的切削量”改为 1.0，按 Enter 键确认，如图 4–38 所示。

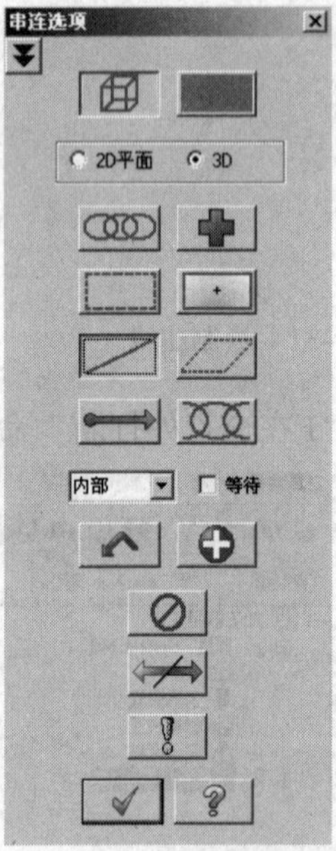

图 4–34　串连选项

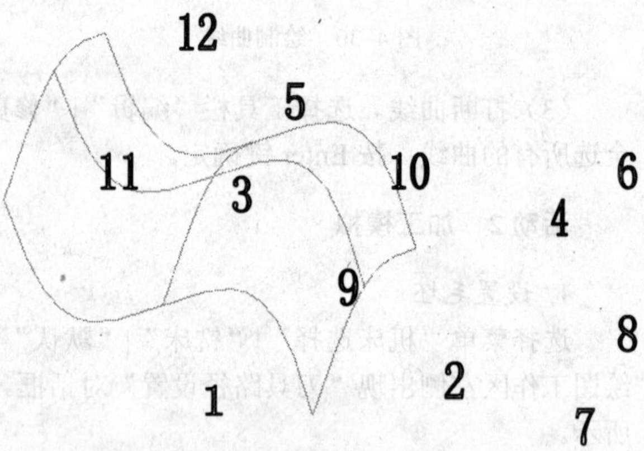

图 4–35　图素选择顺序

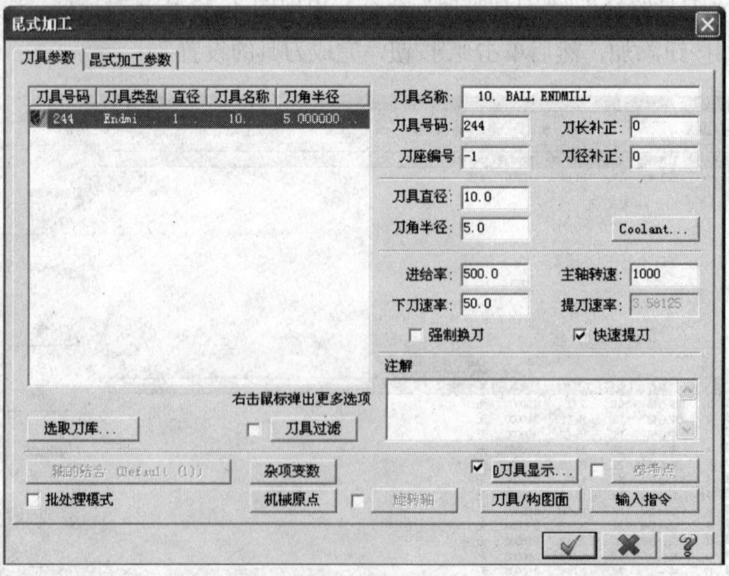

图 4–36　刀具参数设置

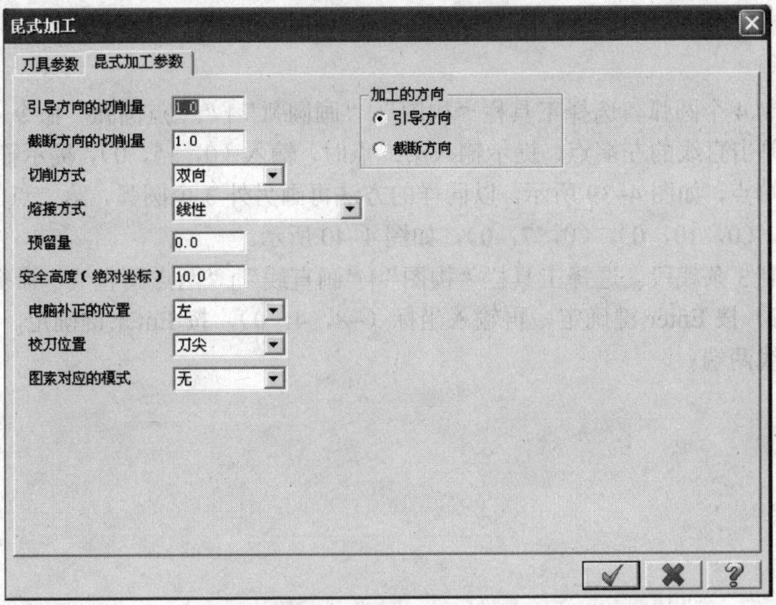

图 4–37　昆氏加工参数

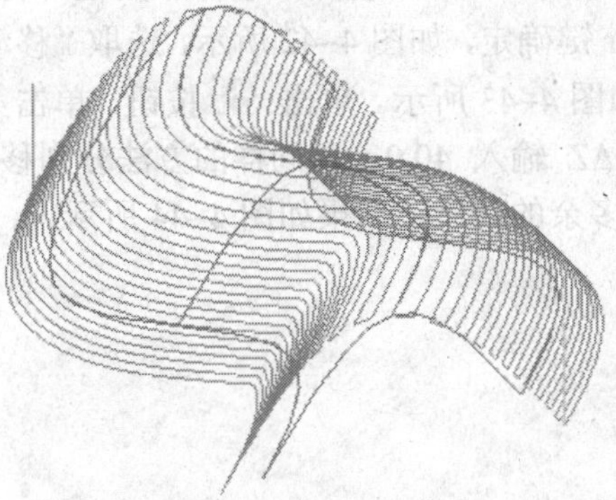

图 4–38　昆氏加工路径

任务 5　直 纹 加 工

活动 1　建模

1. 启动软件

在 Windows 界面下，选择“开始” | “程序” | “Mastercam X”命令，进入 Mastercam X 的用户界面。

2. 参数设定

参数设置为：Z：0.000；作图颜色：10；图层：1；构图面：F。

3. 绘制直纹曲面

(1) 绘制一条直线。选择工具栏“构图” | “画直线” | “两点画直线”命令，单击“平

行线”按钮，输入坐标（–15，0，0），按 Enter 键确定，再输入坐标（15，0，0），按 Enter 键确定。

（2）绘制 4 个圆弧。选择工具栏“构图”|“画圆弧”|“三点圆弧”命令，提示输入第一点时，单击直线的左端点，提示输入第二点时，输入（0，15，0），提示输入第三点时，单击直线右端点，如图 4–39 所示。以同样的方法再画另外 3 个圆弧，第二点的坐标分别为（0，12，0），（0，10，0），（0，7，0），如图 4–40 所示。

（3）绘制 3 条线段。选择工具栏“构图”|“画直线”|“两点画直线”命令，输入坐标（8，4，0）按 Enter 键确定，再输入坐标（–8，4，0），按 Enter 键确定，按图 4–41 所示，连接直线两端。

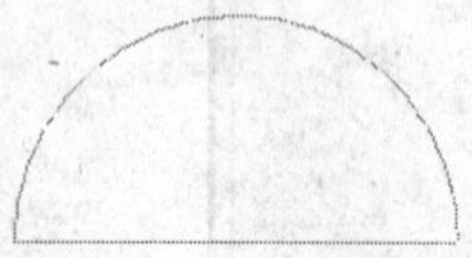

图 4–39　绘制直线和半圆

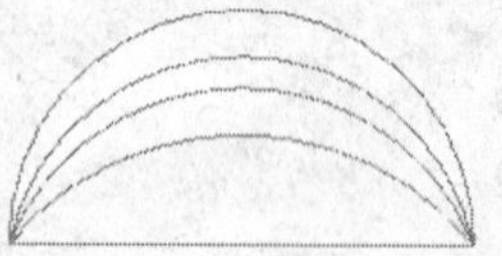

图 4–40　绘制 3 个圆弧

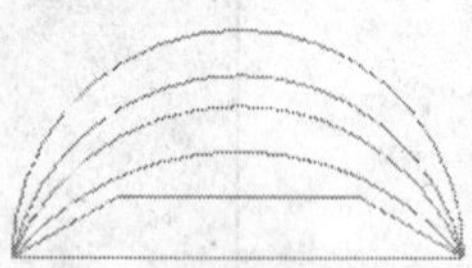

图 4–41　绘制 3 条线段

（4）移动图素。将视图改为：I 等角视图，选择工具栏“转换”|“平移”，单击由上数的第二条曲线，按 Enter 键确定，如图 4–42 所示，选取“移动”单选项，ΔZ 输入 20.0，单击对话框中的按钮，如图 4–43 所示。单击按钮，单击第三条曲线，按 Enter 键确定，选取“移动”单选项，ΔZ 输入 40.0，以同样的方法分别移动下面的线，移动距离ΔZ 为 60.0 和ΔZ 为 80.0，删除多余的线段，结果如图 4–44 所示。

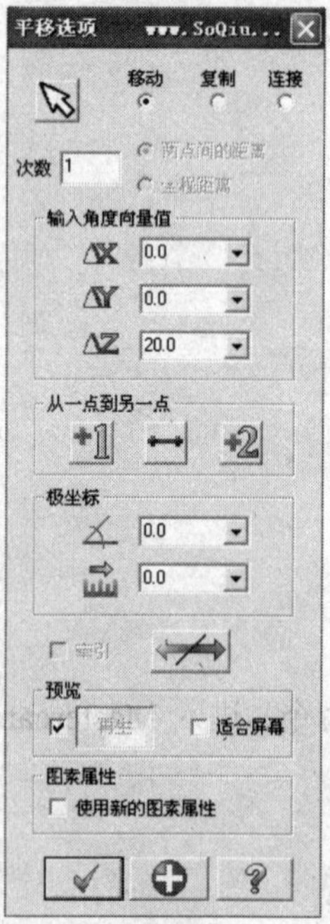

图 4–42　“平移选项”对话框

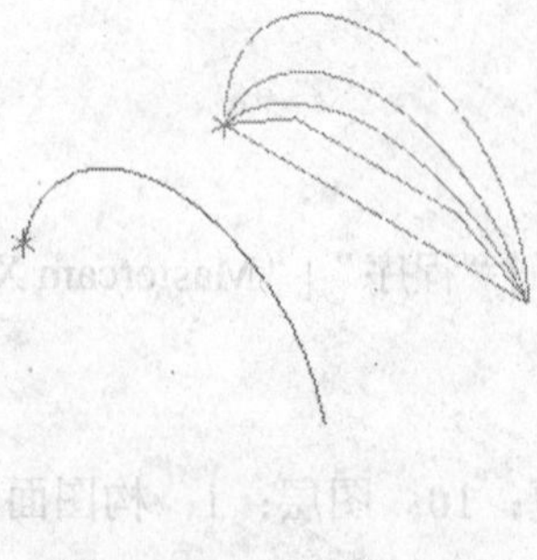

图 4–43　平移曲线后图形

图 4–44　平移完成后图形

（5）改变视图

将视图改为：俯视图 T。

活动 2　模拟加工

1. 设置毛坯

选择菜单“机床选择”|“铣床”|“默认”命令，则在绘图工作区左侧出现“刀具路径设置”对话框，如图 4–45 所示。

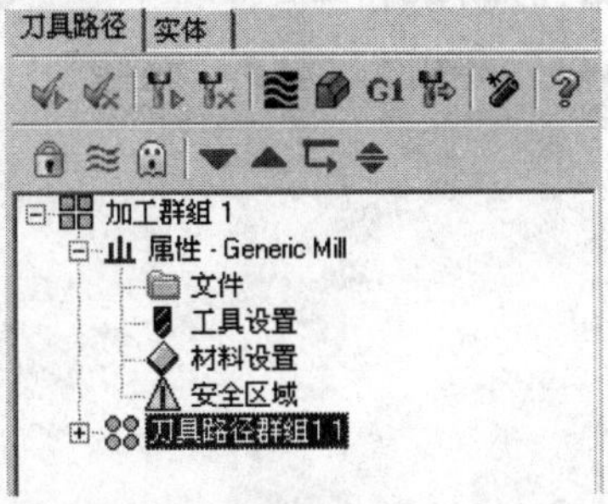

图 4–45　“刀具路径设置”对话框

2. 设置刀具

选择菜单“刀具路径”|“刀具管理”命令，出现图 4–46 所示对话框，选择ϕ5 球头铣刀，单击 ⬆ 按钮添加，然后单击 ✓ 按钮，完成刀具的设置。

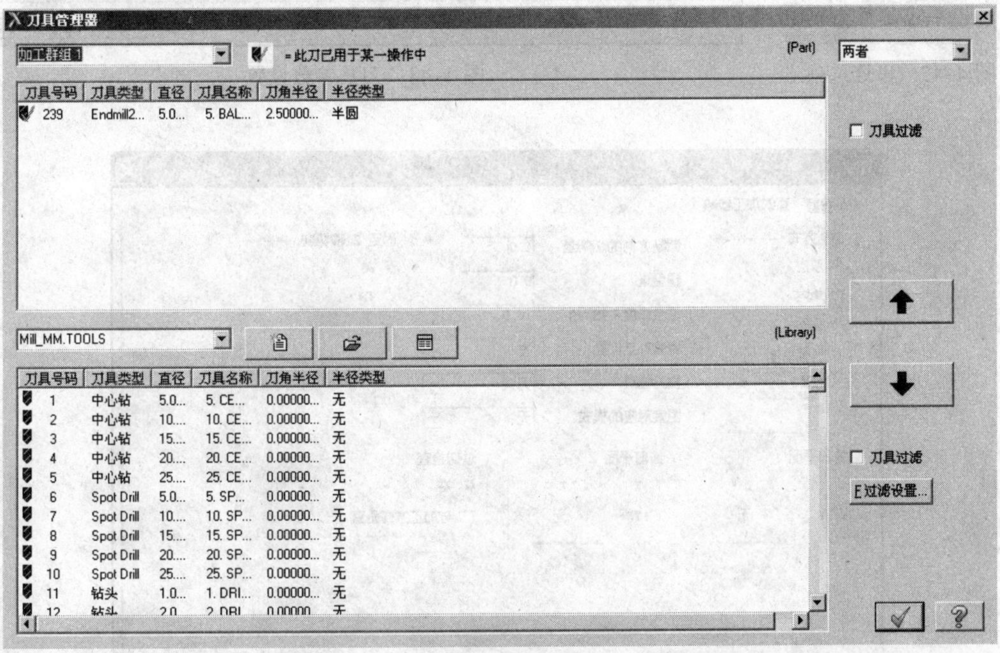

图 4–46　添加刀具

3. 设置走刀路径

设置构图平面：T 俯视图。选择菜单“刀具路径”|“线架加工”|“直纹加工”命令，

如图 4–47 所示，选择串连选项，依次单击 5 条曲线并保证方向一致，按 Enter 键确定，如图 4–48 所示，设置“进给率”为 500.0，“下刀速率”为 50.0，“主轴转速”为 1 000，“提刀速率”改为 200（实际进给量视具体情况而定），直纹加工设置将“截断方向的切削量”改为 1.0，其余不变，按 Enter 键确认，如图 4–49 所示，按 Enter 键确认，结果如图 4–50 所示。

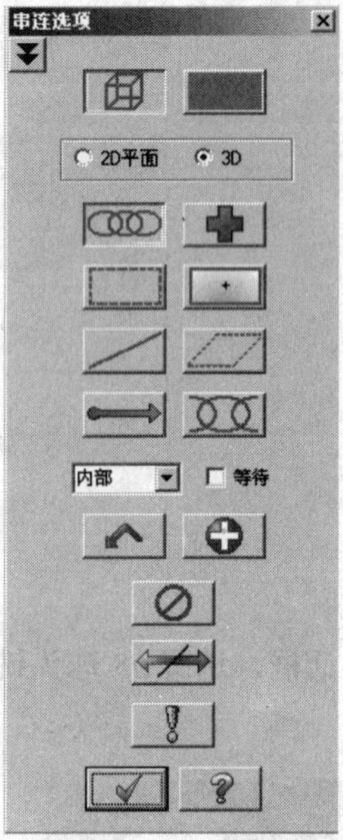

图 4–47　串连选项

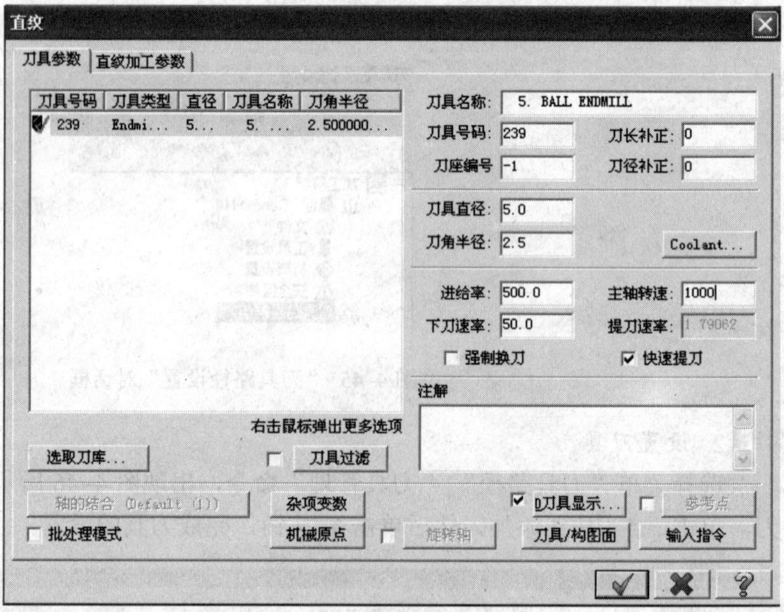

图 4–48　刀具参数设置

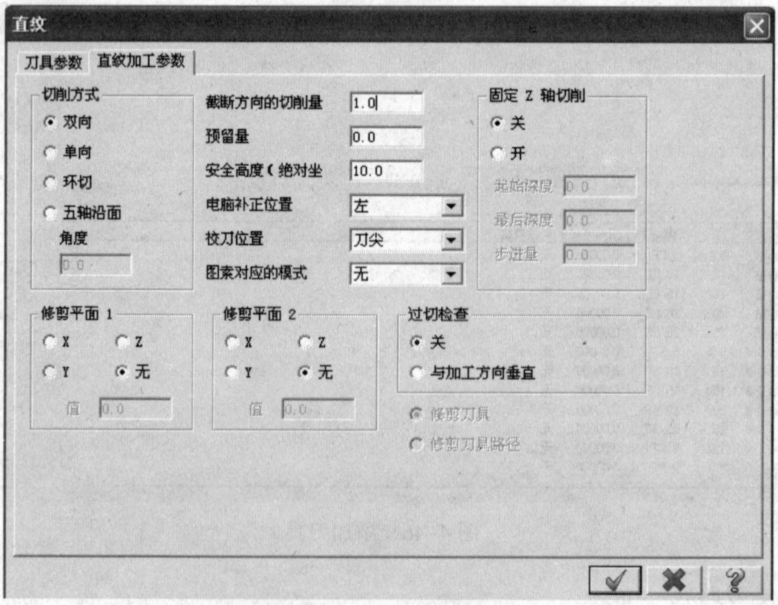

图 4–49　直纹加工参数

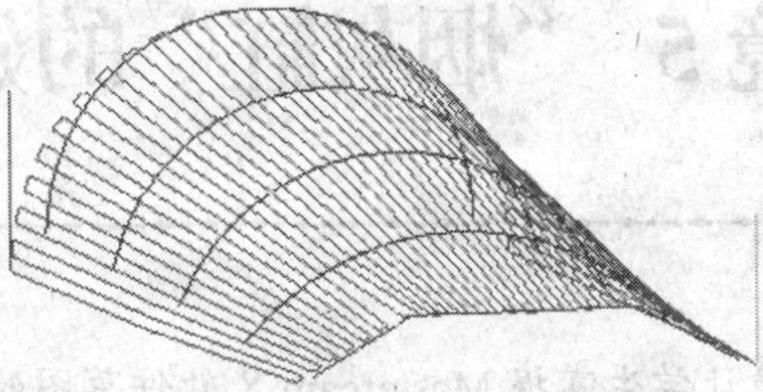

图 4–50　直纹加工刀具路径

实 践 演 练

灵活运用本情境所用的命令，进行旋转加工、2D 扫描加工、3D 扫描加工、昆氏加工及直纹加工模拟。也可创意设计自己喜欢的作品，进行线架加工。

学 后 感 言

学习情境 5 “烟灰缸”的建模与加工

情境描述

通过本学习情境让学生掌握 Mastercam X 软件草图的绘制、修剪及转换功能；掌握实体的挤出、布尔运算、倒圆角等命令；学会平面、挖槽、等高外形粗、精加工刀具路径的设置、刀具路径的编辑、数控程序的生成、仿真加工等；同时通过本情境的学习，使学生学会知识的综合运用。

工作任务

任务 1 “烟灰缸”的建模

任务 2 “烟灰缸”刀具路径的设置

任务 3 “烟灰缸”实体验证及后置处理

任务 1 “烟灰缸”建模

通过对“烟灰缸”进行建模，熟悉掌握软件 Mastercam X 的多边形绘制、倒圆角、修剪及实体编辑等功能。

活动 1 绘制草图

1. 启动软件

在 Windows 界面下，选择菜单“开始”|“程序”|“Mastercam X”命令，进入 Mastercam X 的界面。

2. 参数设定

Z：0.000；作图颜色：10；图层：1；屏幕视角：T；构图平面：T；线型：实线；线宽：下拉菜单第二条。

3. 绘制半径为 50 的内接正六边形

选择菜单“构图”|“画多边形”命令，出现图 5–1 所示的“多边形选项”对话框，输入边数为 6、半径为 50.0，在绘图区左上角（菜单栏左下方）坐标区输入坐标值（0，0，0），分别按 Enter 键，如图 5–2 所示，单击图 5–1 中的✓按钮，完成确认，结果如图 5–3 所示。

图 5–1 多边形选项

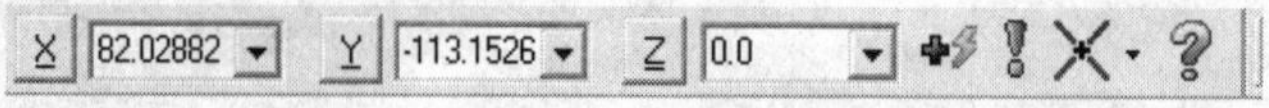

图 5–2 坐标区

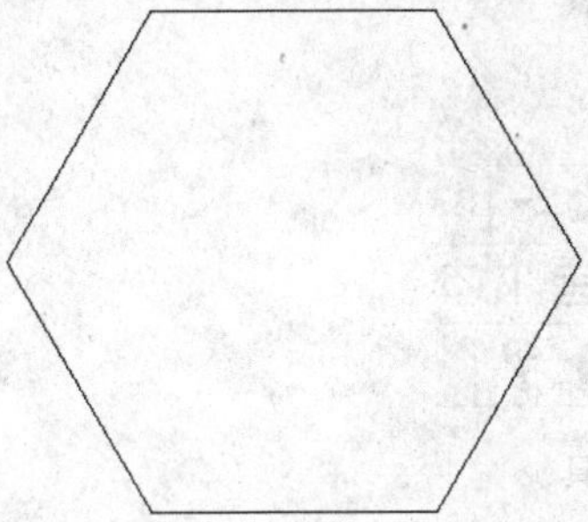

图 5–3　六边形

4. 绘制 6 个半径为 50 的圆

选择菜单“构图”|“画圆弧”|“圆心点”命令，在绘图区上方有提示：“输入圆心点”，单击六边形的一个顶点，并在绘圆工具条中输入半径为 50.0，按 Enter 键，如图 5–4 所示。同理完成另外 5 个圆的绘制之后，单击工具条中的✔按钮，结果如图 5–5 所示。

图 5–4　绘圆工具条

5. 在 6 个圆的交点处打断图素

单击工具栏中的“适合屏幕”图标，然后单击“多物修剪”|“在交点处”命令，如图 5–6 所示。根据弹出的提示“选取要打断的图素”，单击 6 个圆，然后按 Enter 键，则 6 个圆在交点处分别被打断。

图 5–5　绘制其他 5 个圆

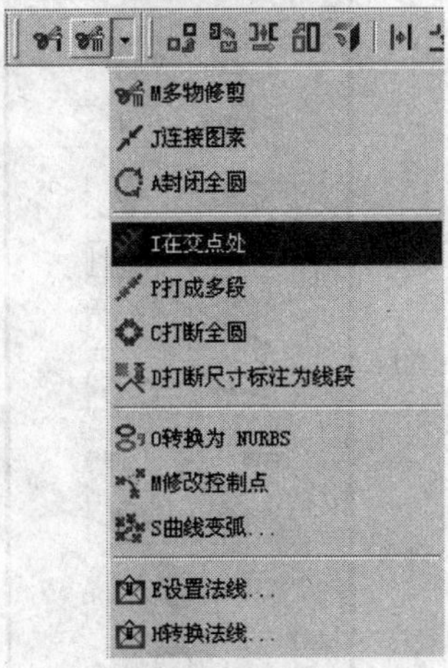

图 5–6　多物修剪

6. 删除不需要的图素

选取工具栏中的“删除”按钮，如图 5–7 所示，则系统提示选取需要删除的图素或选取不需要的图素，然后按 Enter 键，则得到图 5–8 所示图形。

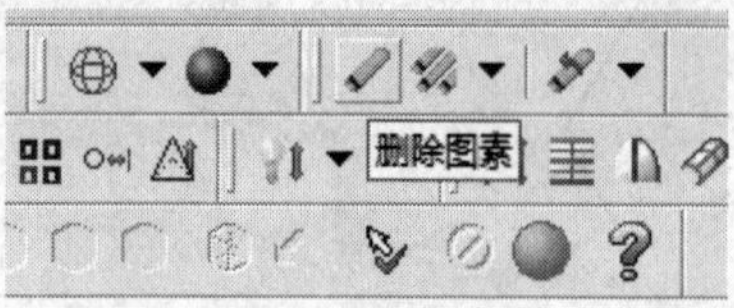

图 5–7　选取删除工具

图 5–8　修剪后图形

7. 连续倒圆角

选择工具栏中的“连续倒圆角”工具，如图 5–9 所示，在屏幕出现串连倒圆角工具条，如图 5–10 所示，“串连选项”对话框如图 5–11 所示，选择“串连选项”中的 “串连”工具。单击屏幕中的图素，单击“串连选项”对话框中的按钮，在倒圆角工具条中输入半径 20.0，如图 5–10 所示，按 Enter 键，单击按钮，完成串连倒圆角，结果如图 5–12 所示。

图 5–9　连续倒圆角工具

图 5–10　倒圆角工具条

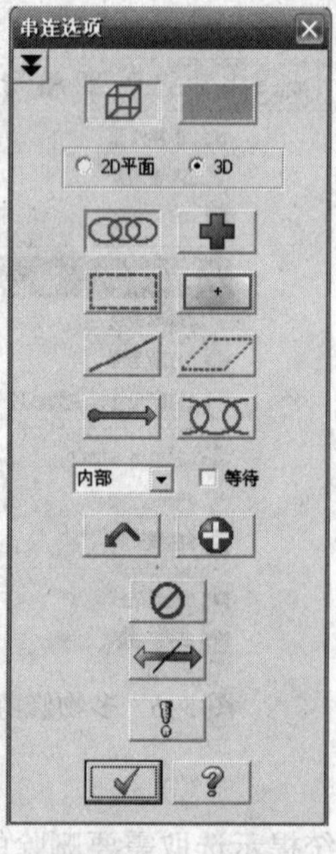

图 5–11　串连选项

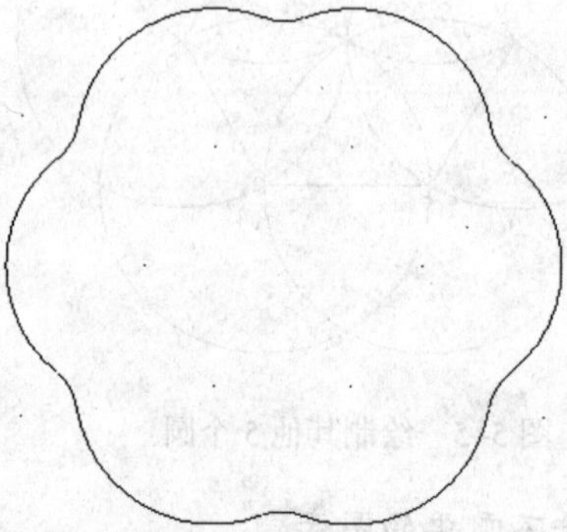

图 5–12　串连倒圆角

8. 绘制矩形并倒圆角

（1）在工作区下方提示栏“Z 深度”设置区中输入 20，按 Enter 键，则工作平面高度变为 20，如图 5–13 所示。

图 5–13　设定工作高度

（2）单击工具栏中的按钮，出现图 5–14 所示对话框，按下工具栏中的按钮，使矩形以中心定位，在工具栏中输入矩形长 100.0，宽 100.0，在坐标栏中输入 X 为 0.0，Y 为 0.0，Z 为 20.0，如图 5–14 所示，单击按钮，则完成矩形绘制。

图 5–14　矩形编辑对话框

（3）同上“串连倒圆角”的方法，对矩形进行串连倒圆角，圆角半径为 20。单击工具栏中的 “等角视图”按钮，则结果如图 5–15 所示。

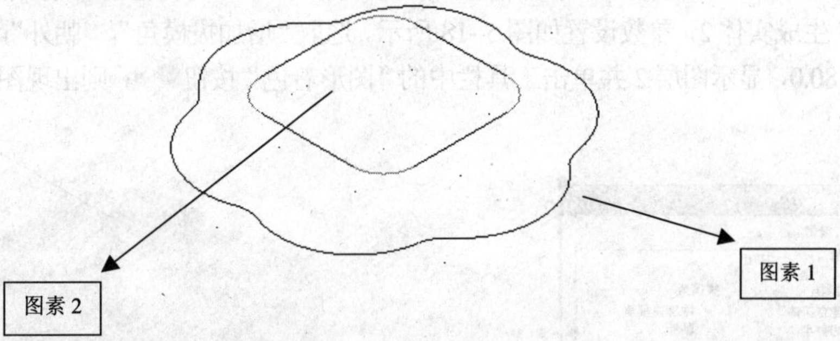

图 5–15　完成串连倒圆角的结果

活动 2　构造实体

1. 新建图层 2

选择工作区下方的“图层”，出现图 5–16 所示“层别管理”对话框，在编号中输入 2，选择图层管理对话框中“ √ ”则新建图层 2，同时构图层变为图层 2，要改变构图层可选择图层后右击进行选择。

2. 生成实体

（1）选择菜单栏中“实体”|“挤出”命令，则出现“串连选项”对话框，单击图 5–15 中的图素 1，出现逆时针箭头，若是顺时针箭头则单击“串连选项”对话框中的“换向键”按钮，改变串连方向。单击对话框中的“ √ ”，则出现“实体挤出的设置”对话框，输入延伸距离为 80.0、增加拔模角为 6.0、朝内，如图 5–17 所示，单击对话框中的“ √ ”生成实体 1。

图 5–16 “层别管理”对话框

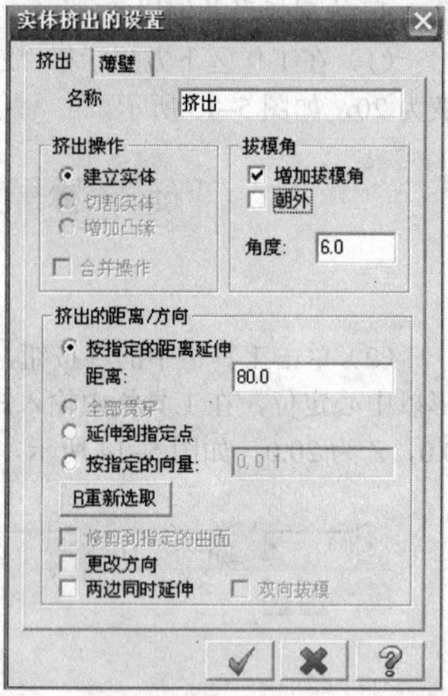

图 5–17 “实体挤出的设置”对话框

（2）新建图层 3。选择“图层”，按先前所述方法新建图层 3，单击图层 2 后面“√”隐藏图层 2；选择“实体”|“举升”命令，单击图素 2，出现逆时针箭头后，单击对话框中的“√”生成实体 2，参数设置如图 5–18 所示。选取“增加拔模角”，“朝外”，“角度”为 10.0、“距离”为 80.0，显示图层 2 并单击工具栏中的“图形着色”按钮，则出现图 5–19 所示实体。

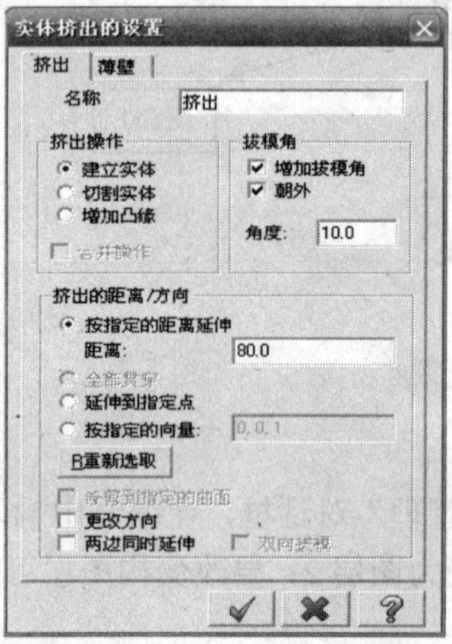

图 5–18 图素 3 举升参数设置

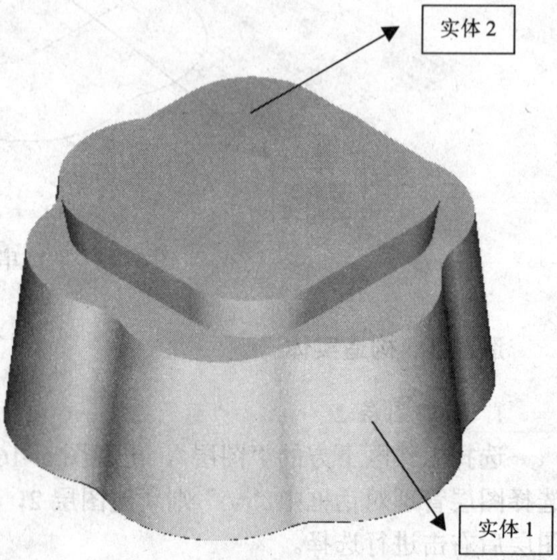

图 5–19 实体

3. 隐藏图层 2

选择屏幕底下的图层，把图层 2 栏上显示的“√”去掉，则把图层 2 隐藏起来，如图 5–20 所示。

4. 编辑实体

按住鼠标中键移动鼠标，把图 5–20 所示实体翻转 180° 后，如图 5–21 所示。选择“实体”|“倒圆角”命令，则屏幕上提示“选择倒圆角的图素”。在工具栏中按下“选择边沿”按钮，让“选择面”和“选择实体”按钮复位，如图 5–22 所示。选取图 5–21 中的上表面边沿，如图 5–23 所示，单击 Enter 键，出现图 5–24 所示“实体倒圆角参数”对话框，输入半径为 15.0，单击✔按钮，结果如图 5–25 所示。

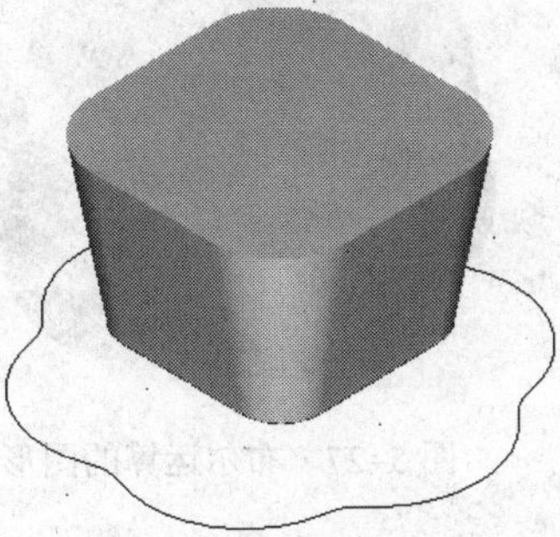

图 5–20 隐藏图层 2

图 5–21 翻转 180° 后图形

图 5–22 工具栏中按下“选择边沿”按钮

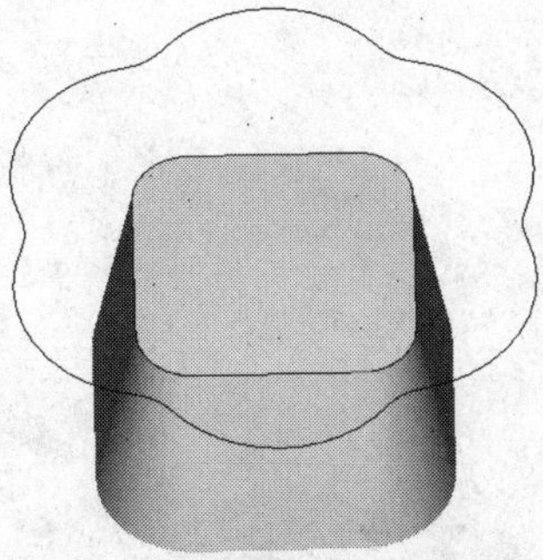

图 5–23 选取实体倒角边

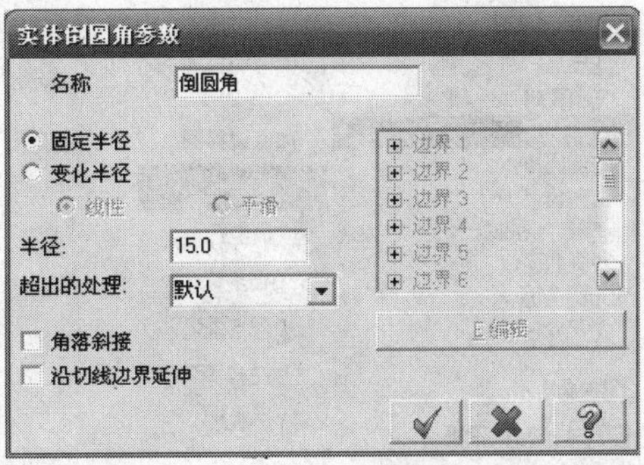

图 5–24 实体倒圆角参数

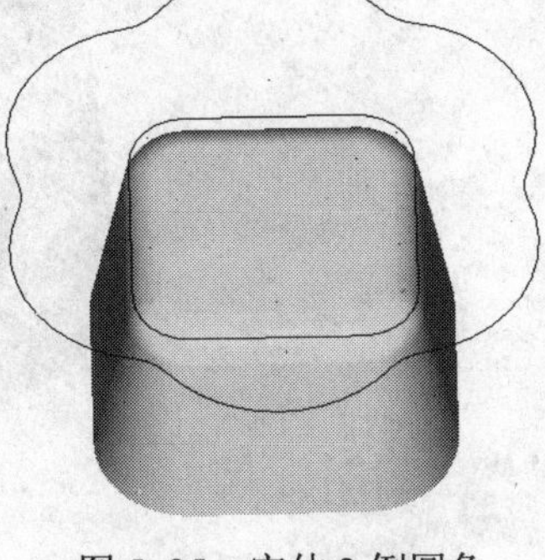

图 5–25 实体 2 倒圆角

5. 布尔运算切割实体

选择“图层”对话框，显示图层 2、3，隐藏图层 1，单击“等角视图”，结果如图 5–26 所示。单击“实体”|“布尔运算”|“切割”命令，分别选择实体 1 和实体 2，按 Enter 键，则实体进行布尔运算，结果如图 5–27 所示。

图 5–26　等角处理后图形

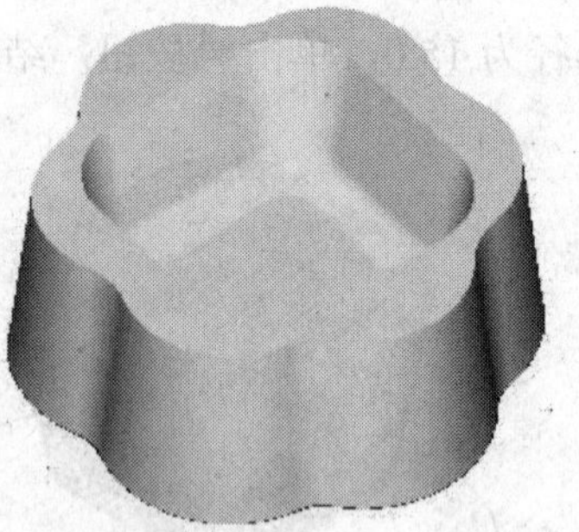

图 5–27　布尔运算的图形

6. 创建“置烟槽”

设定“构图面”为“前视图”，“视图”为“等角视图”。单击菜单“构图”|“画圆弧”|“圆心点”命令，如图 5–28 所示，输入 X 为 0，Y 为 80，Z 为 0，半径为 10，按 Enter 键，结果如图 5–29 所示。如上操作挤出该圆，如图 5–30 所示挤出参数，距离为 120.0、选取“两边同时延伸”，生成图 5–31 所示的实体 3。

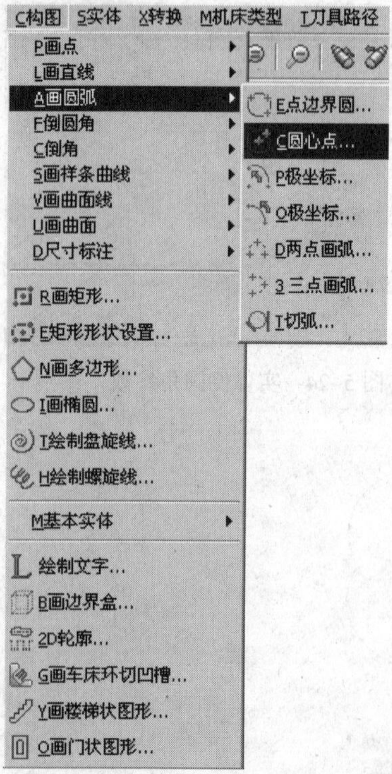

图 5–28 “圆心点”命令

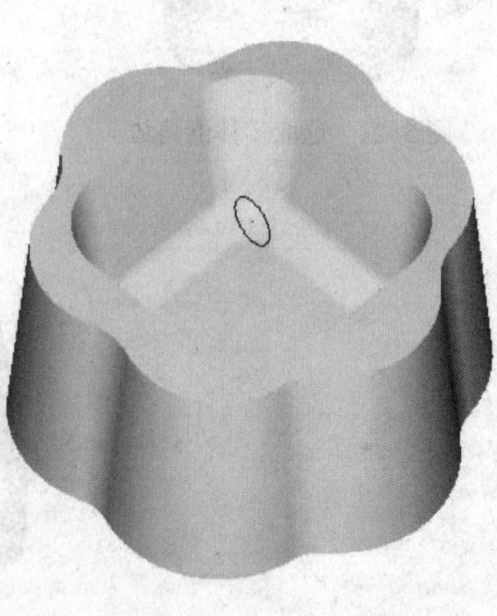

图 5–29　绘制 R10 圆

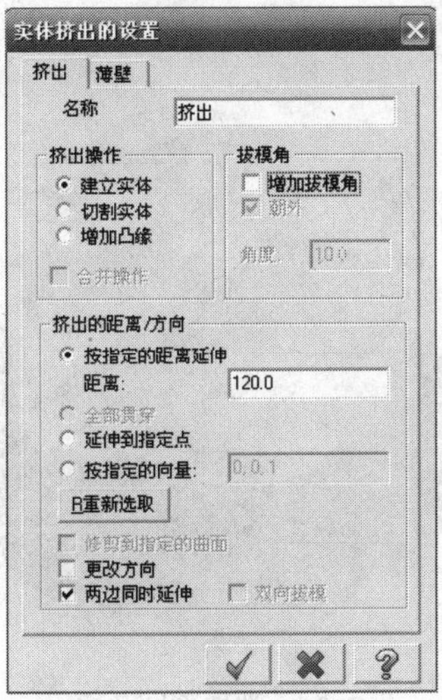

图 5–30　挤出设置

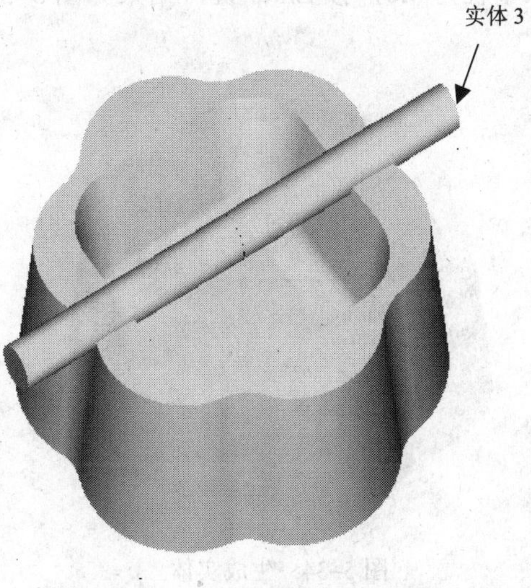

图 5–31　生成圆柱

更换“构图面”为“俯视图”、“视角”为“等角视图”，单击“转换”|“旋转”命令，系统提示：选取图素去转换，选取图 5–31 所示实体 3，按 Enter 键，在图 5–32 所示“旋转选项”对话框中输入角度为 90.0，单击按钮，系统提示选取“坐标基点”，在坐标栏中输入 X 为 0、Y 为 0、Z 为 80，按 Enter 键，单击图 5–32 中的按钮，生成图 5–33 所示的实体 4。按上述讲的布尔运算方法，对实体进行布尔运算，结果如图 5–34 所示。

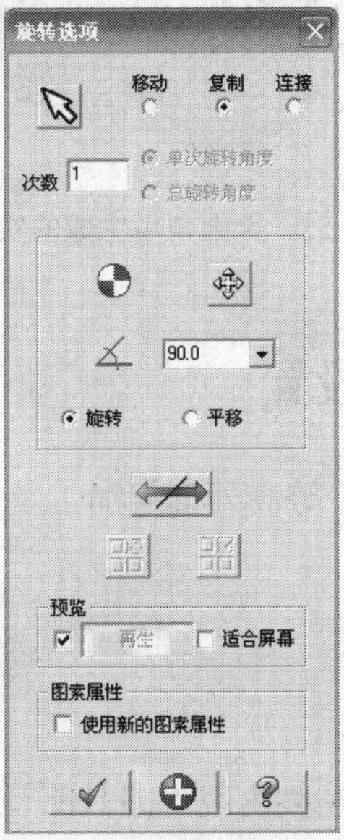

图 5–32　旋转选项设置

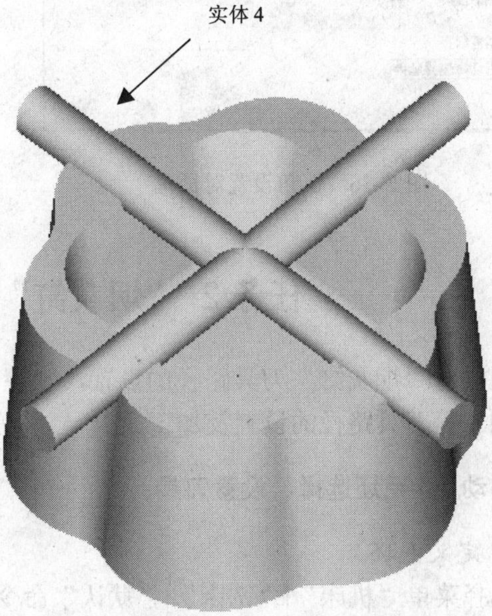

图 5–33　旋转实体

7. 烟灰缸表面倒圆角

选择“实体”|“倒圆角”命令，在工具栏中选取设置方式“选择表面”按钮，选取烟灰缸上表面 4 个平面，如图 5–35 所示，按 Enter 键，出现图 5–36 所示对话框，输

入半径为 3.0，按 Enter 键，结果如图 5–37 所示。

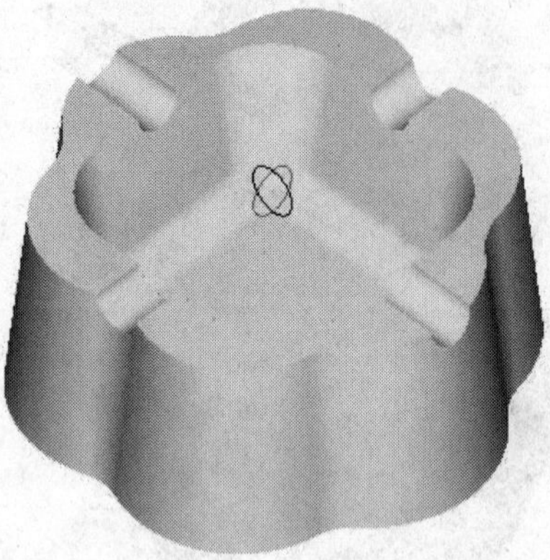

图 5–34　生成实体

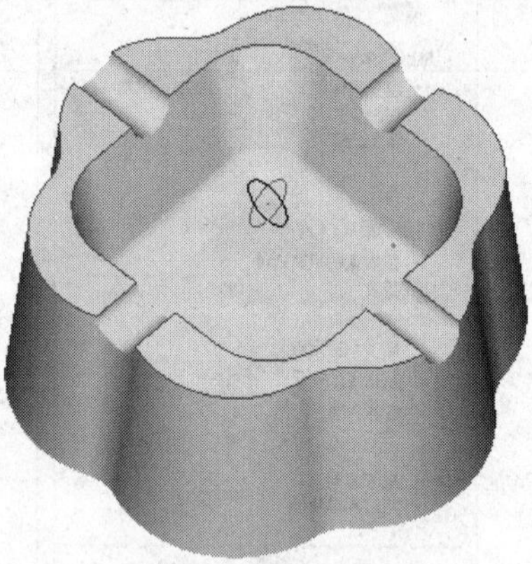

图 5–35　选取倒圆角平面

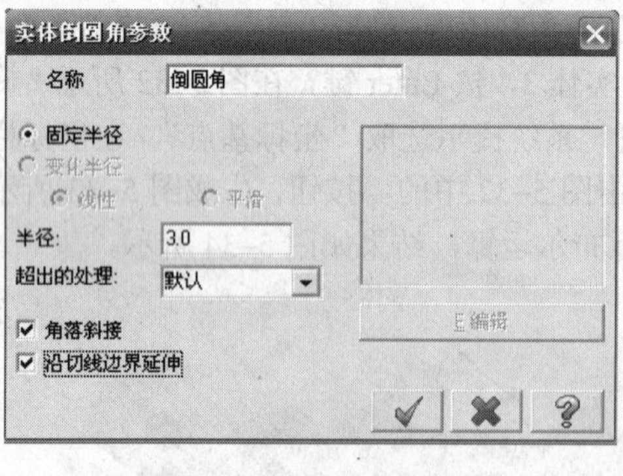

图 5–36　倒角设置对话框

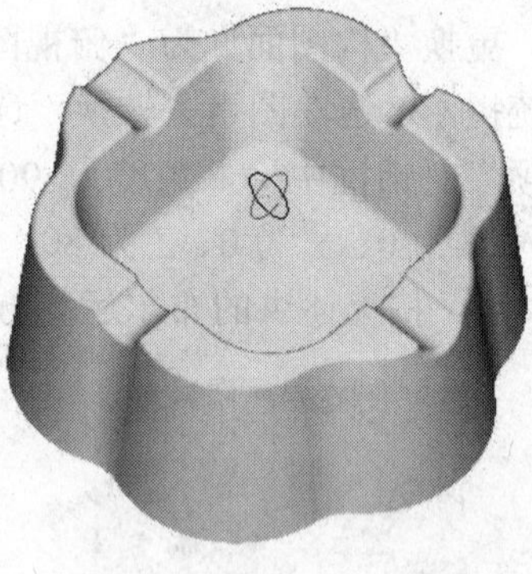

图 5–37　倒圆角后生成的实体

任务 2　“烟灰缸”刀具路径的设置

通过对“烟灰缸”刀具路径的设置，掌握毛坯设置、挖槽、等高外形粗加工及等高外形精加工等刀具路径的设置及加工。

活动 1　毛坯选择、设置刀具

1. 定义毛坯

选择菜单“机床”|“铣床”|“默认”命令，在绘图工作区左侧出现“刀具路径设置”对话框。如图 5–38 所示，单击“属性”|“材料设置”选项，出现图 5–39 所示“加工群组属性”对话框，单击图中“B 边界盒”按钮后，选择工作区中的烟灰缸实体，将“加工群组属性”对话框中工件原点的 Z 值改为 81.0，参数设置如图 5–39 所示，单击✓按钮，完成毛坯的设置。

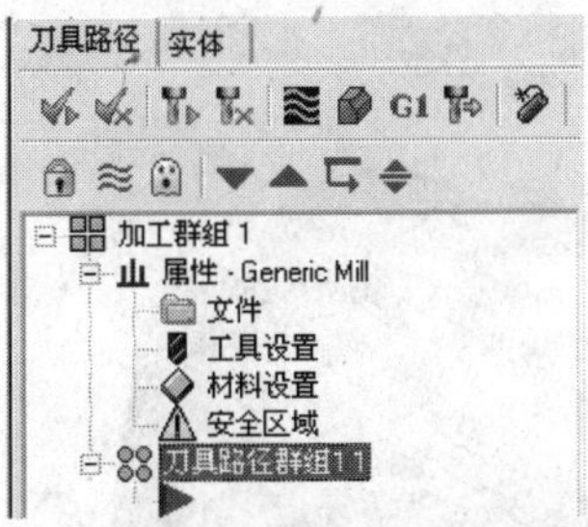

图 5–38 “刀具路径设置”对话框

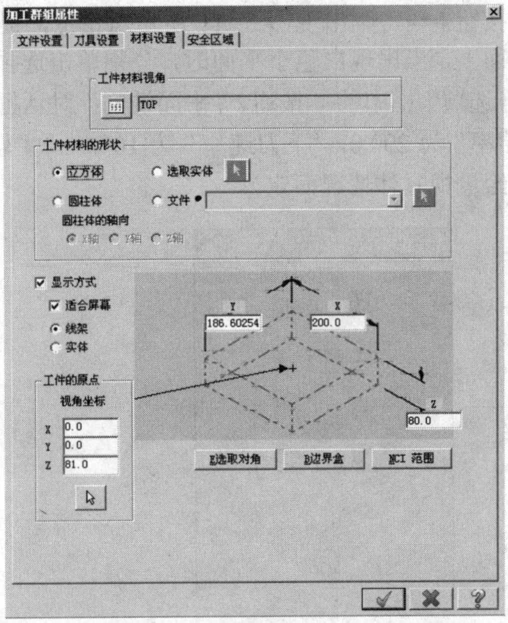

图 5–39 毛坯设置对话框

2. 选择刀具

选择菜单“刀具路径”|“刀具管理”命令，出现图 5–40 所示对话框，分别选择ϕ20 的端铣刀和ϕ10 的球刀，单击“添加”按钮 ，再单击 按钮，完成刀具的选择。

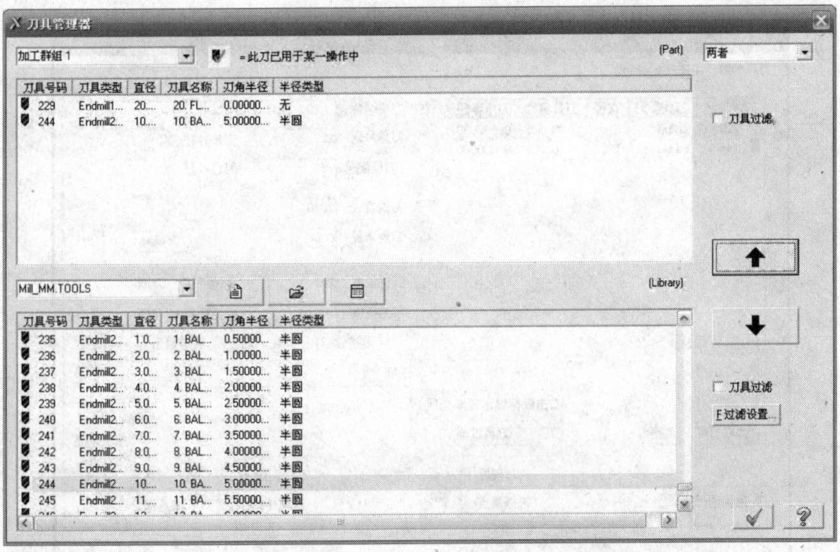

图 5–40 刀具设置

活动 2 刀具路径设置

1. 平面铣削

（1）选择菜单“刀具路径”|“平面铣削”命令，出现“串连选项”对话框，单击“实

体”按钮，则出现图 5–41 所示对话框，提示“选取串连平面”，把鼠标放置在烟灰缸小平面上，当出现白色小平面时，分别单击选择烟灰缸 4 个小平面，如图 5–42 所示。单击“串连选项”框中的按钮，“平面铣削”对话框如图 5–43 所示，选择ϕ20 的端铣刀，设置“进给率”为 200.0，“下刀速率”为 100.0，“主轴转速”为 1 000，“提刀速率”为 500.0（实际进给量视具体情况而定）。

图 5–41 “串连选项”对话框

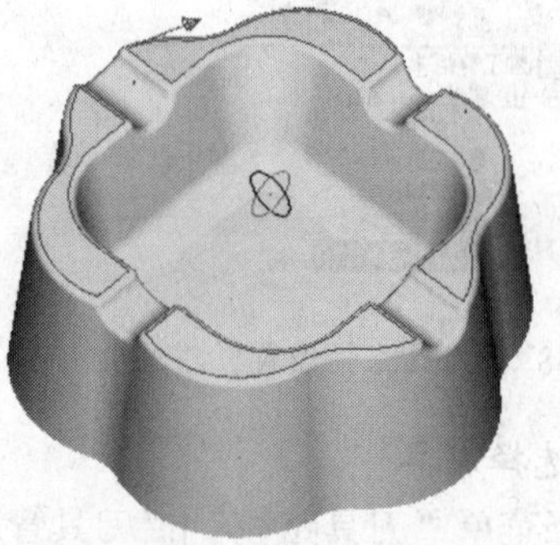

图 5–42 选择四个小平面

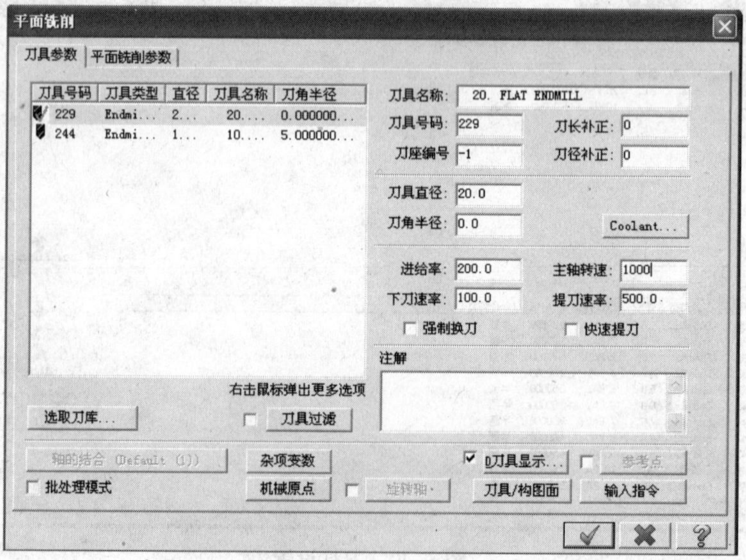

图 5–43 平面铣削刀具参数

（2）在平面铣削参数设置对话框中单击“平面铣削参数”，修改“截断方向的超出量”为 100.0，“切削方向的超出量”为 200.0，如图 5–44 所示。单击按钮，出现平面铣削走刀路径，如图 5–45 所示。

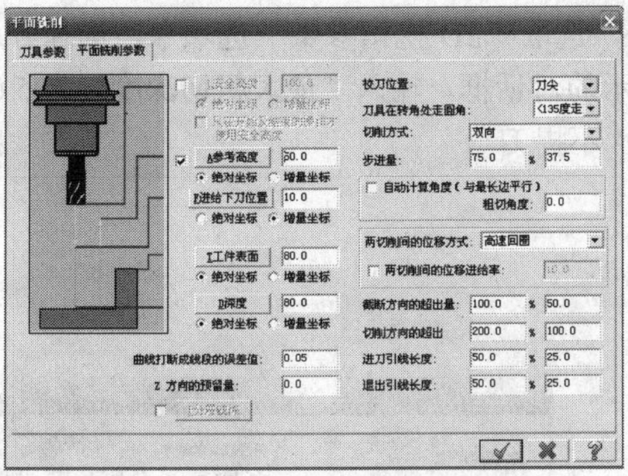

图 5–44　平面铣削参数设置

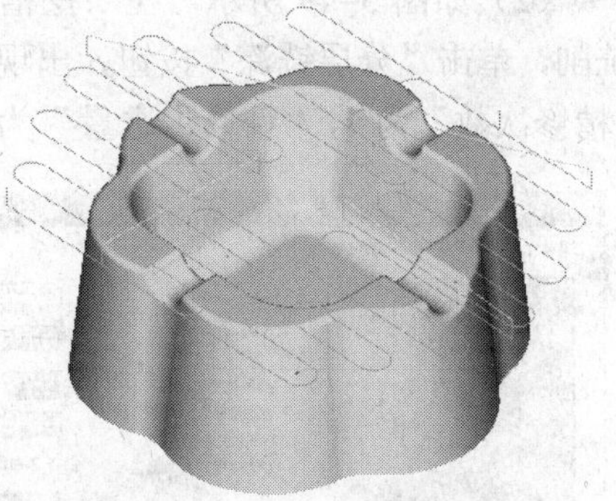

图 5–45　平面铣削刀具路径

2. 挖槽

（1）选择菜单“刀具路径”|“挖槽”命令，出现“串连选项”对话框，单击“实体”按钮，出现图 5–46 所示对话框，选择烟灰缸底部，如图 5–47 所示，把鼠标放置在烟灰缸底部，当出现白色小平面时单击，单击“串连选项”框中的按钮，出现“挖槽”对话框，如图 5–48 所示，选择ϕ20 的端铣刀，设置“进给率”为 200.0，“下刀速率”为 100.0，“主轴转速”为 1 000，“提刀速率”为 500.0（实际进给量视具体情况而定）。

图 5–46　串连选项

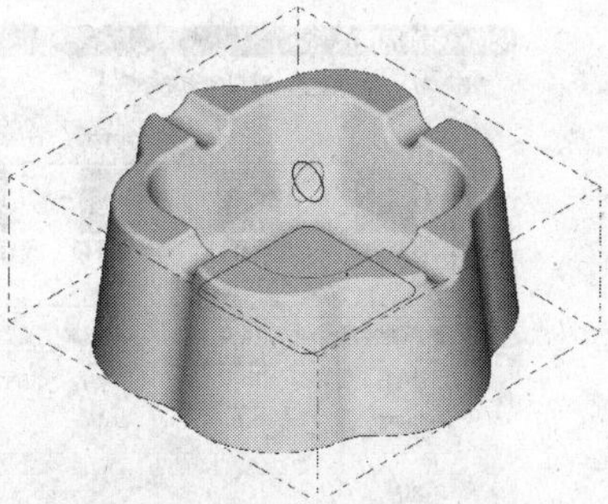

图 5–47　选择挖槽平面

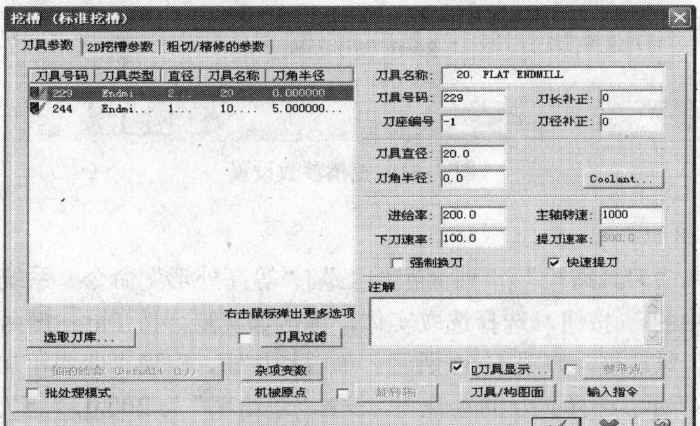

图 5–48　挖槽刀具参数

（2）如图 5–49 所示，在“挖槽”对话框中，选取“2D 挖槽参数”选项卡，选择分层铣削，单击“分层铣深”按钮，出现图 5–50 所示的对话框，输入“最大粗切深度”为 5.0，“精修次数”为 1，“精修步进量”为 1.0，选取“不提刀”。

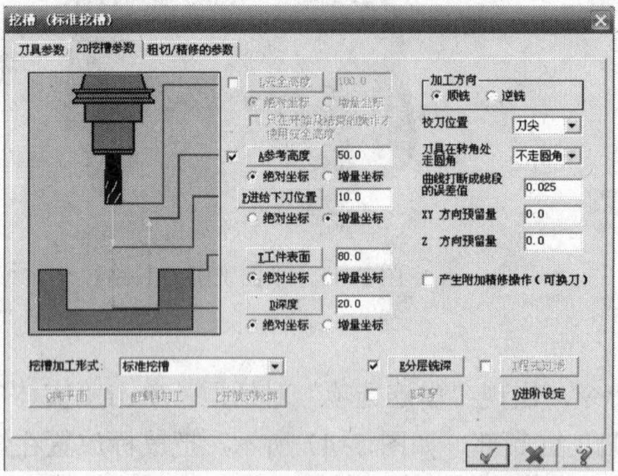

图 5–49　挖槽切削用量参数

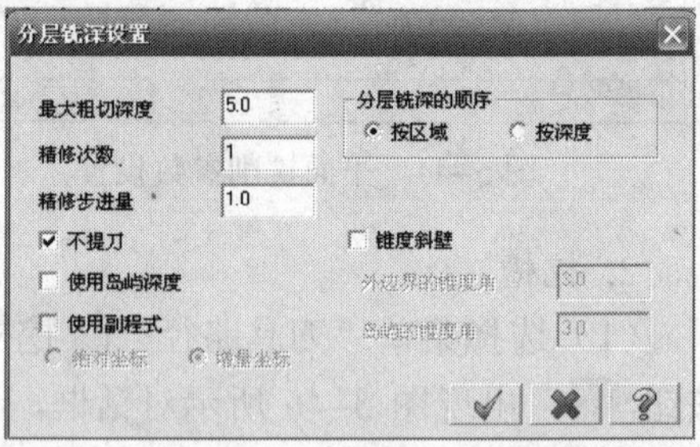

图 5–50　分层铣深参数设置

（3）在图 5–49 所示“挖槽”对话框中，选取“粗切/精修的参数”选项卡，出现图 5–51 所示对话框，在对话框中选择“双向切削”方式，“刀具路径最佳化”，“只在最后深度才执行一次精修”。生成刀具路径，如图 5–52 所示。

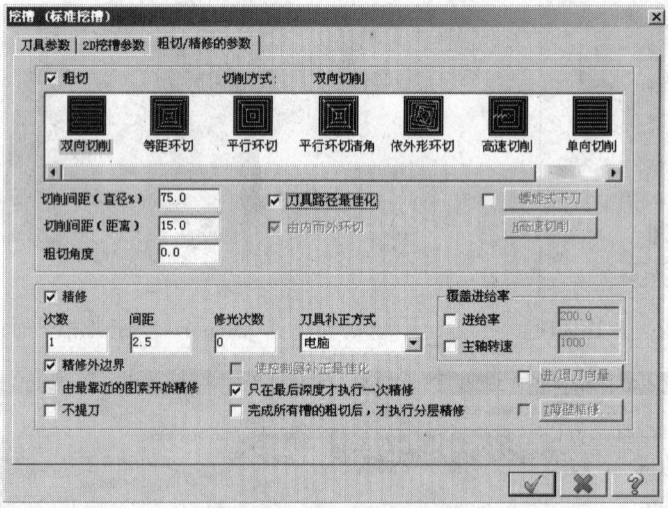

图 5–51　挖槽参数设置

3. 等高外形粗加工

（1）选择菜单“刀具路径” | “曲面粗加工” | “等高外形”命令。系统提示选取加工曲面，单击工具栏中的按钮，选择选取实体，单击烟灰缸，按 Enter 键两次，出现“刀具路径的曲面选取”对话框，如图 5–53 所示。单击按钮，出现“曲面粗加工等高外形”对话框，如图 5–54 所示，选择$\phi 20$的端铣刀，设置“进给率”为 200.0，“下刀速率”为 100.0，“主轴转速”为 1 000（实际进给量视具体情况而定）。

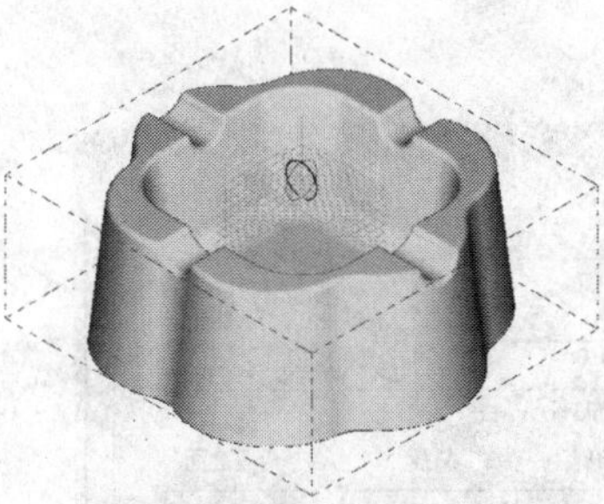

图 5–52 挖槽刀具路径

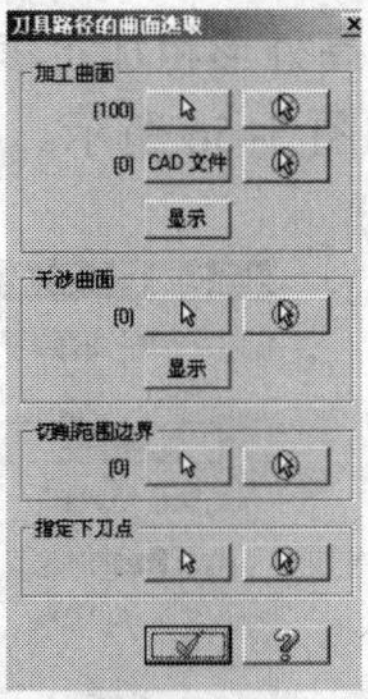

图 5–53 刀具路径的曲面选取

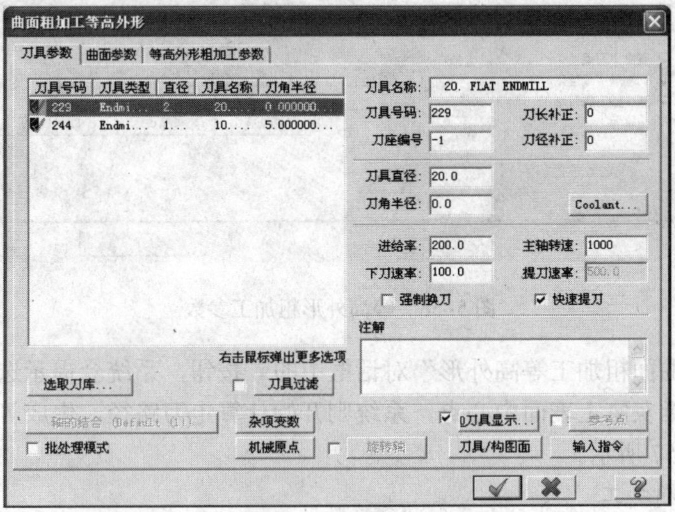

图 5–54 刀具参数设定

（2）曲面参数设置如下：参考高度为增量坐标 50.0，进给下刀位置为增量坐标 5.0，加工曲面的预留量为 0.2，如图 5–55 所示。

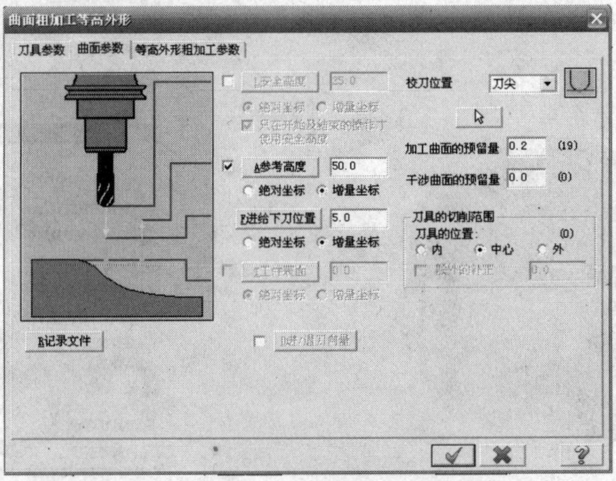

图 5–55 等高外形粗加工曲面参数

（3）等高外形粗加工参数设置如下：Z 轴最大进给量为 1，选择切削顺序最佳化，定义下刀点，如图 5–56 所示。

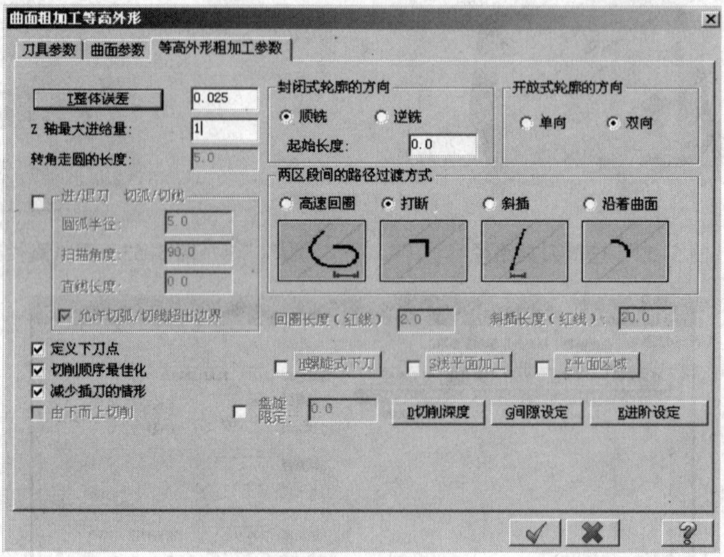

图 5–56　等高外形粗加工参数

（4）单击“曲面粗加工等高外形”对话框中的✔按钮，系统会提示选取下刀点位置，此时用鼠标选取烟灰缸上表面中心点，系统则开始计算走刀路径，生成等高外形粗加工刀具路径，如图 5–57 所示。

4. 等高外形精加工

（1）如图 5–58 所示，选择菜单“刀具路径”|“曲面精加工”|“等高外形”命令。

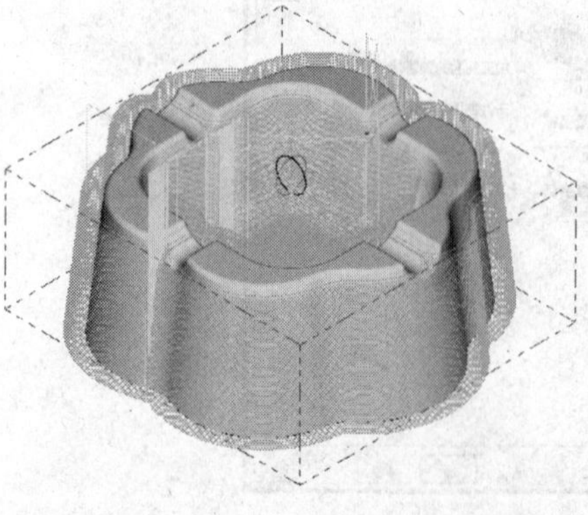

图 5–57　等高外形粗加工刀具路径

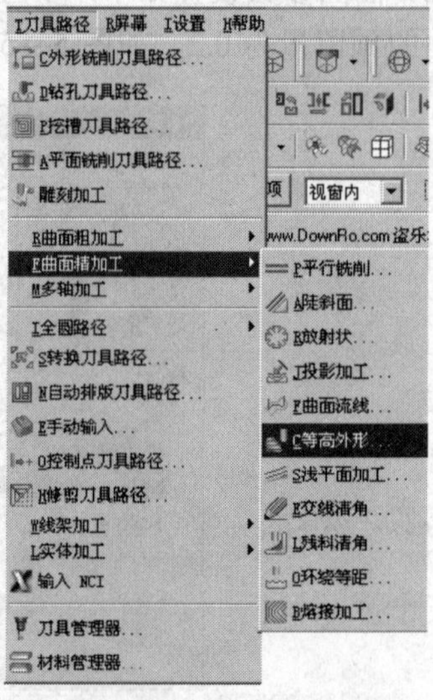

图 5–58　曲面等高外形精加工

（2）系统提示选取曲面，单击工具栏中的按钮，选取烟灰缸实体，单击烟灰缸，按两次 Enter 键，出现“曲面精加工等高外形”对话框。单击按钮，出现等高外形加工参数。选择ϕ10 的球刀，设置刀具参数如下：“进给率”为 200.0，“下刀速率”为 100.0，“主轴转速”为 2 000（实际进给量视具体情况而定）。如图 5–59 所示。

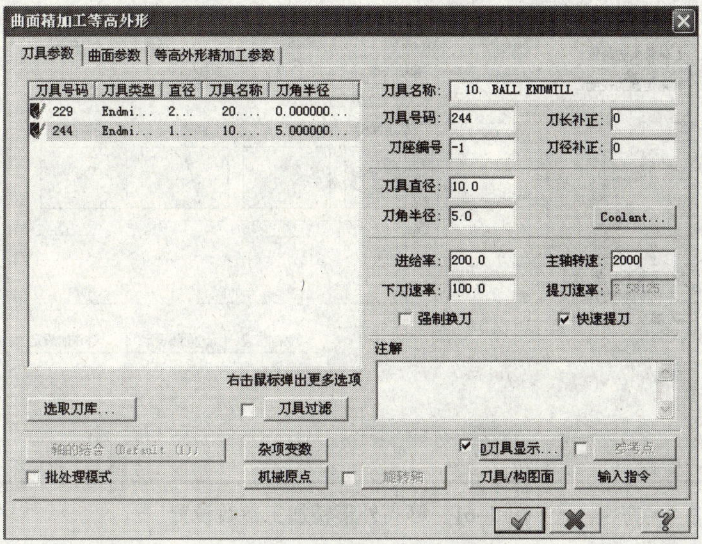

图 5–59　曲面精加工刀具参数

（3）曲面参数设置如下：参考高度为增量坐标 50.0，进给下刀位置为增量坐标 5.0，加工曲面的预留量为 0.0，如图 5–60 所示。

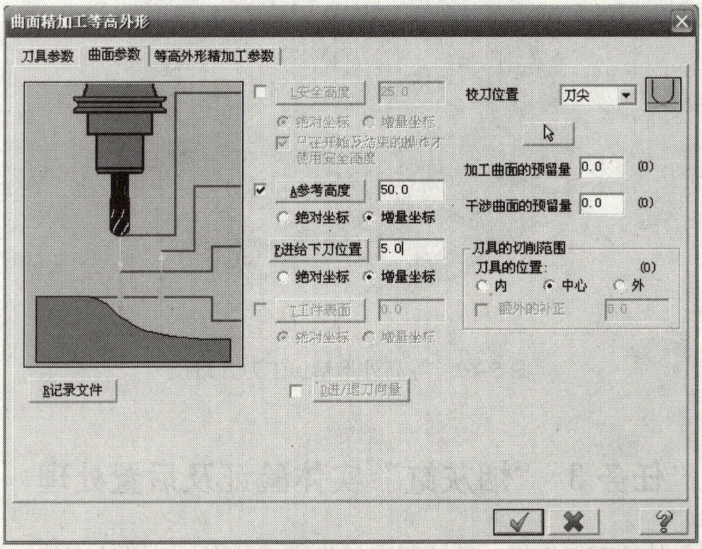

图 5–60　曲面精加工参数

（4）等高外形精加工参数设置如下：Z 轴最大进给量为 0.5；选择切削顺序最佳化，自定义下刀点，如图 5–61 所示，单击按钮，系统提示选取下刀点位置，此时选取烟灰面中心点，系统则开始计算走刀路径，生成等高外形精加工刀具路径，如图 5–62 示。

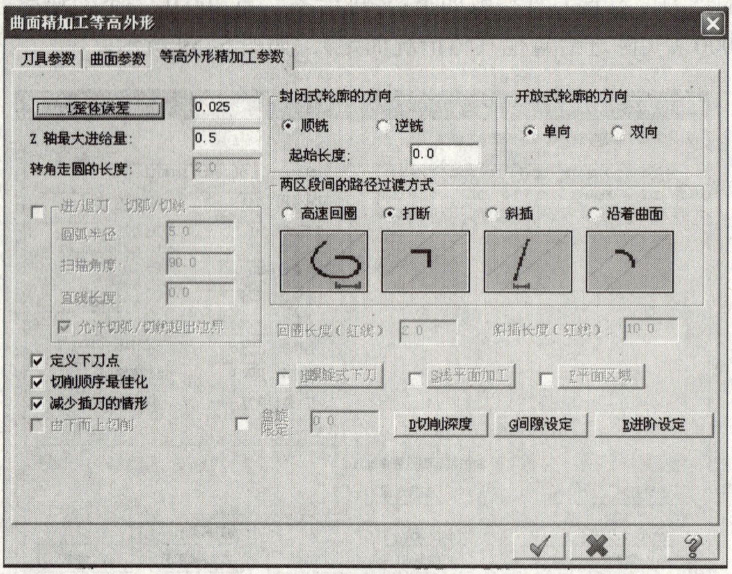

图 5–61　等高外形精加工参数设置

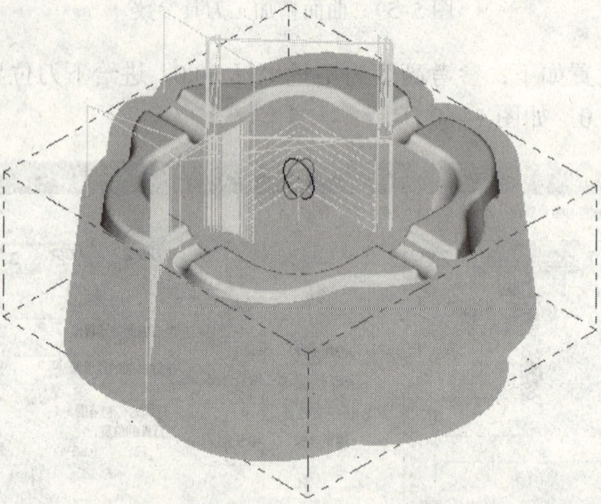

图 5–62　等高外形精加工刀具路径

任务 3　“烟灰缸”实体验证及后置处理

掌握刀具路径的管理、编辑、数控程序的生成、仿真加工及验证等。

活动 1　实体验证

如图 5–63 所示，在“操作管理器”中，单击“选取所有操作”按钮（选择所有刀具路径），然后单击“验证制定的操作”按钮，进入仿真加工界面，如图 5–64 所示，单击按钮对零件进行仿真加工，加工结果如图 5–65 所示。

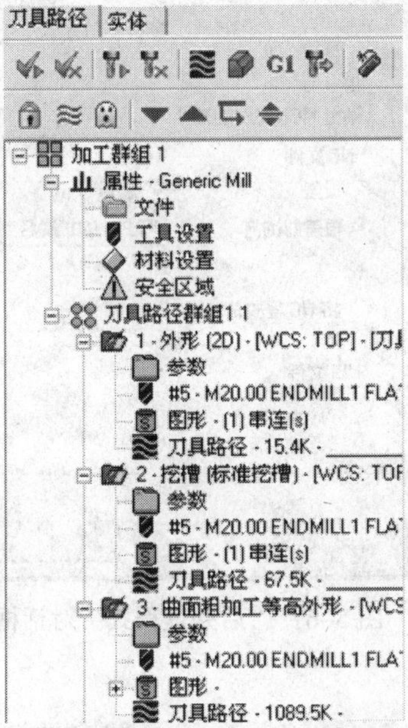

图 5–63　操作管理器

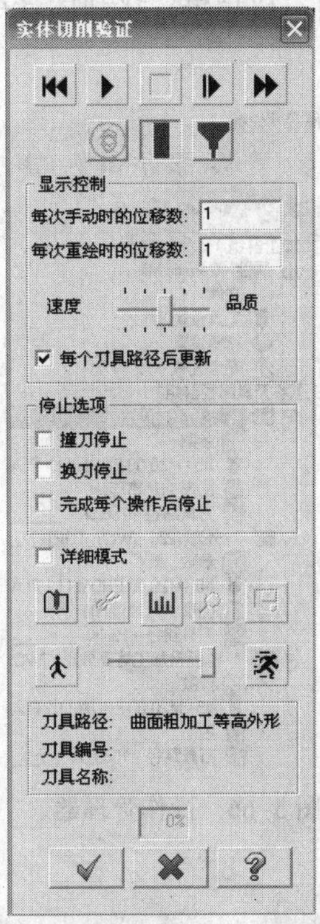

图 5–64　“实体切削验证”对话框

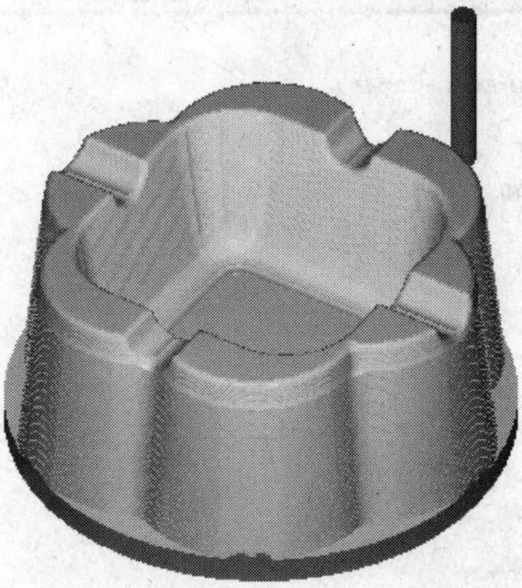

图 5–65　实体验证结果

活动 2　后处理生成程序

如图 5–66 所示，在“操作管理器”中，单击所需生成程序的刀具路径（当其前面文件夹显示“√”时表明已选取生成该路径的程序）。在“操作管理器”中，单击“后处理制定的操作”按钮G1，出现“后处理程式”对话框，如图 5–67 所示，选择“编辑”，则对生成的程序进行编辑，单击✔按钮，出现“局部输出文件”对话框，选择“否”，出现“选择保存地址”对话框，找到保存地址，单击“保存”按钮则生成所需程序。如图 5–68 所示。

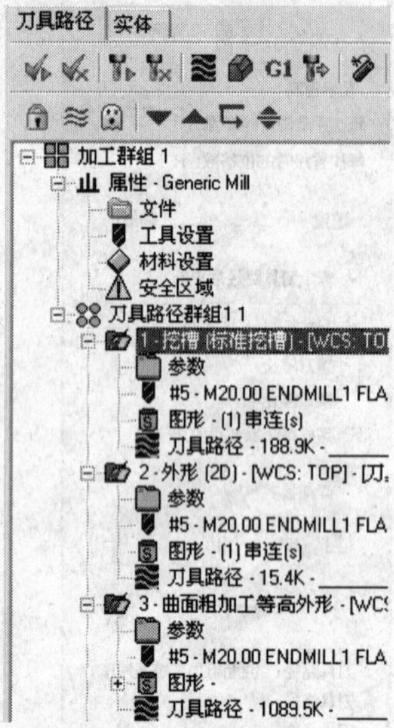

图 5–66 操作管理器

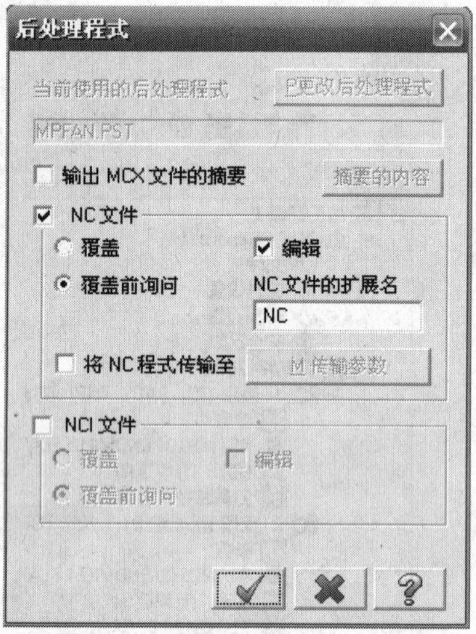

图 5–67 “后处理程式”对话框

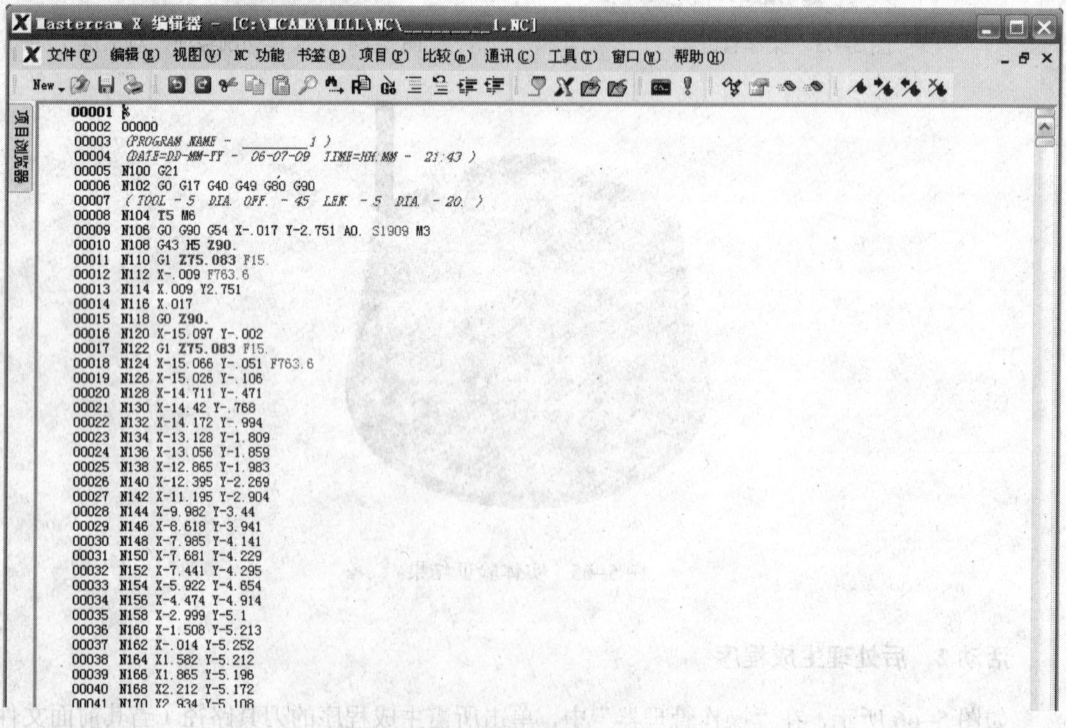

图 5–68 生成程序

实践演练

创意建模烟灰缸实体，设置刀具及参数，然后进行模拟加工。

学后感言

学习情境 6 “轮辐”的建模与加工

情境描述

通过本学习情境让学生掌握 Mastercam X 软件草图的绘制、修剪及转换功能；掌握实体的挤出、布尔运算、倒圆角等命令；学会外形铣削、挖槽加工、等高外形精加工刀具路径的设置、刀具路径的编辑、数控程序的生成、仿真加工等；同时通过本情境的学习，使学生学会知识的综合运用。

工作任务

任务 1 “轮辐”的建模

任务 2 “轮辐”的刀具路径模拟

任务 3 “轮辐”的刀具路径实体验证

任务 1 “轮辐”的建模

活动 1 绘制草图

1. 启动软件

在 Windows 界面下，选择“开始”|“程序”|“Mastercam X”命令，进入 Mastercam X 的用户界面。

2. 参数设定

Z：0.000；作图颜色：10；图层：1；屏幕视角：T；构图平面：T；线型：实线；线宽：下拉菜单第二条。

3. 绘制草图

（1）绘制两个同心圆。选择屏幕上方菜单“构图”|“圆弧”|“圆心点”命令，则在绘图区右上方出现提示：“输入圆心点”，在屏幕上方的工具条中输入圆心坐标（0，0，0），半径 65.0，并分别按 Enter 键，如图 6–1 所示。单击空白处，出现一个半径为 65 的圆。单击工具条中的按钮，用同样的方法，再画一个 R55 的圆，如图 6–2 所示。

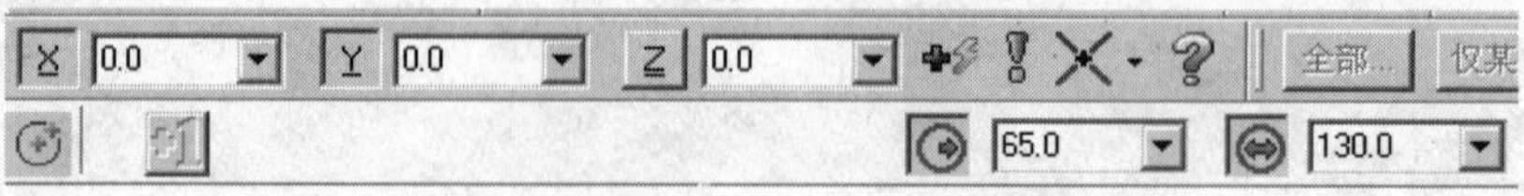

图 6–1 绘圆工具条

（2）绘制五边形。选择屏幕上方菜单栏“构图”|“画多边形”命令，弹出“多边形选项”对话框，并出现“选取基准点位置”提示，在该对话框中输入边数：5，半径：55.0，

旋转角度：0，选择内接，如图 6–3 所示。单击“圆心点”，选择多边形圆心，则出现图 6–4 所示的 R55 的内接五边形。

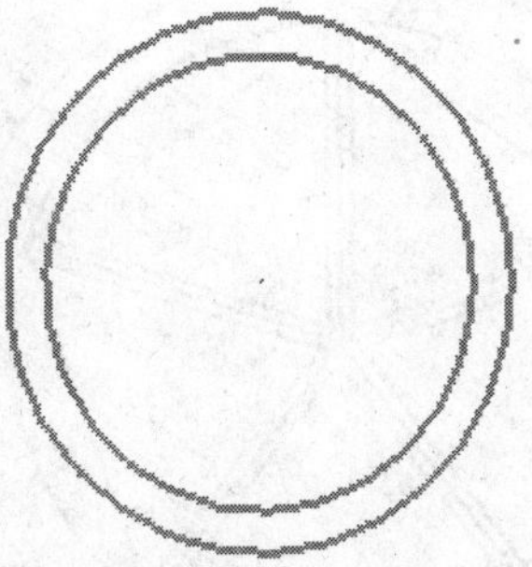

图 6–2　同心圆

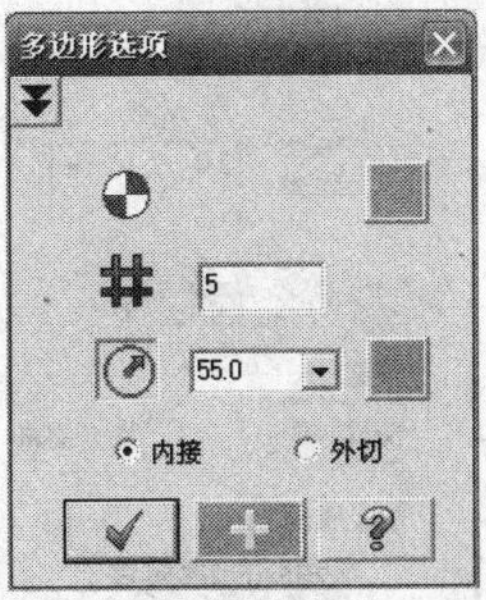

图 6–3　“多边形选项”对话框

（3）连接多边形 5 个顶点。选择屏幕上方菜单栏“构图”|“画直线”|“两点画线”，然后连接圆心和五边形的 5 个顶点，如图 6–5 所示。

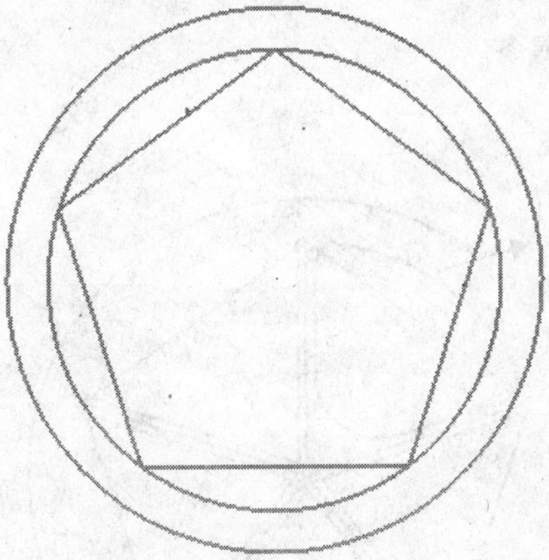

图 6–4　建立多边形

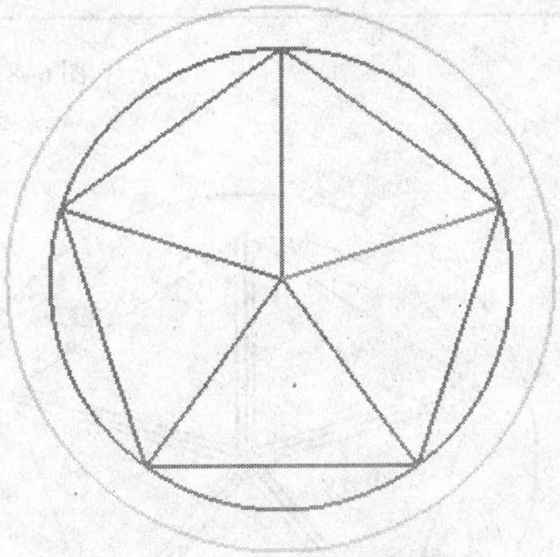

图 6–5　连接多边形顶点

（4）偏移线段。选择屏幕上方菜单栏“转换”|“单体补正”命令，弹出“补正选项”对话框，选择“复制”，次数：1，偏移距离：2.0，如图 6–6 所示。单击一条直线，再单击所选直线两侧，依次用同样的方法补正其余直线，则分别把 5 条直线向左右两边偏移 2 mm，结果如图 6–7 所示。单击“补正选项”中的✔按钮，完成线段偏移。

（5）倒圆角。选择屏幕上方菜单栏“构图”|“倒圆角”|“选择两物体”命令，弹出倒圆角工具条，如图 6–8 所示，输入半径为 6，分别选取图 6–7 中的线 1、线 2 与 R55 的圆进行倒圆角，如图 6–9 所示；单击倒圆角工具条中的➕按钮，重复倒圆角，在“倒圆角”工具条中输入 R15，然后单击图 6–7 中的线 1、线 2 完成倒圆角，如图 6–10 所示。

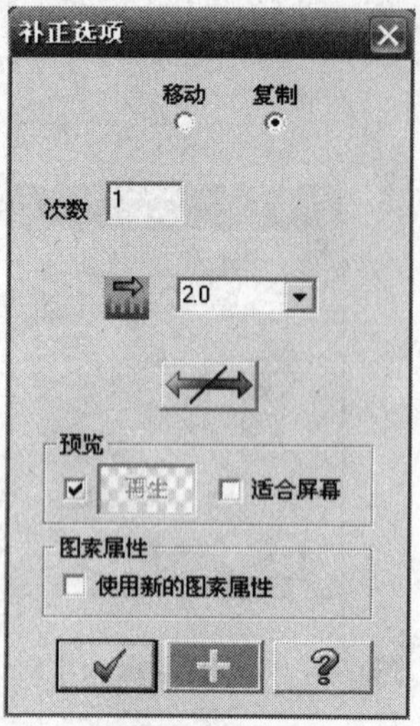

图 6–6 “补正选项”对话框

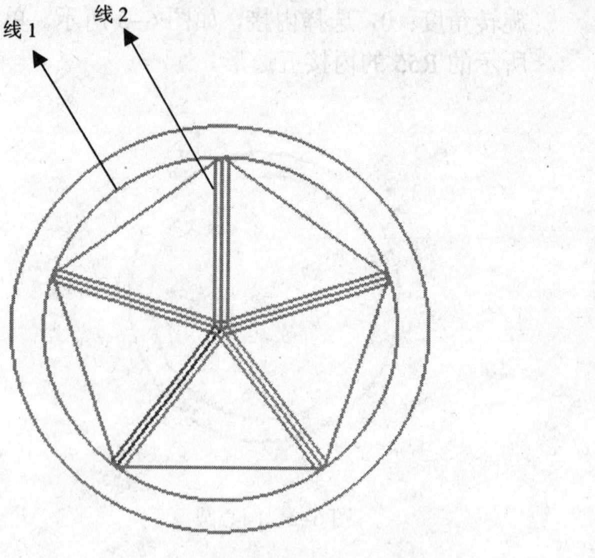

图 6–7 偏移线段

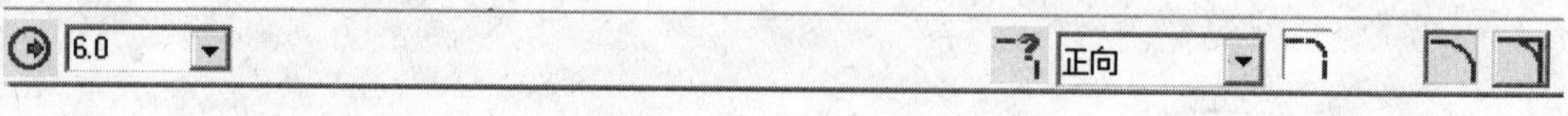

图 6–8 “倒圆角”工具条

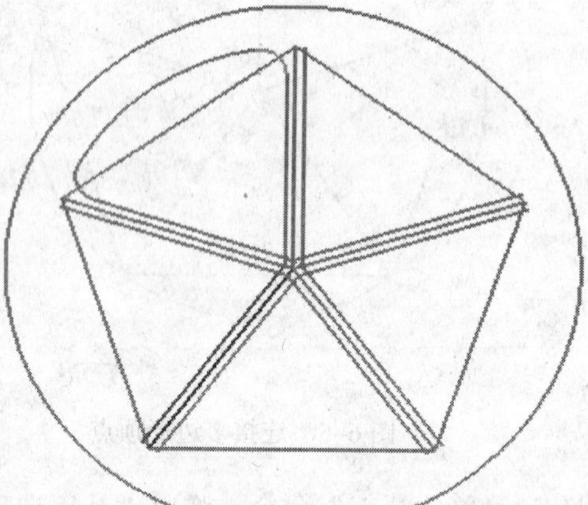

图 6–9 R55 圆弧倒圆角

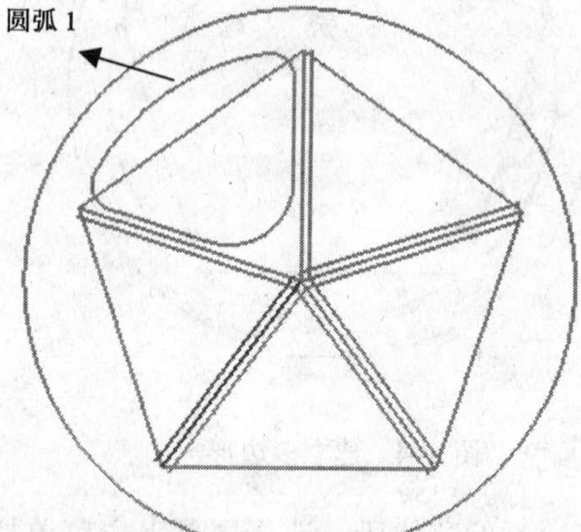

图 6–10 完成倒圆角

图 6–11 图素选取方式

（6）旋转圆弧。选择屏幕上方菜单栏“转换”|“旋转”命令，系统提示选取图素去旋转，然后单击工具条中的图素选取方式，如图 6–11 选择“串连”，单击图 6–10 中的圆弧 1，则串连旋转图素，按 Enter 键进入“旋转选项”对话框，如图 6–12 所示。选择“复制”；次数：4；旋转角度：72.0；按 Enter 键完成旋转，如图 6–13 所示。

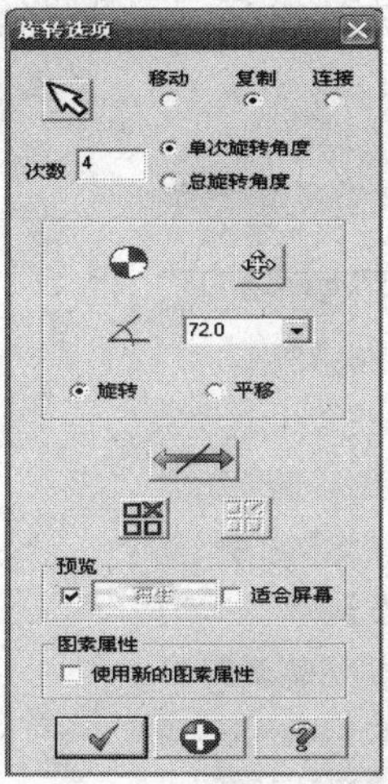

图 6–12 “旋转选项”对话框

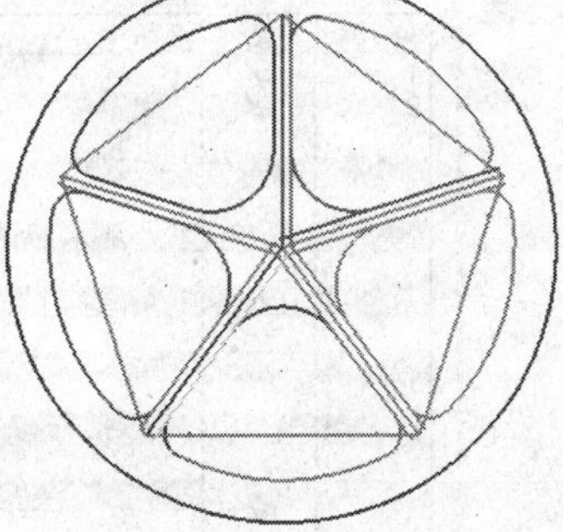

图 6–13 旋转后图形

（7）删除多余图素。选择工具栏中的“删除”按钮，然后选择需要删除的图素，按 Enter 键完成删除操作，删除后如图 6–14 所示。

（8）绘制轴承孔。选择屏幕上方菜单栏“构图”|“圆弧”|“圆心点”命令，在屏幕上方的编辑栏中输入（0，0，0），半径为 6，结果如图 6–15 所示。

图 6–14 删除多余的线段

图 6–15 绘制完成的草图

活动 2 构造实体

1. 新建图层 2

单击工作区下方的“图层”，出现图 6–16 所示的“层别管理”对话框，在编号中输入：2，单击“√”，则新建一个图层 2，此时构图层改为图层 2，要改变构图层可选择图层后，右击进行选择。

2. 生成实体

（1）更改“屏幕视角”为“等角视图”，选择屏幕上方菜单栏“实体”|“挤出”命令，弹出“串连选项”对话框，单击“串连”图标，如图 6–17 所示；然后单击大圆，单击“串

连选项”中的✓按钮，弹出“实体挤出的设置”对话框，如图 6–18 所示。设置延伸距离为 15.0，结果如图 6–19 所示。

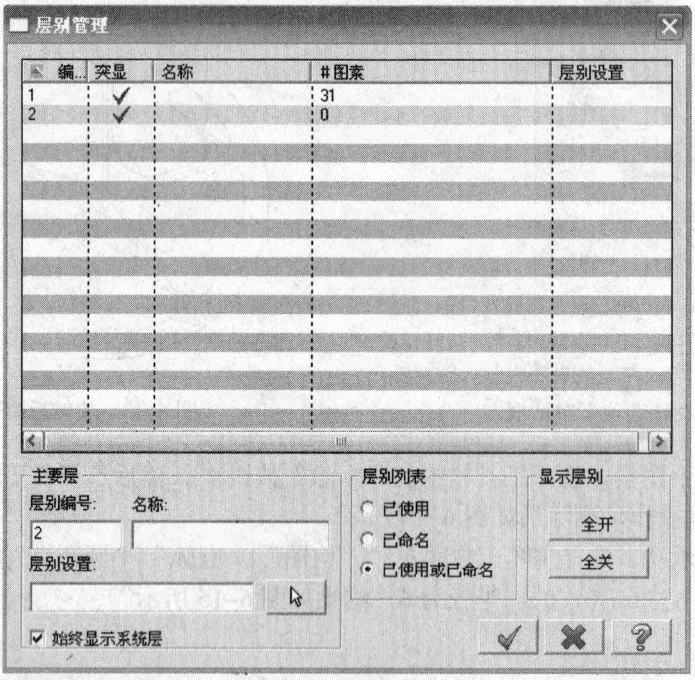

图 6–16 “层别管理”对话框

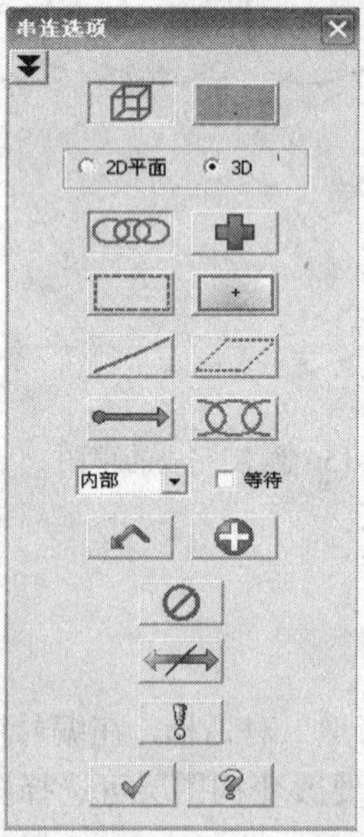

图 6–17 “串连选项”对话框

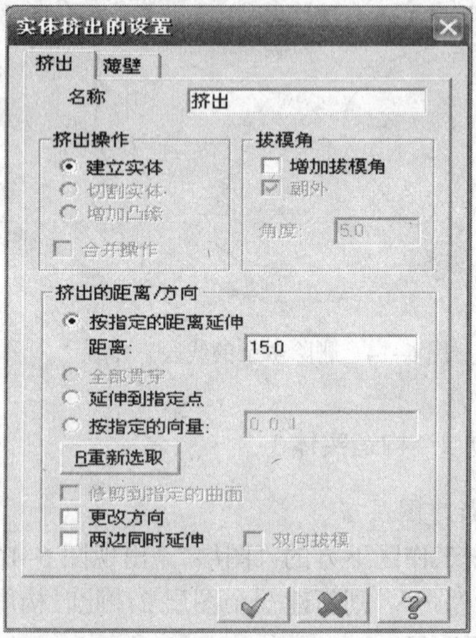

图 6–18 “实体挤出的设置”对话框

（2）用同样的方法分别挤出 5 个小扇形，延伸距离为 5，选上两边同时延伸，挤出结果如图 6–20 所示。单击屏幕上方工具栏中 按钮，可以将实体染色，如图 6–21 所示。

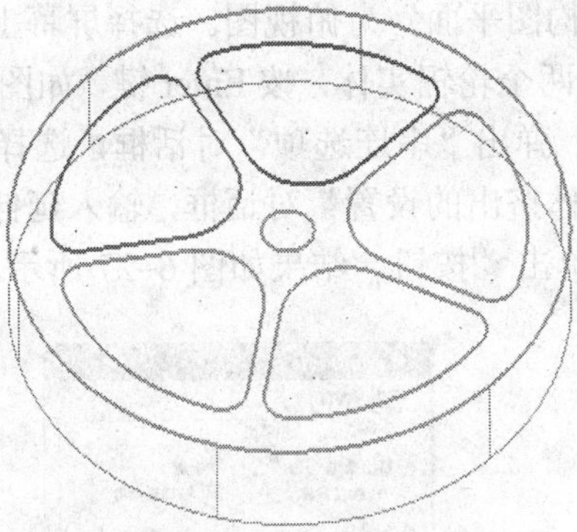

图 6–19 挤出后的图形

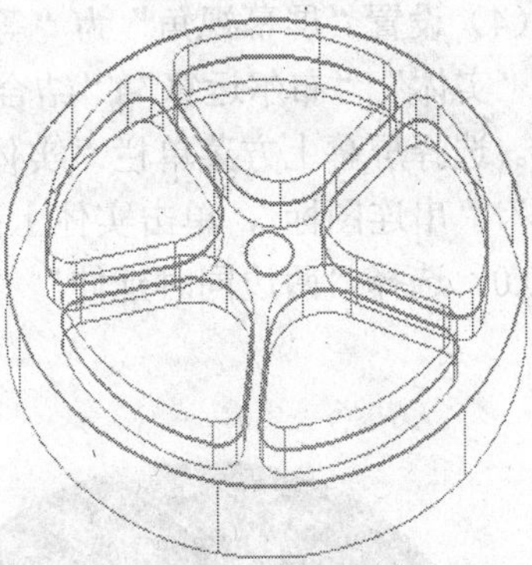

图 6–20 5 个扇形挤出后的图形

3. 布尔运算切割实体

（1）选择屏幕上方菜单栏“实体”|“布尔运算”|“切割”命令，先单击大的轮廓，再依次选择 5 个小轮廓，然后再按 Enter 键，结果如图 6–22 所示。

图 6–21 染色后的实体

图 6–22 布尔运算后的实体

（2）改“构图平面”为“前视图”；“屏幕视角”改成“前视图”。选择“构图”|“画直线”|“两点画线”命令，输入坐标 Y 为–15，Z 为 0，在实体外选择第一点，在实体下面作直线，如图 6–23 所示。

（3）选择“构图”|“转换”|“镜像”命令，选取实体，按 Enter 键，弹出“镜像选项”对话框，单击↔按钮，选取镜像对称轴，单击“镜像选项”中✔按钮，结果如图 6–24 所示，删除中间的多余直线。

图 6–23 在实体下面画线

图 6–24 镜像后的实体

（4）设置“屏幕视角”为“等角视图”，设置“构图平面”为俯视图。选择屏幕上方菜单栏“实体”|“布尔运算”|“结合”命令，分别单击两个轮辐实体，按 Enter 键，如图 6–25 所示。选择屏幕上方菜单栏“实体”|“挤出”命令，弹出“串连选项”对话框，选择“2D 平面”，“串连图标”，单击实体上面的圆，弹出“实体挤出的设置”对话框，输入延伸距离为 40.0，选择“两边同时延伸”，如图 6–26 所示。单击✓按钮，结果如图 6–27 所示。

图 6–25　结合后的实体

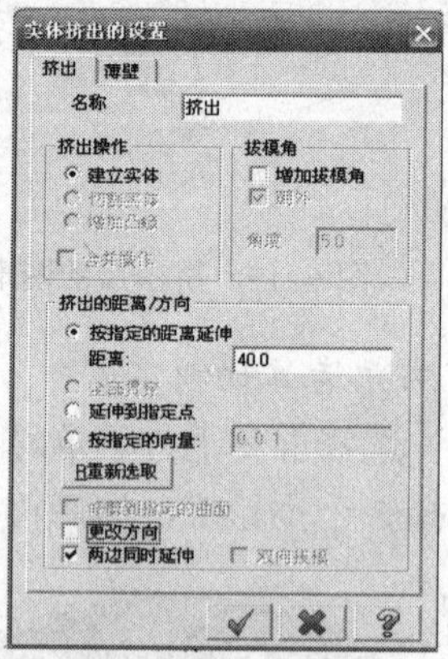

图 6–26 “实体挤出的设置”对话框

（5）选择屏幕上方菜单栏“实体”|“布尔运算”|“切割”命令，先单击实体，然后单击圆柱形实体，按 Enter 键，结果如图 6–28 所示。

图 6–27　在实体上挤出来的圆柱体

图 6–28　两个实体布尔运算

4. 实体倒圆角

（1）选择屏幕上方菜单栏“实体”|“倒圆角”命令，提示选择倒圆角图素，单击实体上表面，弹出“实体倒圆角参数”对话框，设置半径为 1.0，如图 6–29 所示。

（2）运用同样的方法对扇形槽底边圆角，提示倒圆角图素时，单击屏幕右上方（选择面）图形，再分别单击 5 个扇形底面，按 Enter 键，弹出“实体倒圆角参数”对话框，设置半径为 1，单击✓按钮，结果如图 6–30 所示。

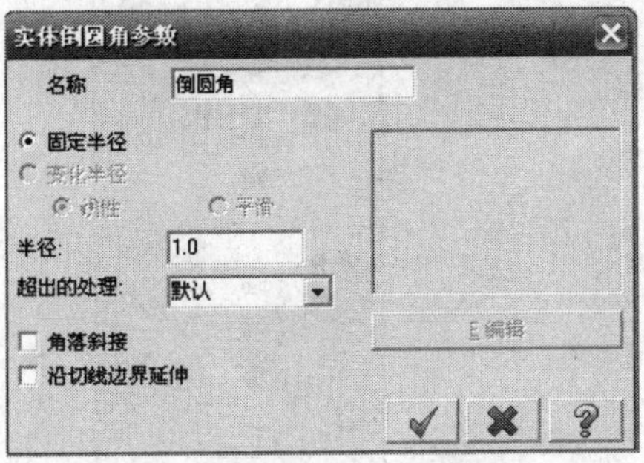

图 6–29　实体倒圆角参数

图 6–30　倒圆角

5. 隐藏图层 1

隐藏图层 1，单击屏幕底下的“图层”，将图层 1 栏上显示的“ √ ”去掉，则把图层 1 给隐藏起来了，结果如图 6–31 所示。

图 6–31　隐藏图层

任务 2 “轮辐”的刀具路径模拟

活动 1　选择毛坯、设置刀具

1. 定义毛坯

选择屏幕上方菜单栏“机床类型” | “铣床” | “系统默认”命令，选择工作面左边“属性” | “材料设置”选项，如图 6–32 所示，使用边界盒，出现“边界盒选项”对话框，如图 6–33 所示，单击 ✓ 按钮。弹出“加工群组属性”对话框，如图 6–34 所示。

2. 选择刀具

选择菜单“刀具路径” | “刀具管理”命令，出现“刀具管理器”对话框，分别选择ϕ12 的钻头、ϕ5 的平底刀、ϕ16 的平刀、ϕ5 的球刀各一把，如图 6–35 所示，单击 ↑ 按钮添加后，再单击 ✓ 按钮完成刀具的选择。

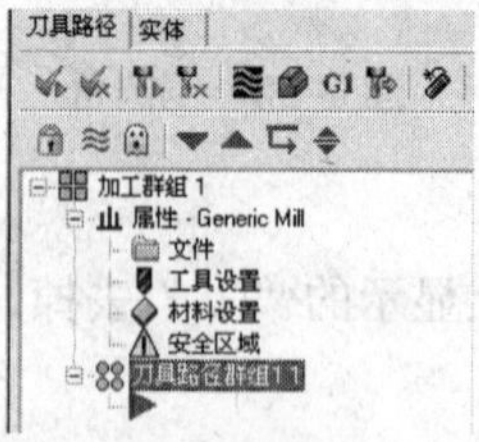

图 6–32　材料设置

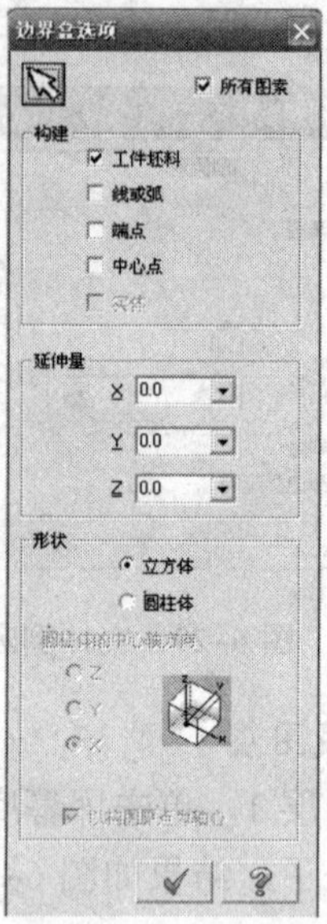

图 6–33　“边界盒选项”对话框

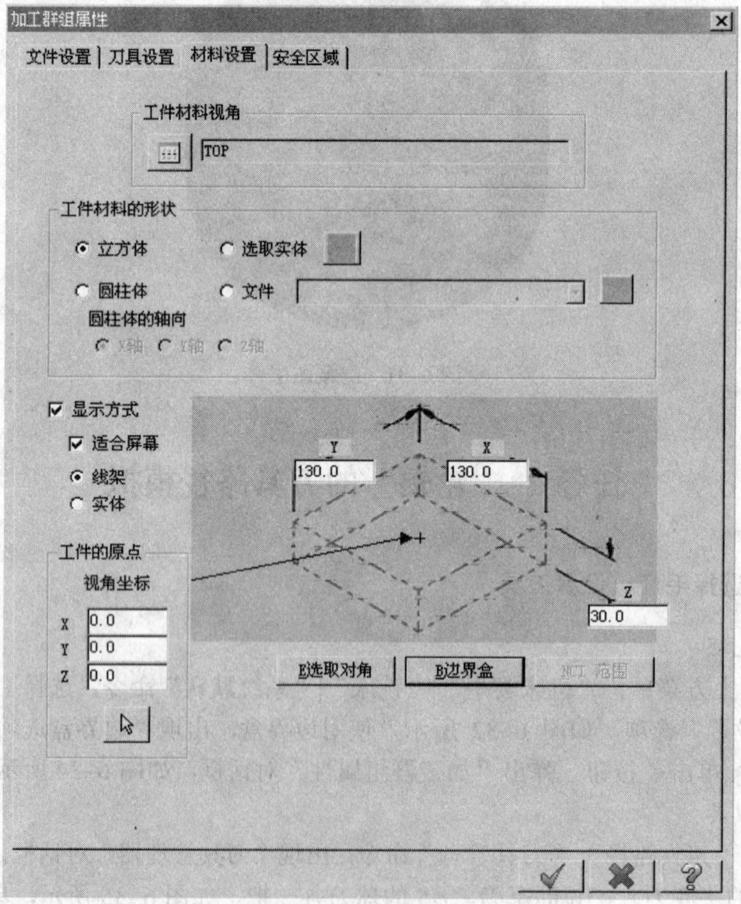

图 6–34　“加工群组属性”对话框

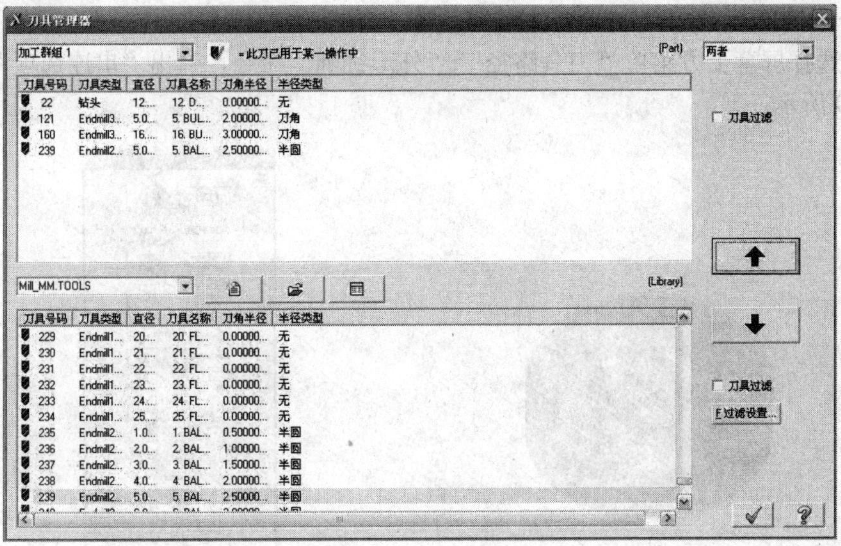

图 6–35 刀具设置

活动 2 刀具路径设置

1. 钻孔

（1）打开图层 1，选择屏幕上方菜单栏“刀具路径”|“钻孔”命令，弹出“选取钻孔的点”对话框，单击“选取图素”按钮，如图 6–36 所示。

（2）选择轮辐轴承孔圆，按 Enter 键。弹出“简单钻孔”对话框，选择ϕ12 的钻头，然后按✓按钮。在“简单钻孔”对话框中，修改“进给率”为 200.0，“主轴转速”为 1 000，如图 6–37 所示。

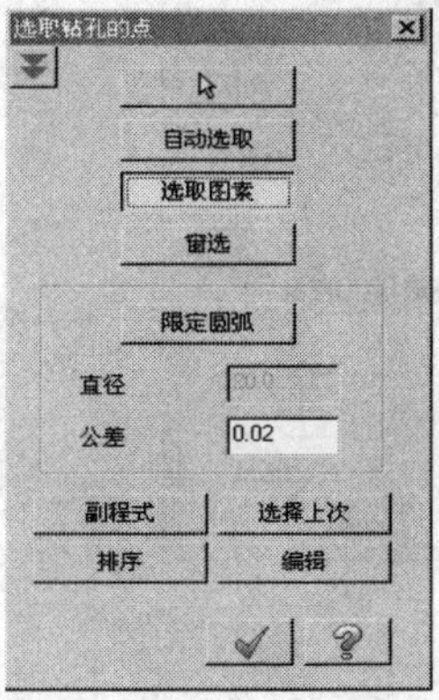

图 6–36 “选取钻孔的点”对话框

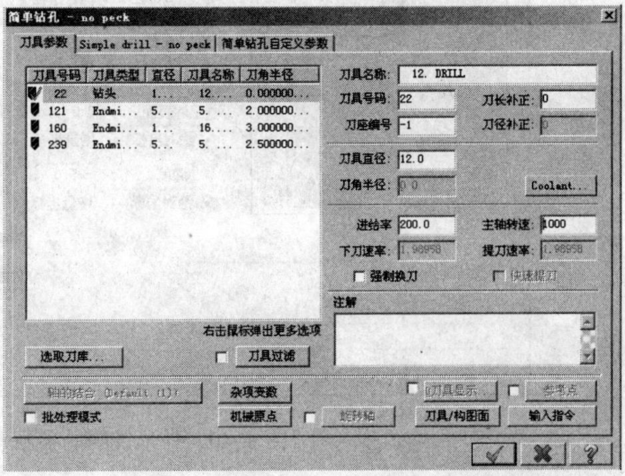

图 6–37 “简单钻孔”的参数设置

（3）在“simple drill-no peck”对话框中修改深度为–35，单击✓按钮，生成走刀路径。如图 6–38 所示。

2. 外形铣削

（1）选择屏幕上方菜单“刀具路径”|“外形铣削”命令，弹出“串连选项”对话框，如图 6–39 所示。

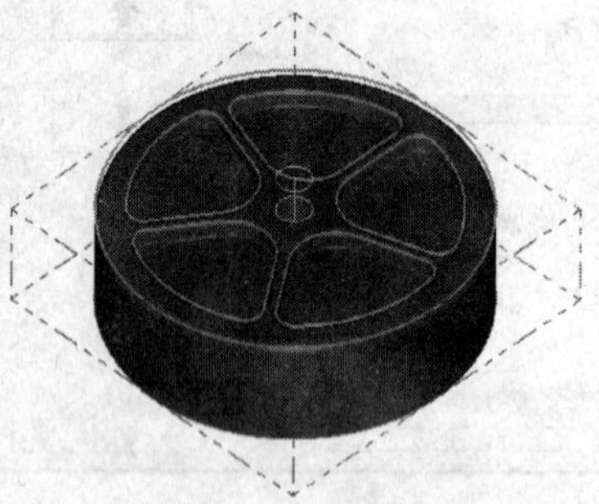

图 6–38　生成孔的走刀路径

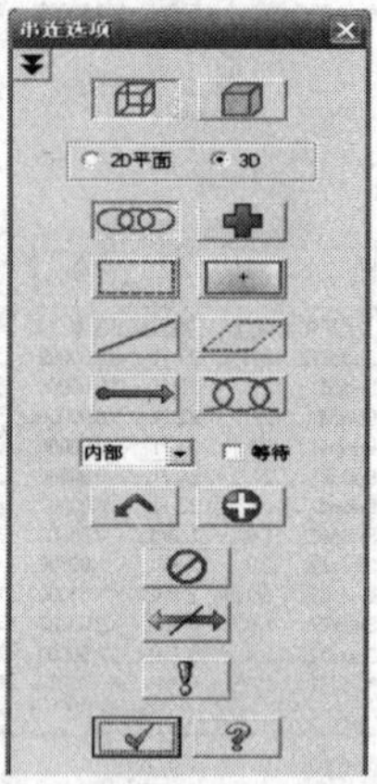

图 6–39　外形铣削的“串连选项”对话框

（2）选择轮辐上表面的轮廓线，按 Enter 键，弹出“外形（2D）”对话框，选择直径 16 的平刀，然后确定。修改“刀具参数”、“外形铣削参数”，如图 6–40 所示。

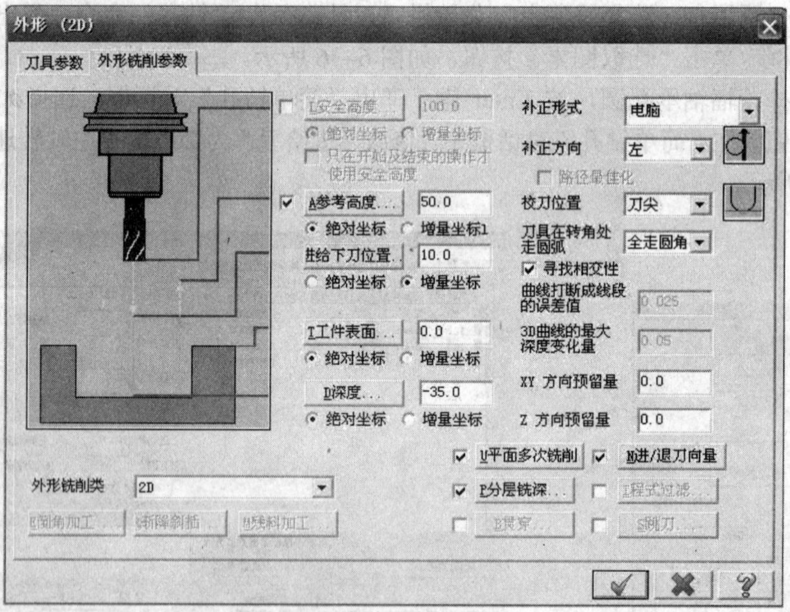

图 6–40　外形铣削的参数设置

（3）单击“平面多次铣削”按钮，弹出“XY 平面多次切削设置”对话框，修改参数，如图 6–41 所示。

（4）选择“分层铣深”，弹出“深度分层切削设置”对话框，如图 6–42 所示。单击✔按钮，出现走刀路径，如图 6–43 所示。

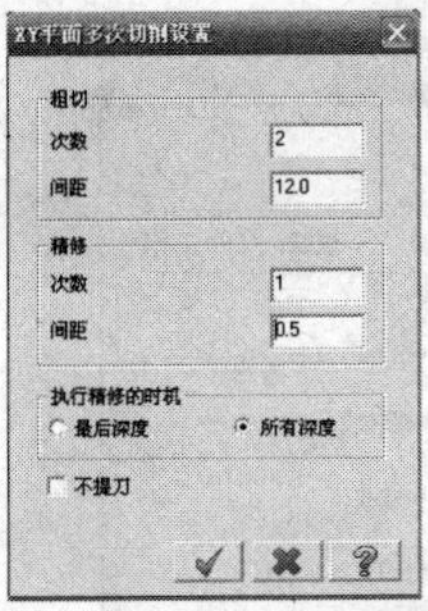

图 6–41 “XY 平面多次切削设置”对话框

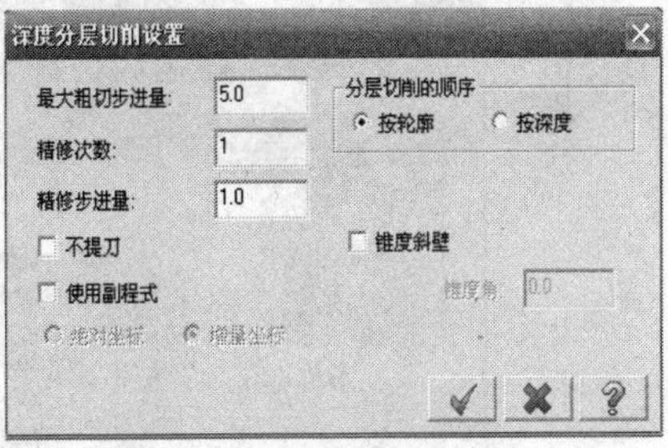

图 6–42 深度分层切削设置

3. 挖槽

（1）选择屏幕上方菜单“刀具路径”|“挖槽”命令，弹出“串连选项”对话框，如图 6–44 所示。把鼠标放在小圆弧表面，出现一个指针和白色方框，用鼠标分别单击那 5 个区域，单击“串连选项”对话框中的按钮。弹出“挖槽（标准挖槽）”对话框，选取刀库，选择$\phi5$的平刀，分别修改刀具参数，如图 6–45 所示。修改“2D 挖槽参数”，如图 6–46 所示。

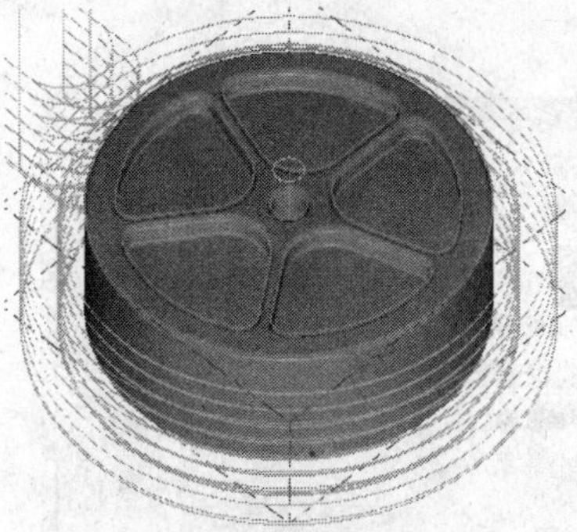

图 6–43 外形铣削刀具路径

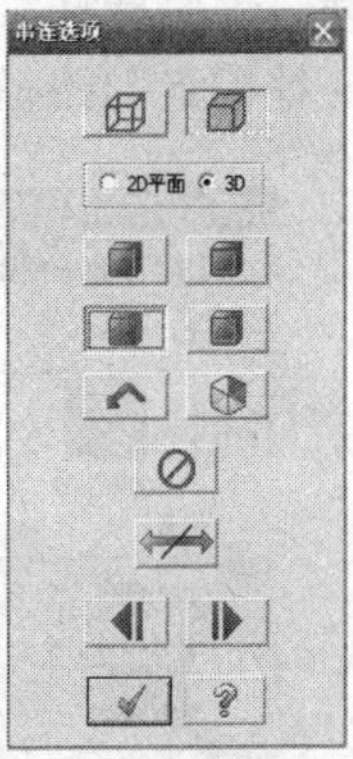

图 6–44 挖槽“串连选项”对话框

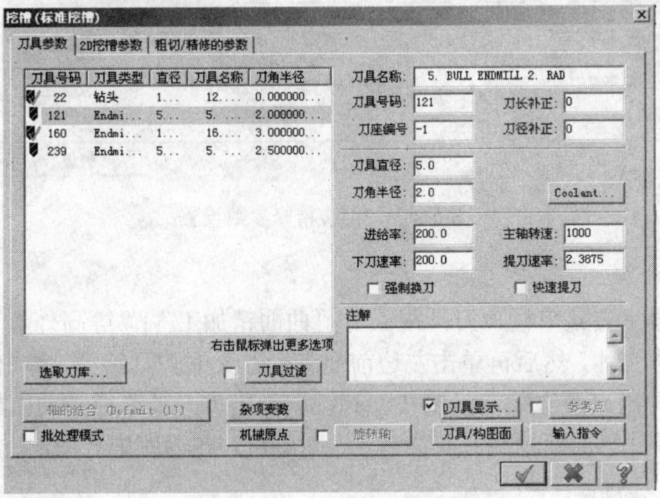

图 6–45 挖槽刀具参数设置

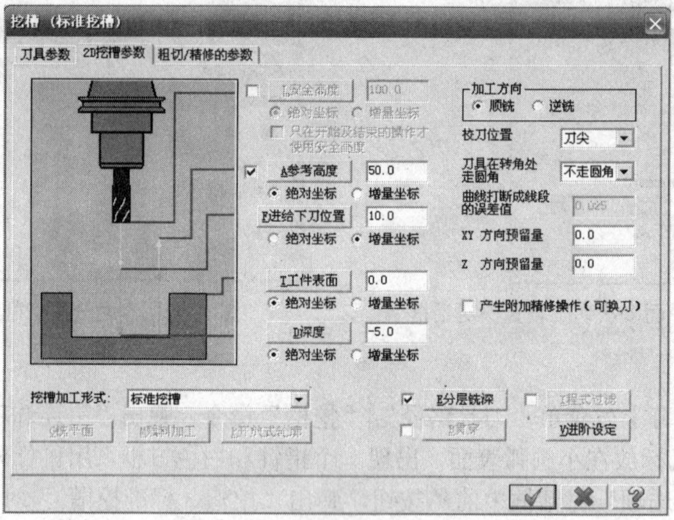

图 6–46 “2D 挖槽参数”设置

（2）选择“分层铣深”，精修次数改为 1，修改“粗切/精修的参数”，如图 6–47 所示。单击按钮，挖槽走刀路径如图 6–48 所示。

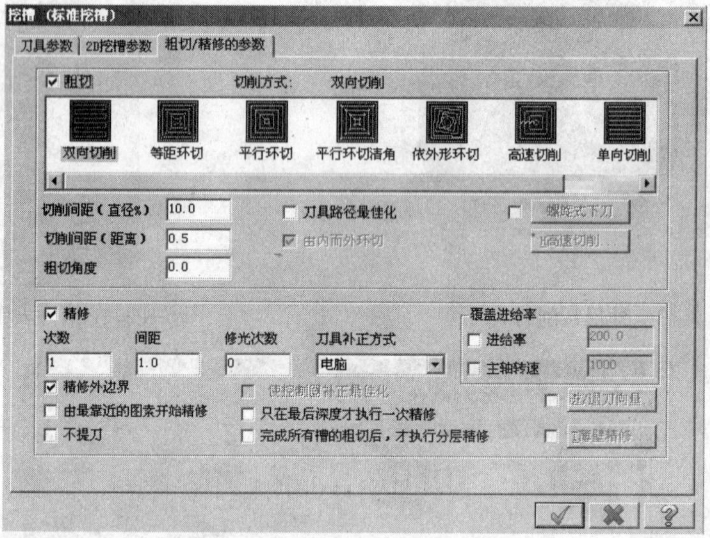

图 6–47 粗切/精修参数设置

4. 等高外形精加工

（1）选择屏幕上方菜单栏“刀具路径”|“曲面精加工”|“等高外形”命令，单击屏幕上方按钮，单击实体，然后再单击左边前面有个红叉的刀具路径，弹出图 6–49 所示对话框，单击按钮，出来两次警告，按 Enter 键，弹出“刀具路径与曲面加工”对话框，单击按钮后，又弹出“曲面精加工等高外形”对话框，在刀库中选取$\phi 5$的球刀，如图 6–50 所示。

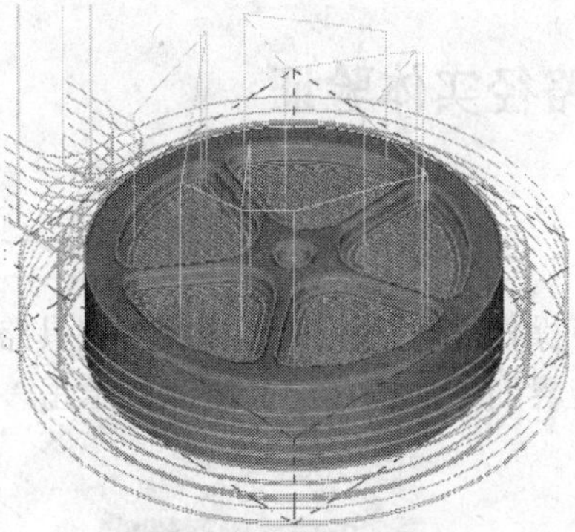

图 6–48 挖槽走刀路径

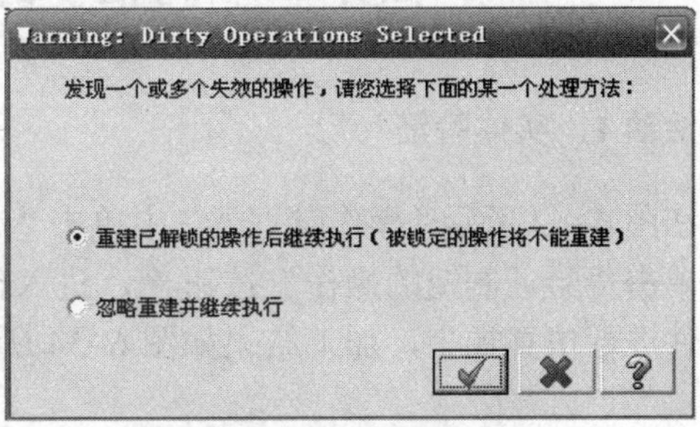

图 6–49 精加工的警告提示

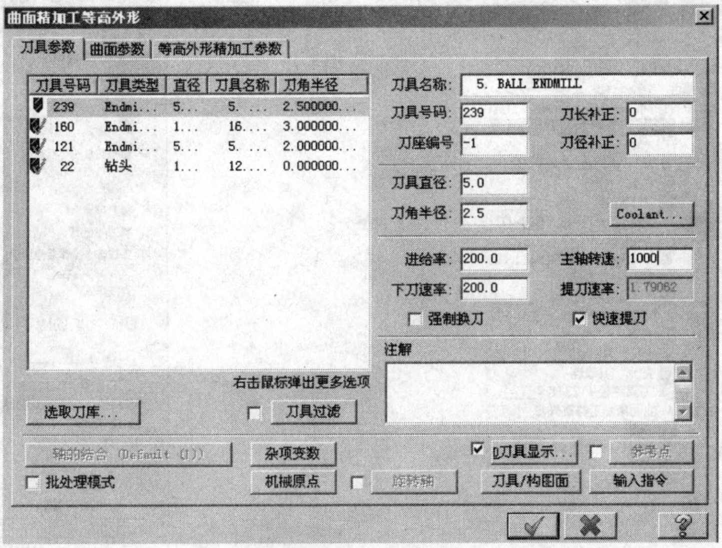

图 6–50 曲面精加工等高外形参数

（2）修改等高外形曲面精加工参数，Z 轴最大进给量为 0.5，勾选“切削顺序最佳化”，然后单击按钮，自动计算走刀路径。走刀路径如图 6–51 所示。

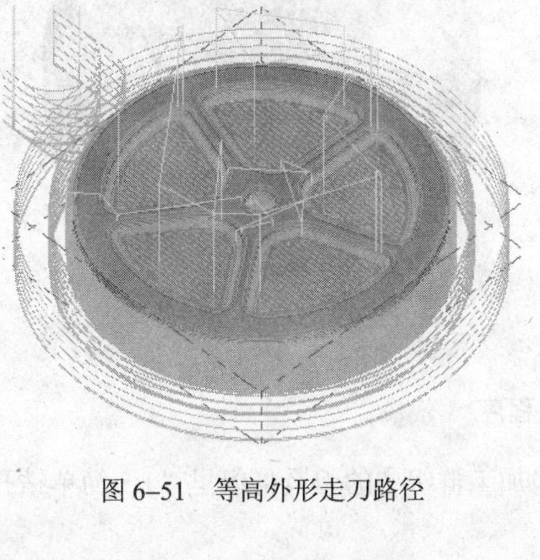

图 6–51 等高外形走刀路径

任务 3 “轮辐”的刀具路径实体验证

活动 1 实体验证

在图 6–52 所示“操作管理器”中单击“选取所有操作”按钮（选择所有刀具路径），然后单击“验证制定的操作”按钮，进入仿真加工界面，如图 6–53 所示，单击按钮对零件进行仿真加工，加工结果如图 6–54 所示。

图 6–52 操作管理器

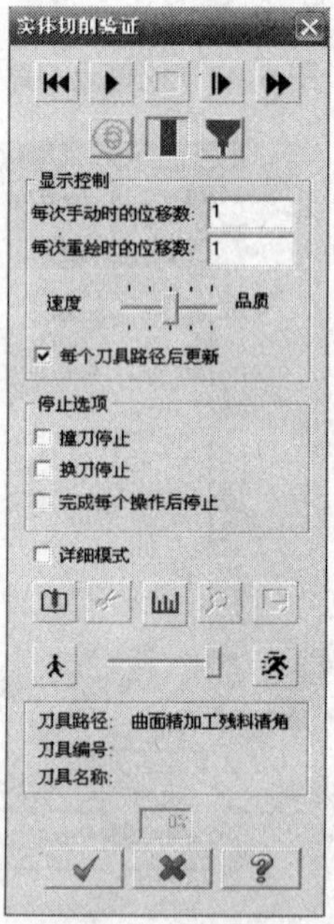

图 6–53 实体验证

图 6–54 加工结果

活动 2 后处理生成程序

（1）选择工作面左边加工群组中的刀具群组里“1 • 简单钻孔”，再选择其上面的“后处理制定的操作”按钮 G1，弹出“后处理程式”对话框，单击✔按钮，弹出“局部 NCI 输出文件”对话框，如图 6–55 所示。

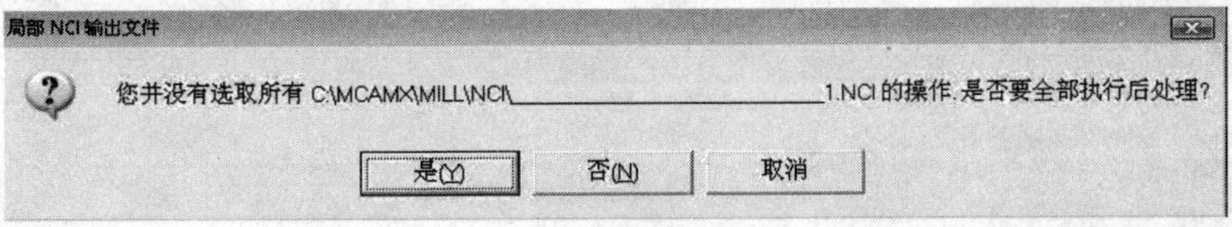
局部 NCI 输出文件
您并没有选取所有 C:\MCAMX\MILL\NCI________________1.NCI 的操作. 是否要全部执行后处理?
是(Y)
否(N)
取消

图 6–55 “局部 NCI 输出文件”对话框

（2）若选择“否”，则弹出“另存为文件”对话框，可以修改保存路径或文件名，默认存在 Mastercam X 中的 NC 文件里，单击✔按钮。生成的程序如图 6–56 所示。

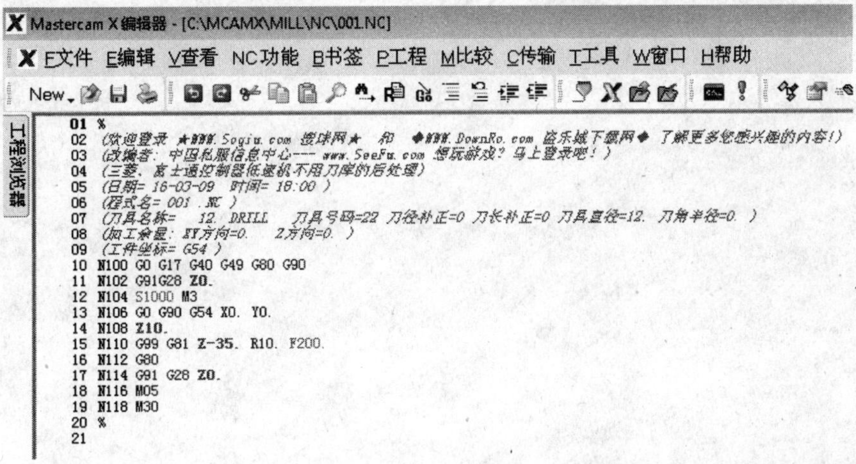
Mastercam X 编辑器 - [C:\MCAMX\MILL\NC\001.NC]
F文件 E编辑 V查看 NC功能 B书签 P工程 M比较 C传输 T工具 W窗口 H帮助
New
工程浏览器
%
(欢迎登录 ★WWW.Sogiu.com 搜球网★ 和 ◆WWW.DownRo.com 盗乐城下载网◆ 了解更多您感兴趣的内容!)
(改编者: 中国私服信息中心--- www.SeeFu.com 想玩游戏? 马上登录吧!)
(三菱、富士通控制器低速机不用刀库的后处理)
(日期= 16-03-09 时间= 18:00)
(程式名= 001 .NC)
(刀具名称= 12. DRILL 刀具号码=22 刀径补正=0 刀长补正=0 刀具直径=12. 刀角半径=0.)
(加工余量: XY方向=0. Z方向=0.)
(工件坐标= G54)
N100 G0 G17 G40 G49 G80 G90
N102 G91G28 Z0.
N104 S1000 M3
N106 G0 G90 G54 X0. Y0.
N108 Z10.
N110 G99 G81 Z-35. R10. F200.
N112 G80
N114 G91 G28 Z0.
N116 M05
N118 M30
%

图 6–56 生成的程序

实 践 演 练

创意建模轮辐实体，设置刀具及参数，然后进行模拟加工，如图 6–57 所示。

图 6–57 样例

学 后 感 言

学习情境 7 “车模”的建模与加工

情境描述

通过本学习情境使学生进一步掌握 Mastercam X 软件的草图绘制、修剪及转换功能；掌握三维实体的挤出、布尔运算、倒圆角等功能；掌握等高外型粗加工、平行铣削精加工、残料清角精加工等刀具路径的设定；同时通过本学习情境的学习，着重培养学生综合运用所学知识的能力及团队协作精神。

工作任务

任务 1　车模的建模

任务 2　车模刀具路径的模拟

任务 3　车模刀具路径的实体验证

任务 1 车模的建模

活动 1　绘制草图

1. 启动软件

在 Windows 界面下，选择“开始”|“程序”|“Mastercam X”命令，进入 Mastercam X 模块界面。

2. 参数设定

在绘图区底部将参数设置 Z：0.000；作图颜色：10；图层：1；构图面：T。

3. 绘制十字交叉线，车底曲线

（1）进入 Mastercam X 后，单击菜单中的“构图”|“画直线”|“两点画线”命令，输入坐标（–40，0，0）（40，0，0），按 Enter 键确认，再输入坐标（0，20，0）（0，–20，0），按 Enter 键确认。

（2）选择工具栏“构图”|“画样条曲线”|“手动输入”命令，输入点（–40，0，0）、（–37.98，5.86，0）、（–35.11，7.82，0）、（–27.29，11.79，0）（–11.29，15.15，0）、（0，15.58，0），如图 7–1 所示。

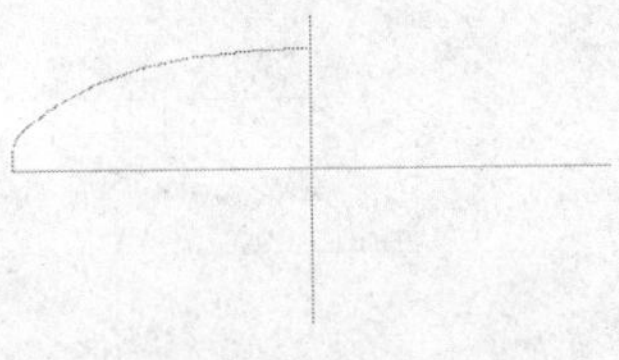

图 7–1　画十字和曲线

4. 镜像曲线到四象限

选择工具栏“转换”|“镜像”命令，单击曲线，再按 Enter 键，如图 7–2 所示，选中“X 轴”和“复制”，按 Enter 键确认，其余两条线以同样的方法沿“Y 轴”复制，结果如图 7–3 所示。

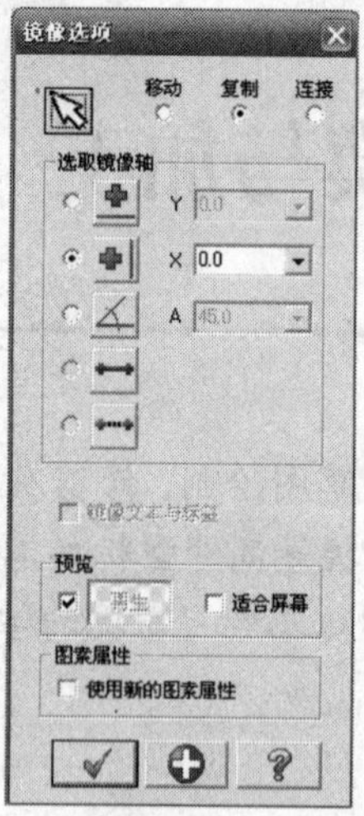

图 7–2 “镜像选项”对话框

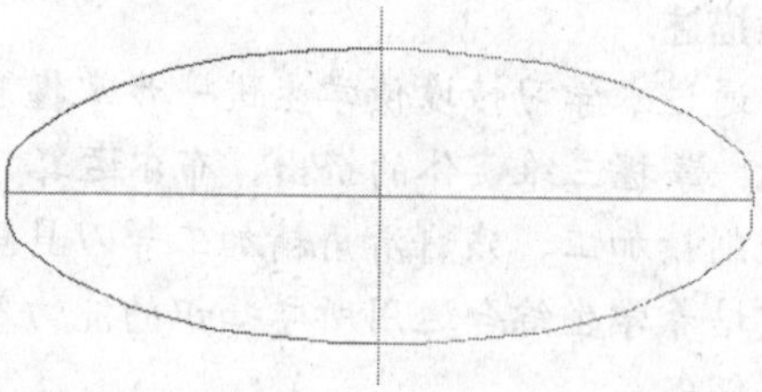

图 7–3 镜像曲线

5. 绘制汽车的底盘曲线

（1）选择工具栏“构图”|“画直线”|“两点画线”命令，输入点（–40，20，0）、（40，20，0），按 Enter 键确认，输入点（–40，20，0）、（–40，0，0），按 Enter 键确认，输入点（40，20，0）、（40，0，0），如图 7–4 所示。画两条斜线，输入（31.94，24.12，0）（42.34，3.55，0）按 Enter 键确认，输入点（–35.80，23.45，0）（–41.31，5.49，0），按 Enter 键确认，如图 7–5 所示。

图 7–4 画方格

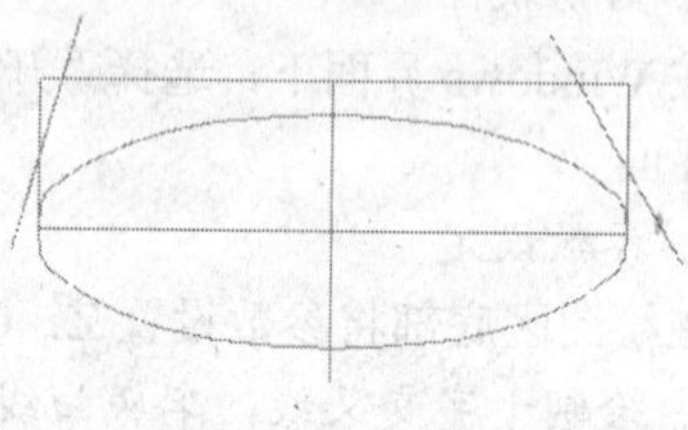

图 7–5 画两条斜线

（2）选择工具栏“构图”|“倒圆角”|“选择两个物体”命令，分别单击要倒圆角的两条线，输入半径为 5，如图 7–6 所示，其余的以相同方法，左下半径为 25，右上半径为 9，右下半径为 25，去除多余的线段，如图 7–7 所示。

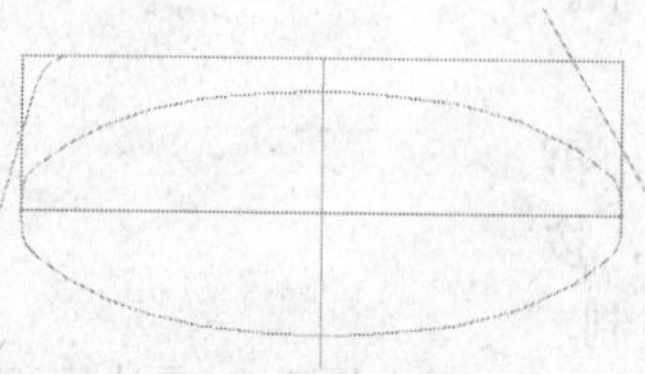

图 7–6 倒圆角（1）

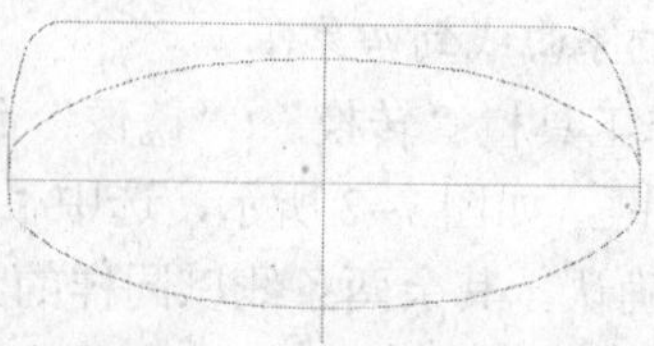

图 7–7 倒圆角（2）

（3）选择工具栏“转换”|“镜像”命令，选取曲线，再单击“镜像”，选中“Y”和“复制”选项，按 Enter 键确认，结果如图 7–8 所示。

6. 绘制汽车的车身曲线

（1）将视角改为“前视图”，选择工具栏“构图”|“画直线”|“两点画线”命令，画一直线，输入点（0，0，0，)、（0，0，25），按 Enter 键确认。

（2）选择工具栏“构图”|“画样条曲线”|“手动输入”命令，画曲线，输入点（40，0，0)、（36.65，9.70，0)、（26.30，19.90，0)、（8.24，24.94，0)、（2.22，25.05，0)，按 Enter 键确认。

（3）选择“构图”|“画直线”|“两点画线”命令，画斜线，输入点（2.22，25.05，0)、（–7.91，15.7，0)，按 Enter 键确认。

（4）选择“构图”|“画样条曲线”|“手动输入”命令，再画曲线，输入点（–7.91，15.70，0)、（–18.47，15.31，0)、（–27.25，13.48，0)、（–37.73，6.83，0)、（–39.44，2.62，0)、（–40，0，0)，按 Enter 键确认，如图 7–9 所示。

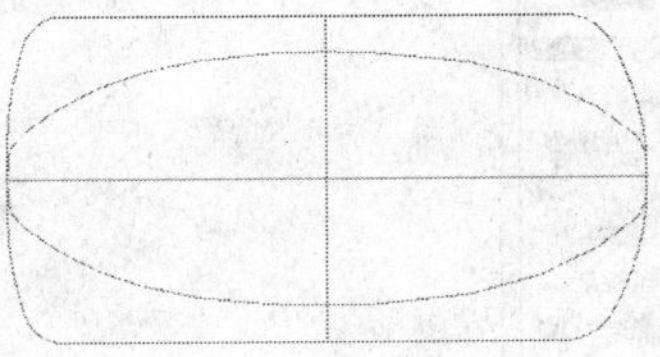

图 7–8　镜像曲线

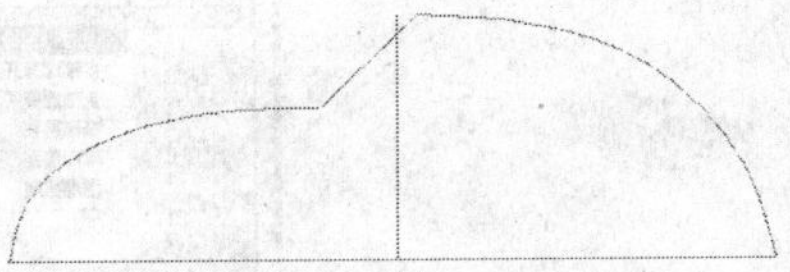

图 7–9　车身曲线

7. 绘制汽车的底盘和车轮

（1）画 3 条直线，选择工具栏“构图”|“画直线”|“两点画线”命令，输入点（40，0，0)、（40，–5，0)，按 Enter 键确认，输入点（–40，0，0)、（–40，–5，0)，按 Enter 键确认，再输入点（–40，–5，0)、（40，–5，0)，按 Enter 键确认，如图 7–10 所示。

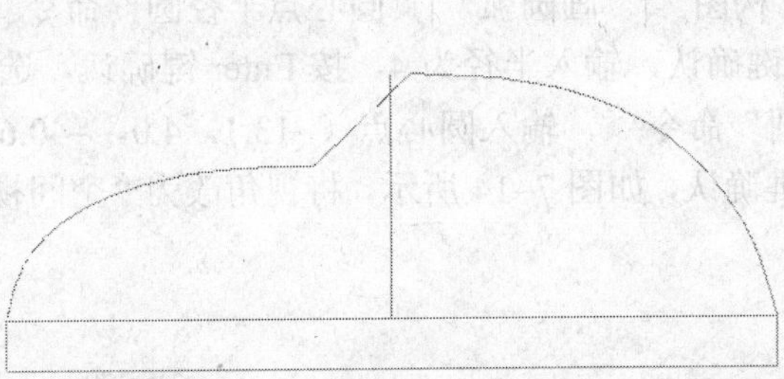

图 7–10　绘制车底

（2）画车轮。选择工具栏“构图”|“画圆弧”|“点边界圆”命令，通过选择 3 点画圆，分别单击车模底盘矩形的右侧两个端点，如图 7–11 所示点 1 与点 2，然后在工具栏坐标处输入点（26，–14.7，0)，按 Enter 键确认。

将圆沿线 1 镜像到车头的一侧，如图 7–12 所示。

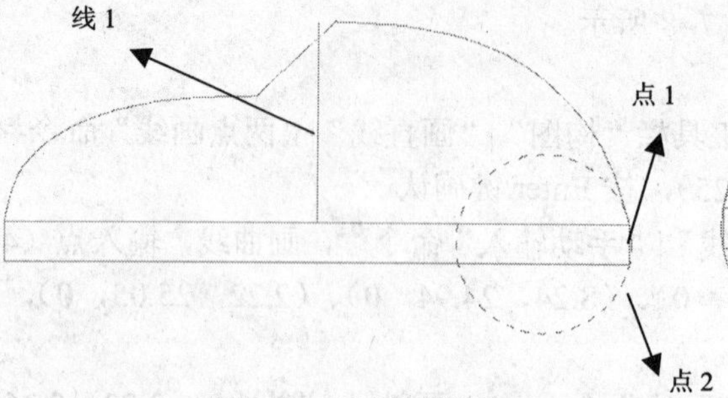

图 7–11　绘制车轮

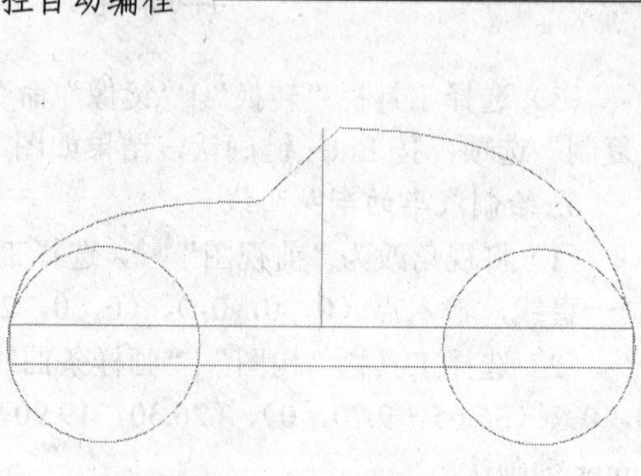

图 7–12　镜像车轮

8. 绘制汽车的车灯

（1）选择“图层”，新建图层 4 并右击设为“构图层”，如图 7–13 所示，将视图改为“右视图”。

图 7–13　“层别管理”对话框

（2）选择工具栏“构图”|“画圆弧”|“圆心点半径圆”命令，输入圆心点（13.1，4.0，–40.6），按 Enter 键确认，输入半径为 4，按 Enter 键确认，选择工具栏“构图”|“画圆弧”|“圆心点半径圆”命令，输入圆心点（–13.1，4.0，–40.6），按 Enter 键确认，输入半径为 4，按 Enter 键确认，如图 7–14 所示，将视角改为“空间视图”，观察图素的效果，如图 7–15 所示。

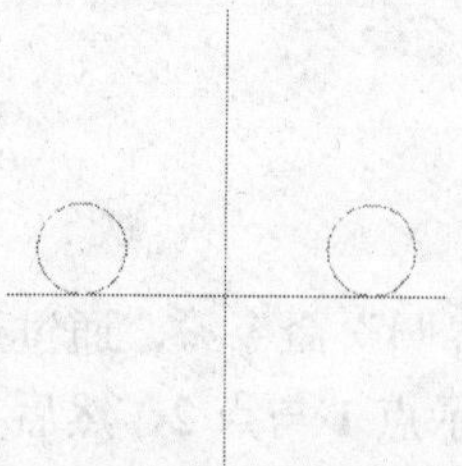

图 7–14　绘制车灯

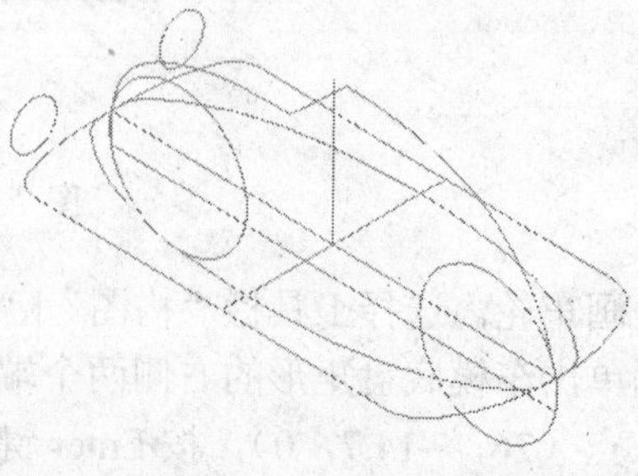

图 7–15　图素效果图

活动 2 构造实体

1. 单击“图层”命令，新建图层 5 并设为构图层。

2. 构建车身

（1）选择工具栏“实体”|“挤出”命令，选择“串连”按钮，如图 7–16 所示，单击车底的两段曲线，按 Enter 键确认，选择“建立实体”命令，向上挤出 25.0，如果方向不对，选择“更改方向”，如图 7–17 所示，按 Enter 键确认，如图 7–18 所示，单击“图形着色”按钮，如图 7–19 所示。

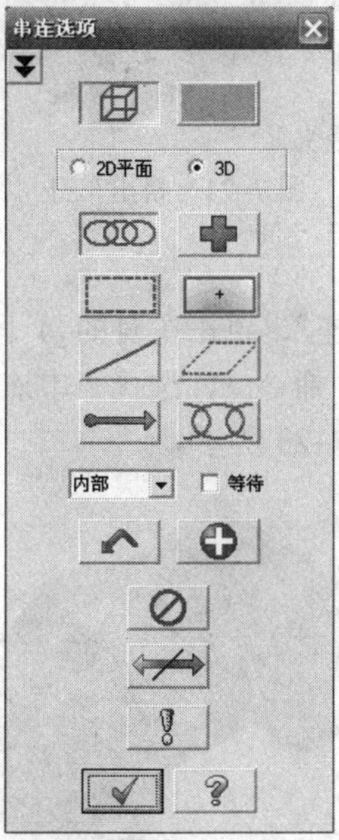

图 7–16 “串连选项”对话框

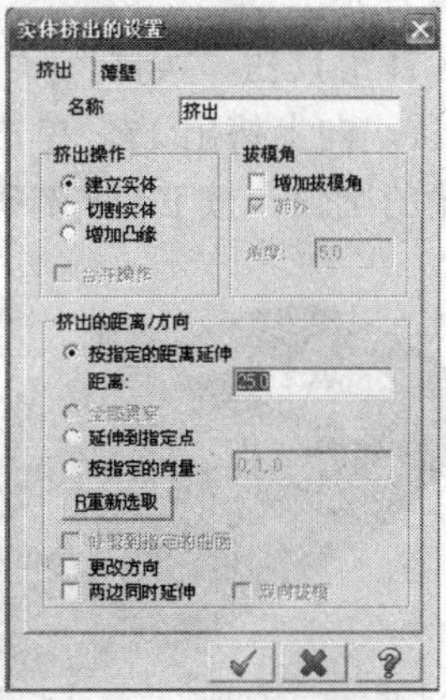

图 7–17 “实体挤出的设置”对话框

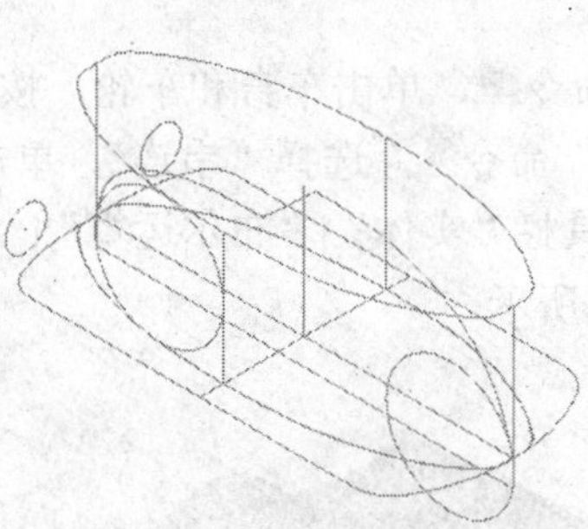

图 7–18 挤出完成

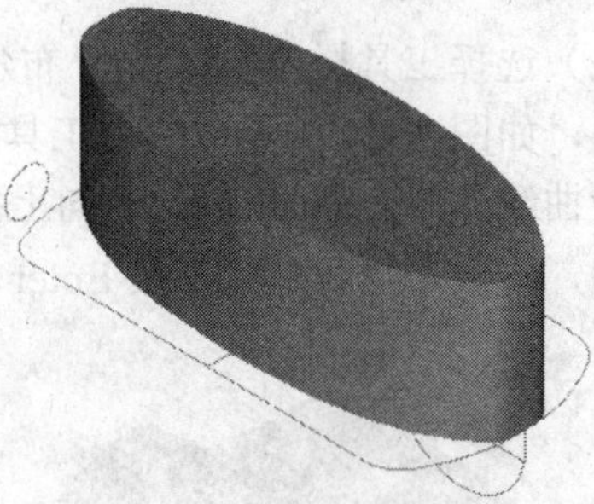

图 7–19 着色完成

（2）选择工具栏“实体”|“挤出”命令，选择“串连”，单击车身的 3 段曲线，按 Enter 键确认，两边挤出 20，如图 7–20 所示，按 Enter 键确认，如图 7–21 所示。

（3）选择工具栏“实体”|“布尔运算”|“交集”命令，分别单击两个实体，按 Enter 键确认，如图 7–22 所示。

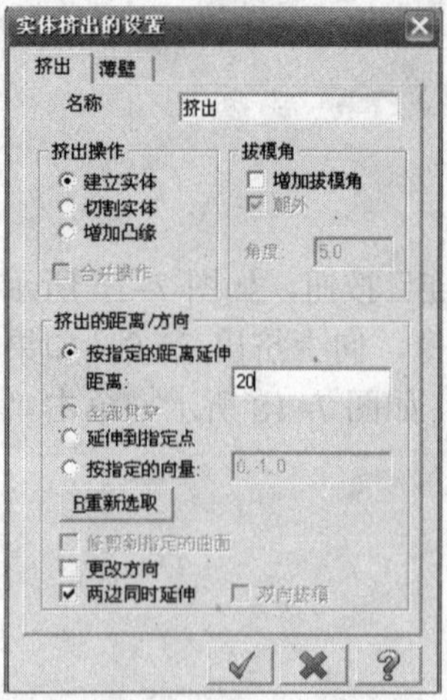

图 7–20 “实体挤出的设置”对话框

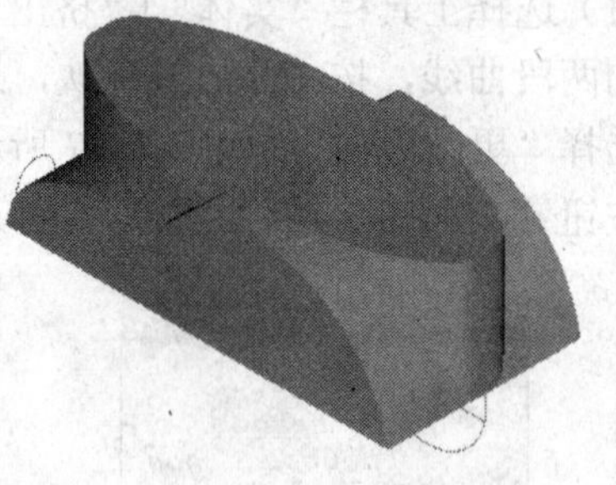

图 7–21 挤出车身

3. 构建车底

（1）选择工具栏“实体”|“挤出”命令，选择“串连”，单击车身的 4 段曲线，按 Enter 键确认，向上挤出 15，单击工具栏“实体”|“挤出”命令，选择“串连”，分别单击两个车轮的圆弧，按 Enter 键确认，两边挤出 20，如图 7–23 所示。

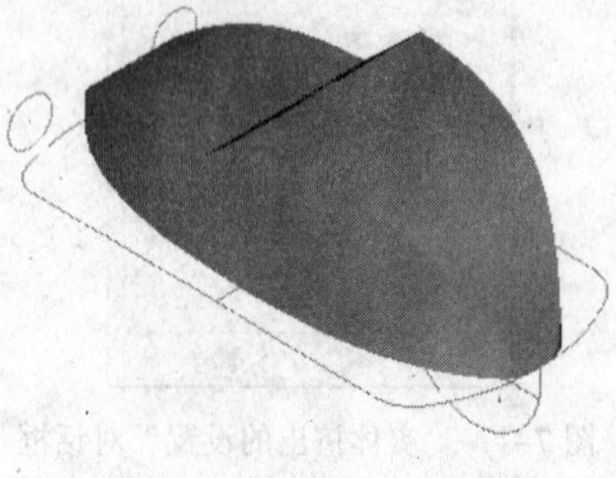

图 7–22 切割车身完成

图 7–23 挤出后的图形

（2）选择工具栏“实体”|“布尔运算”|“交集”命令，单击车身和车轮，按 Enter 键确认，如图 7–24 所示，单击工具栏“实体”|“挤出”命令，选择“串连”，单击车身的 4 段曲线，按 Enter 键确认，向上挤出 15，再选择工具栏“实体”|“布尔运算”|“交集”命令，单击车身和车轮，按 Enter 键确认，如图 7–25 所示。

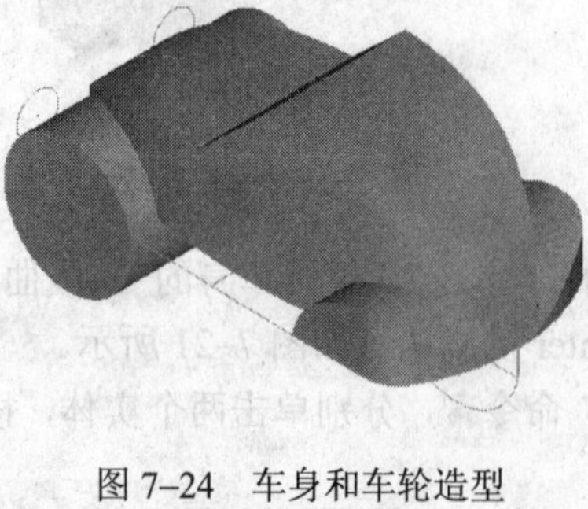

图 7–24 车身和车轮造型

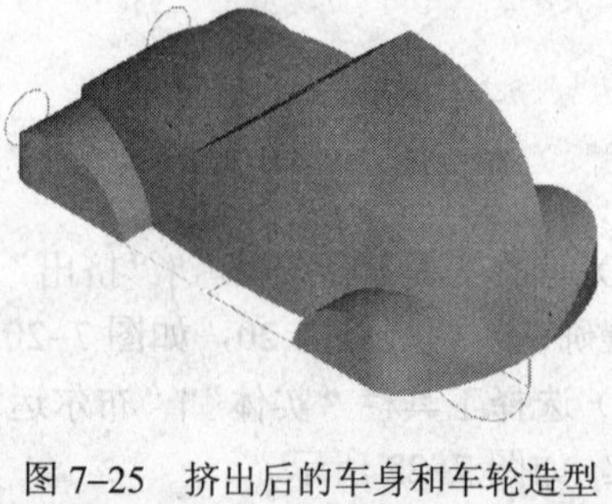

图 7–25 挤出后的车身和车轮造型

4. 结合车身与车底

（1）选择工具栏“实体”|“挤出”命令，选择“串连”，单击车身的 4 段曲线，按 Enter 键确认，向下挤出 5，如图 7–26 所示。

（2）选择工具栏“实体”|“布尔运算”|“结合”命令，分别单击车轮和车底实体，按 Enter 键确认，如图 7–27 所示。

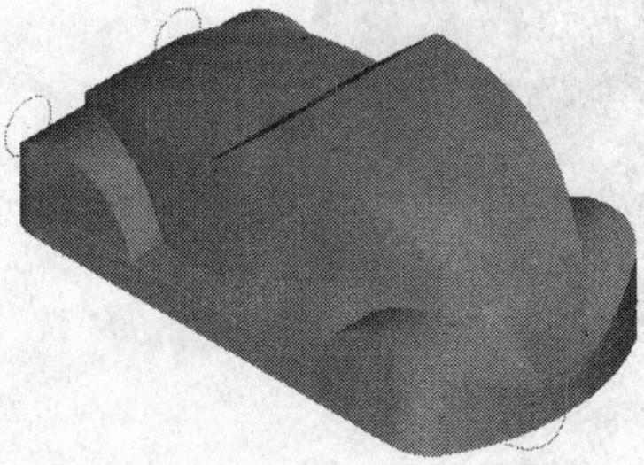

图 7–26 挤出车底

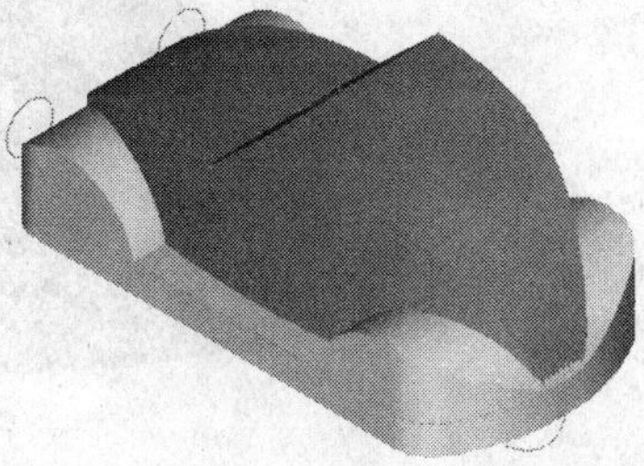

图 7–27 车轮和车底结合

（3）选择工具栏“实体”|“布尔运算”|“结合”命令，分别单击车身和车底实体，按 Enter 键确认，单击车的任何一个部位，如图 7–28 所示。

5. 构建车灯

（1）按住鼠标滚轮，将车身旋转 180°，如图 7–29 所示。

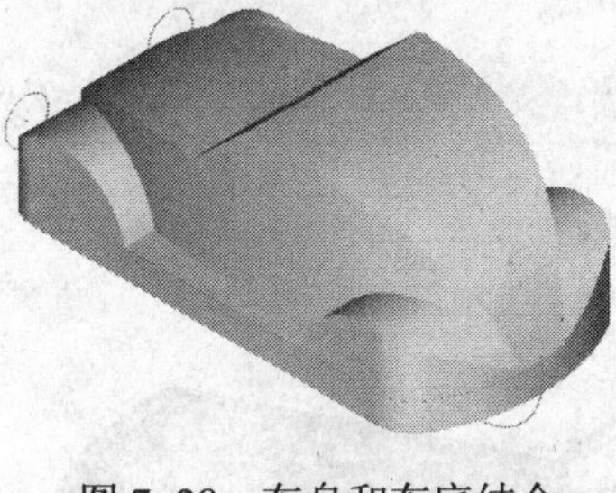

图 7–28 车身和车底结合

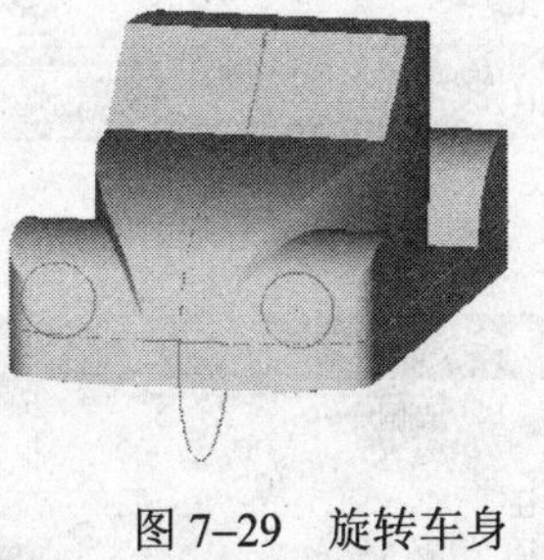

图 7–29 旋转车身

（2）选择工具栏“实体”|“挤出”命令，选择“串连”，单击车灯的圆弧，按 Enter 键确认，如图 7–30 所示；勾选“增加拔模角”、“朝外”，角度设置为 9.0，指定延伸距离 11，若方向不对，点选更改方向，按 Enter 键确认，如图 7–31 所示，以同样的方法挤出另一面，如图 7–32 所示。

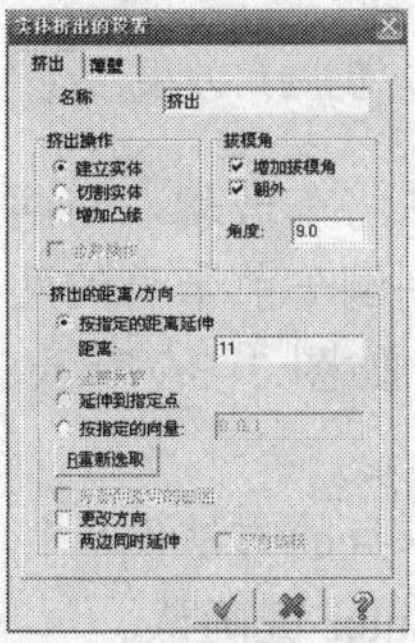

图 7–30 实体挤出的设置

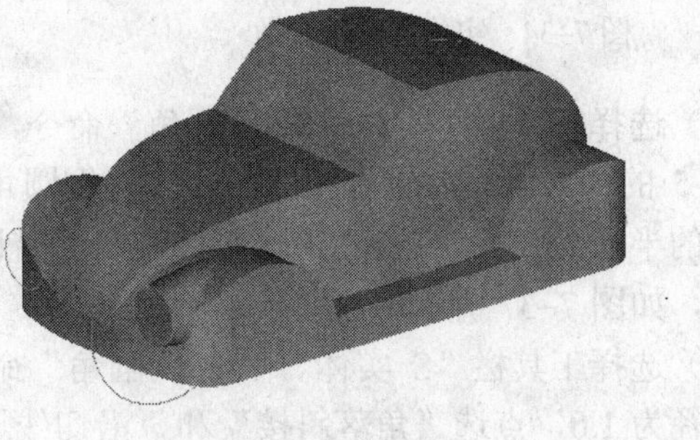

图 7–31 挤出效果图

（3）选择工具栏“实体”|“布尔运算”|“结合”命令，分别单击车灯和车身实体，按 Enter 键确认。如图 7–32 所示。

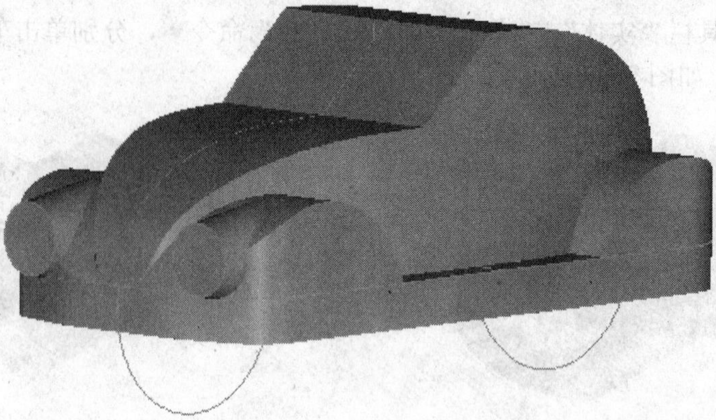

图 7–32　整车效果图

6. 车体表面倒圆角

（1）选择工具栏“实体”|“倒圆角”命令，在工具栏中按下“选择边沿”按钮，让选择面和选择实体按钮复位，如图 7–33 所示，单击车后身两曲线，按 Enter 键确认，输入半径为 5.0，如图 7–34 所示，按 Enter 键确认，如图 7–35 所示。

图 7–33　选择相交线

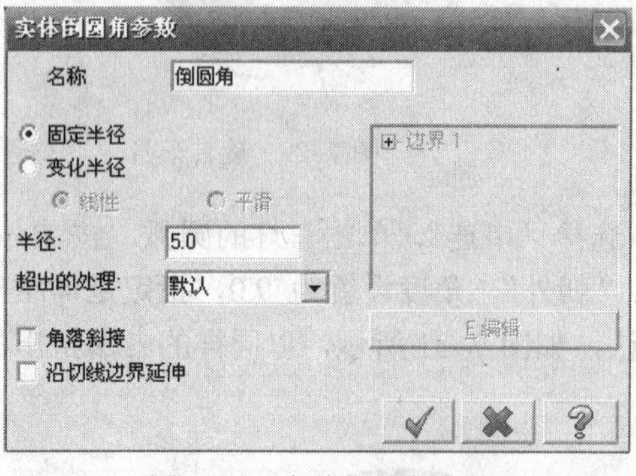

图 7–34　实体倒圆角参数

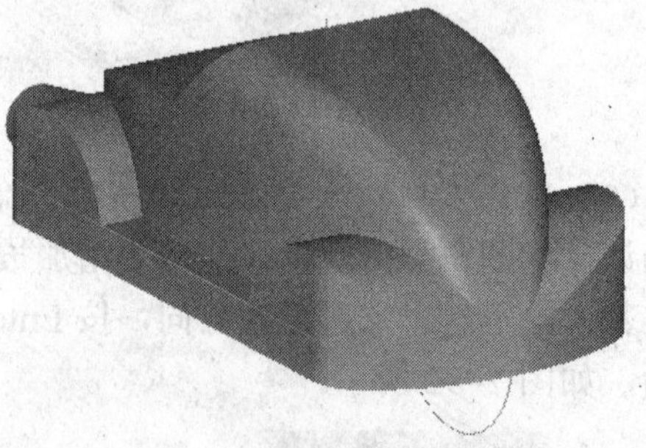

图 7–35　倒圆角效果

（2）选择工具栏“实体”|“倒圆角”命令，以同样的方法将车玻璃左右两侧倒圆角半径为 5 的角，倒车前轮内侧的两曲线，倒圆角半径为 1，分别倒车前半身的两个曲线，倒圆角的半径为 3.0，点选“角落斜接”和“沿切线边界延伸”，如图 7–36 所示，按 Enter 键确认，如图 7–37 所示。

（3）选择工具栏“S 实体”|“F 倒圆角”命令，用倒前车身的方法倒后轮内侧的倒圆角半径为 1.0，点选“角落斜接”和“沿切线边界延伸”，按 Enter 键确认。

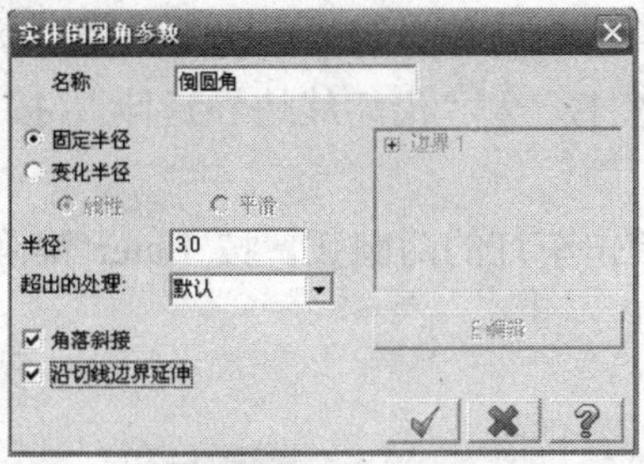

图 7–36 实体倒圆角参数

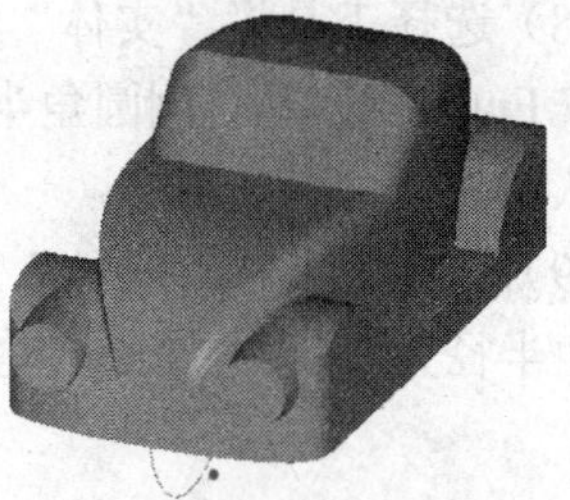

图 7–37 倒圆角玻璃效果图

（4）选择工具栏“实体”|“倒圆角”命令，用倒车后半身的方法倒车的 4 个车轮的外侧，倒圆角半径为 5.0，按 Enter 键确认，如图 7–38 所示。

（5）选择工具栏“实体”|“倒圆角”命令，用倒车后半身的方法倒车的底盘，倒圆角半径为 2.0，按 Enter 键确认，如图 7–39 所示。

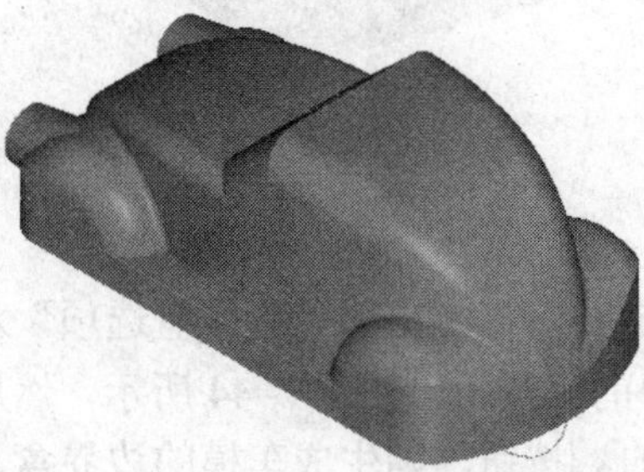

图 7–38 倒车轮效果图

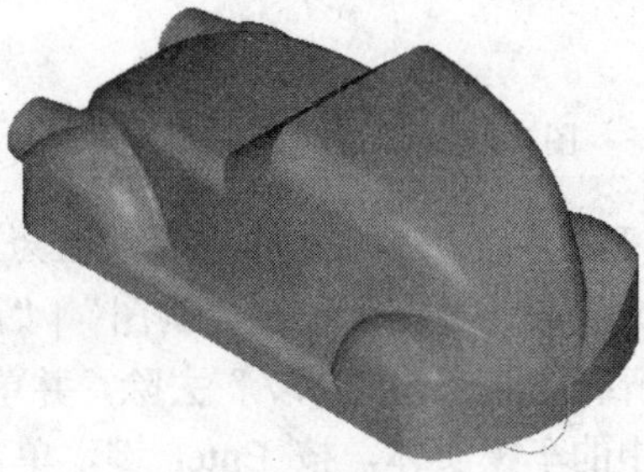

图 7–39 倒车底盘效果图

（6）选择工具栏“实体”|“倒圆角”命令，用倒车后半身的方法倒车的玻璃上下两侧，玻璃上侧倒的圆角半径为 5.0，玻璃下侧倒的圆角半径为 3.0，按 Enter 键确认，如图 7–40 所示。

（7）选择工具栏“实体”|“倒圆角”命令，单击车前脸的两条曲线，如图 7–41 所示，按 Enter 键确认，倒圆角的半径为 4.0，选择“角落斜接”和“沿切线边界延伸”，按 Enter 键确认。

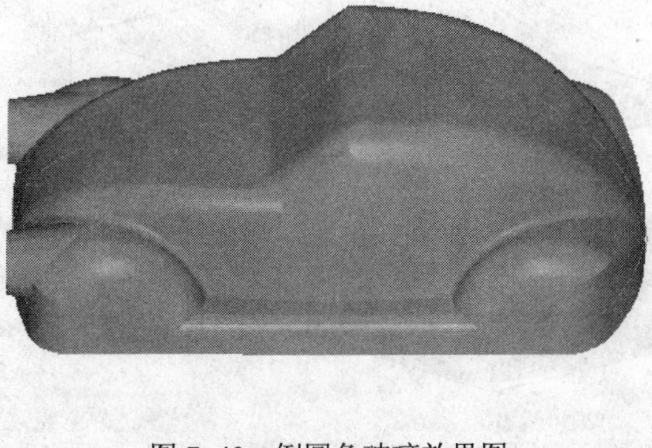

图 7–40 倒圆角玻璃效果图

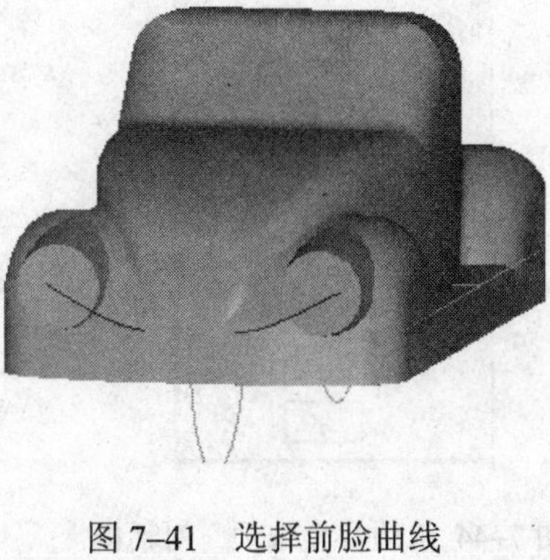

图 7–41 选择前脸曲线

（8）选择工具栏“实体”|“倒圆角”命令，单击车后身的两条曲线，如图 7–42 所示，按 Enter 键确认，倒圆角半径为 3.0，点选“角落斜接”和“沿切线边界延伸”，按 Enter 键确认。

（9）选择工具栏“实体”|“倒圆角”命令，单击车灯的两圆弧，按 Enter 键确认，倒圆角半径为 3.0，按 Enter 键确认，如图 7–43 所示。

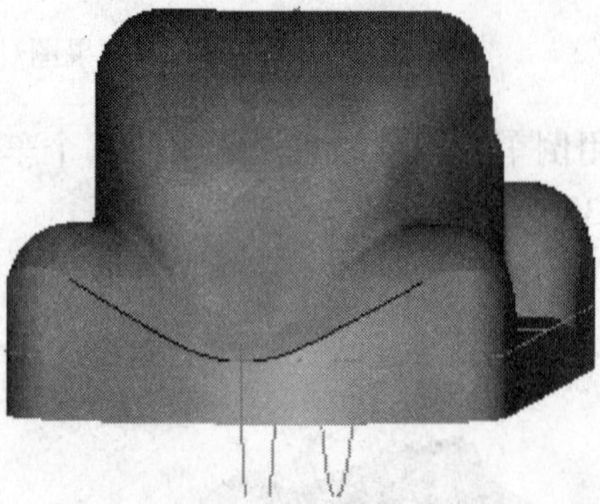

图 7–42 选择前身曲线

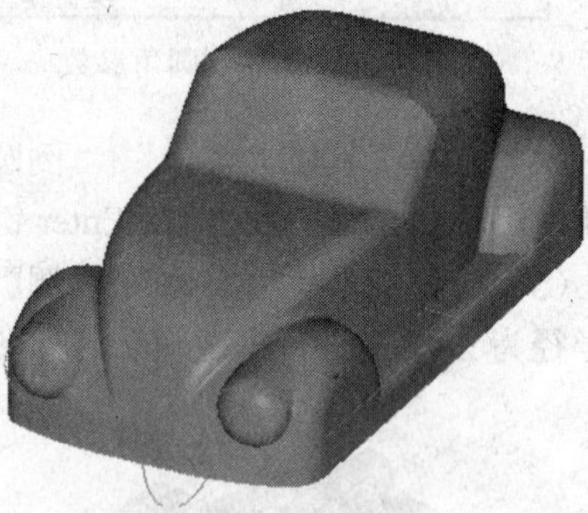

图 7–43 倒车灯效果图

7. 平移实体——将工件表面设置为原点

（1）生成边界盒。单击“构图”|“画边界盒”命令，在弹出的“边界盒选项”对话框中把“所有图素”前的“√”去除，并单击对话框中的按钮，如图 7–44 所示，然后选中绘图区中的车模实体，按 Enter 键，单击对话框中的按钮，则生成车模的边界盒，如图 7–45 所示。

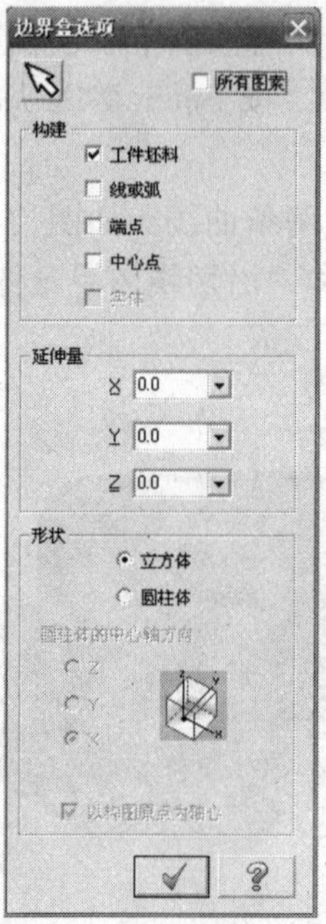

图 7–44 “边界盒选项”对话框

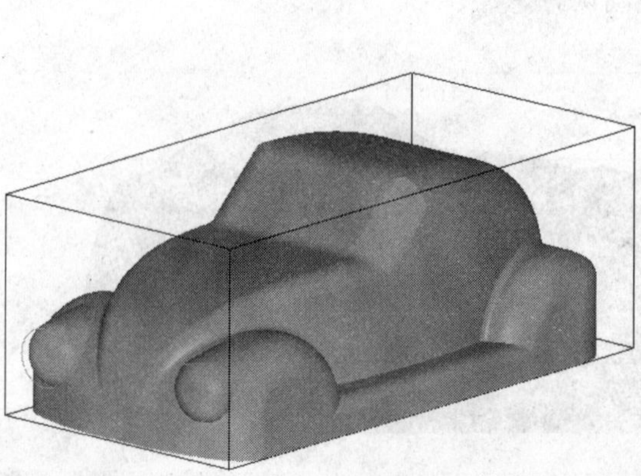

图 7–45 生成边界盒

（2）构建车模上表面中心。单击“构图”|“直线”命令，绘制边界盒上表面矩形的对角线，如图 7–46 所示，则对角线交点即为车模上表面中心。

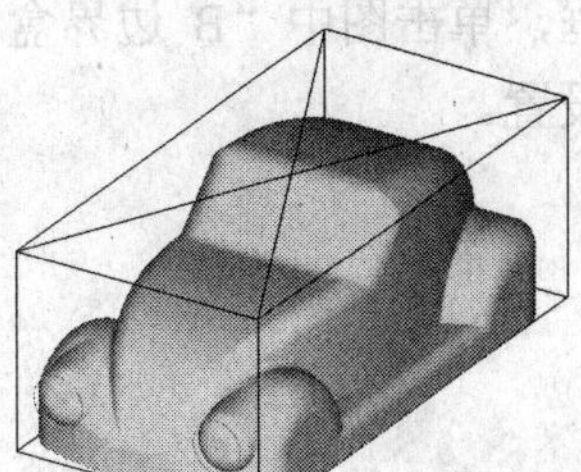

图 7–46　构建车模上表面中心

（3）将车模上表面中心平移至原点。单击工具栏“转换”|“平移”命令，出现图 7–47 所示“平移选项”对话框，单击工具栏中的“全部”，选择所有图素，按 Enter 键确认，如图 7–47 所示，选择“从一点到另一点”的平移模式，然后单击对话框中“+1”按钮，单击对角线交点，单击对话框中“+2”按钮，在工具条坐标栏中分别输入“0.0，0.0，0.0”，并分别按 Enter 键，单击“平移选项”对话框中的按钮。这样就将所有图素平移至上表面中心为原点的位置。

（4）检查平移是否正确。选择菜单“分析”|“分析点坐标”命令，选择车模上表面对角线交点。如出现的对话框显示坐标为（0，0，0），如图 7–48 所示，则表明平移成功。

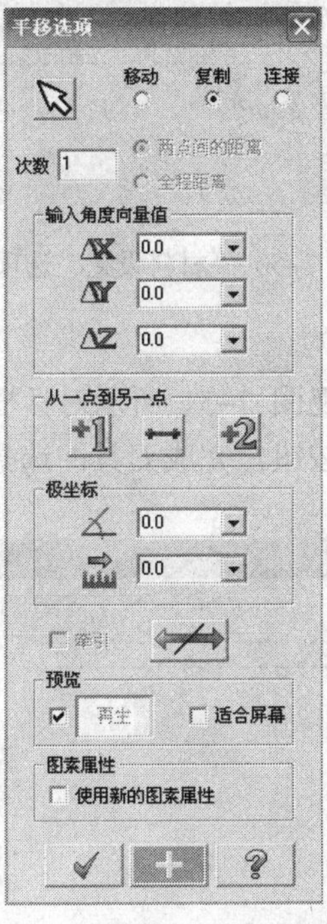

图 7–47　“平移选项”对话框

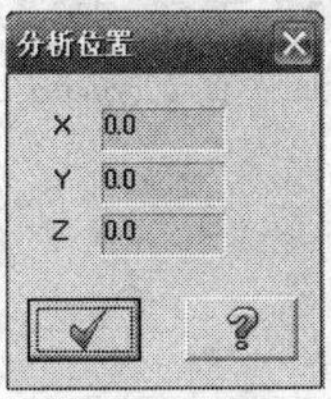

图 7–48　构建车模上表面中心

任务 2　车模刀具路径的模拟

活动 1　定义毛坯、设置刀具

1. 定义毛坯

选择菜单“机床选择”|“铣床”|“默认”命令，则在绘图工作区左侧出现“刀具路径设置”对话框。如图 7–49 所示，单击“属性”|“材料设置”命令，出现图 7–50 所示对话

框，单击图中“B 边界盒”按钮后，选择工作区中的车模实体，单击按钮，完成毛坯的设置。

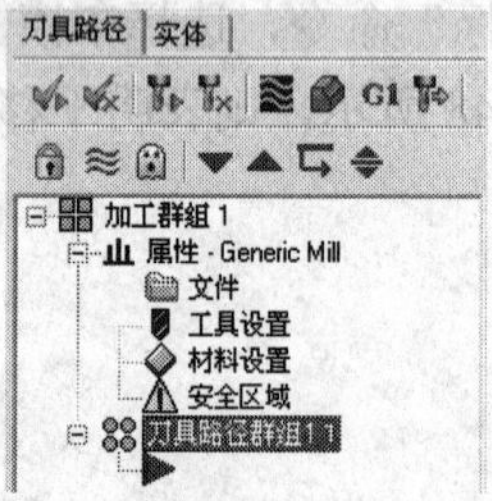

图 7–49 “刀具路径设置”对话框

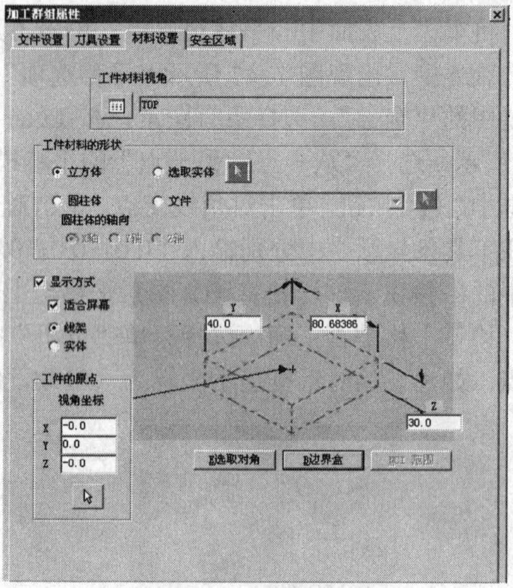

图 7–50 “材料设置”选项卡

2. 选择刀具

选择菜单“刀具路径”|“刀具管理”命令，出现图 7–51 所示对话框，分别选择ϕ 10 端铣刀和ϕ4 的球刀，单击按钮添加，单击按钮，完成刀具的选择。

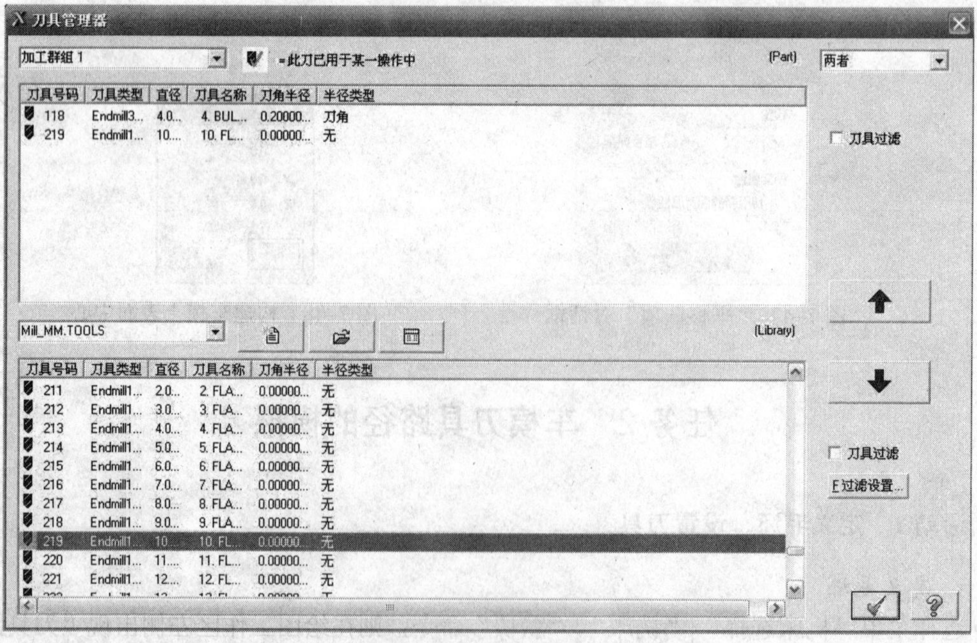

图 7–51 刀具设置

活动 2 等高外形粗加工

（1）选择菜单“刀具路径”|“曲面粗加工”|“等高外形”命令，系统提示选取加工曲面。

（2）选择工具栏中的按钮，选择选取实体，单击实体主体，按两次 Enter 键，出现“刀具路径的曲面选取”对话框，如图 7–52 所示，单击按钮，出现“曲面粗加工等高外形”对话框，如图 7–53 所示。

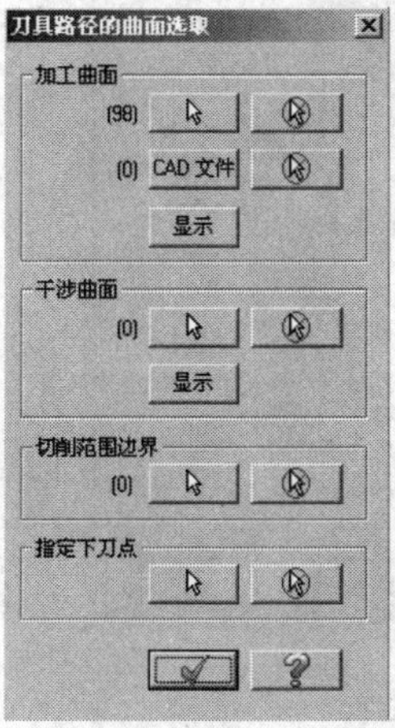

图 7–52 “刀具路径的曲面选取”对话框

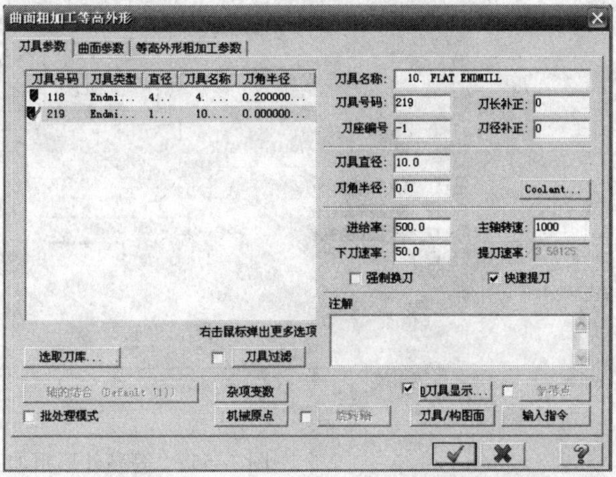

图 7–53 “刀具参数”设置

① 选择ϕ10 的平刀，设置“进给率”为 100.0，“下刀速率”为 50.0，主轴转速为 1 000（实际进给量视具体情况而定）。

② 曲面参数设置如下：加工曲面的预留量为 0.2，如图 7–54 所示，按 Enter 键确认。

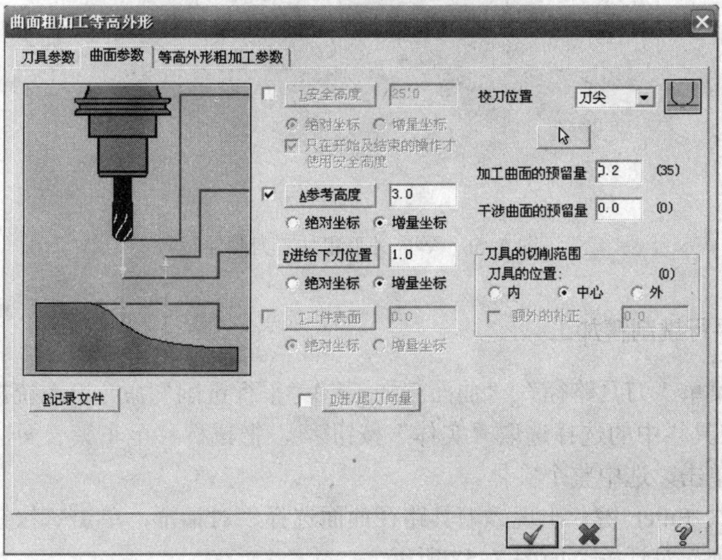

图 7–54 “曲面参数”设置

③ 等高外形粗加工参数设置如下：Z 轴最大切削量为 0.6；选择“切削顺序最佳化”，如图 7–55 所示，按 Enter 键确认，如图 7–56 所示。

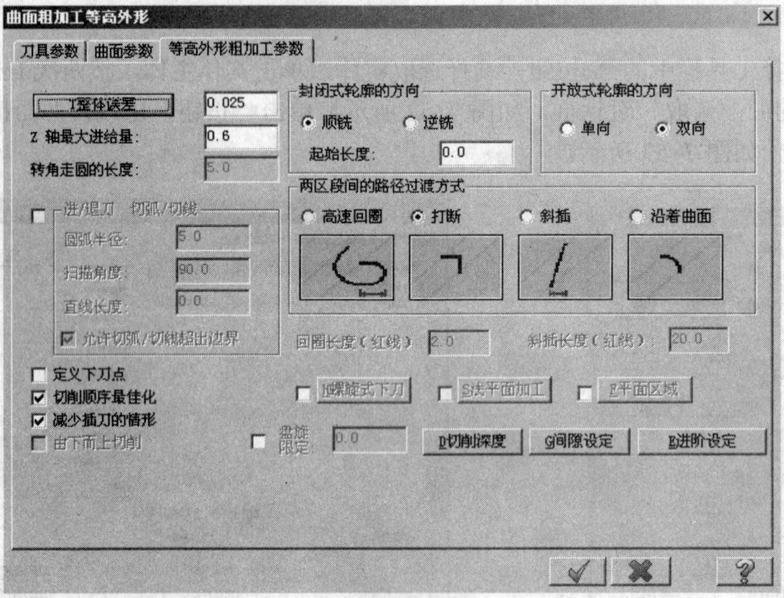

图 7–55 “等高外形粗加工参数”设置

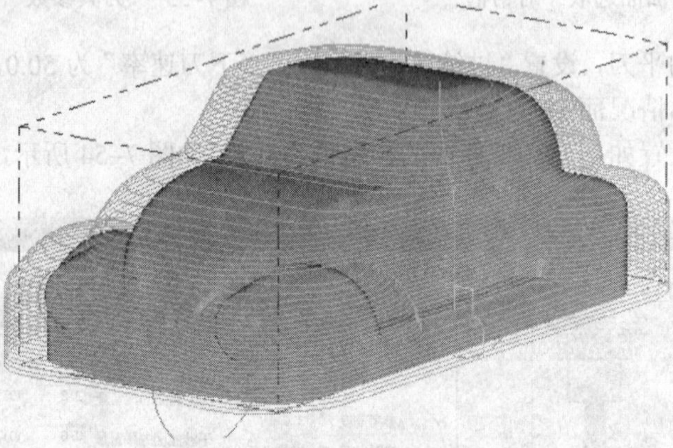

图 7–56 等高外形粗加工刀具路径

活动 3 平行铣削精加工

（1）选择菜单“刀具路径”|“曲面精加工”|“平行铣削”命令，系统提示“选取加工曲面”，单击工具栏中的选择选取“实体”按钮，把鼠标移至车模表面，当光标旁出现白色立方体时单击，选中整个实体。

（2）按两次 Enter 键，出现“刀具路径曲面选择”对话框，单击按钮，出现“曲面精加工平行铣削”对话框，如图 7–57 所示。

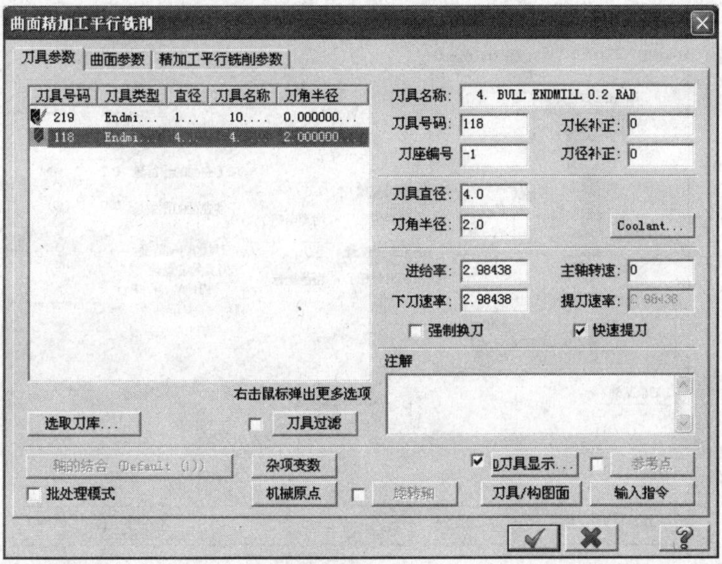

图 7–57 “曲面精加工平行铣削”对话框

（3）刀具参数设置如下：选择$\phi 4$ 的球刀，刀角半径 2.0；设置“进给率”为 200.0，“下刀速率”为 50.0，“主轴转速”为 1 000（实际进给量视具体情况而定），如图 7–58 所示。

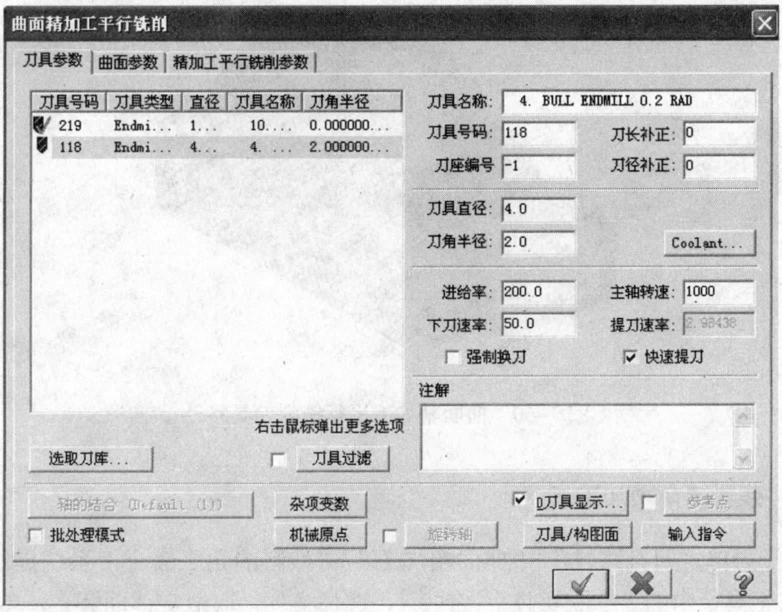

图 7–58 刀具参数设置

（4）曲面参数设置如下：参考高度为 10，点选“增量坐标”；F 进给下刀位置为 5.0；加工曲面的预留量为 0.2；干涉面的预留量为 0；“校刀位置”为刀尖，如图 7–59 所示，按 Enter 键确认，结果如图 7–60 所示。

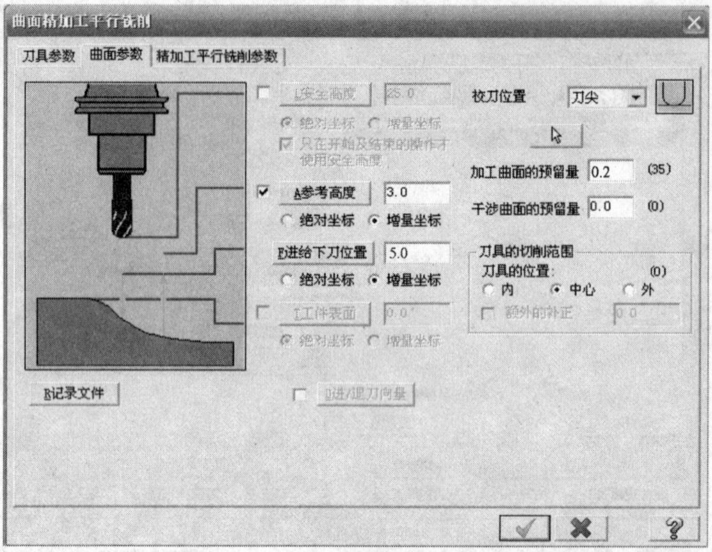

图 7–59 “曲面参数”设置

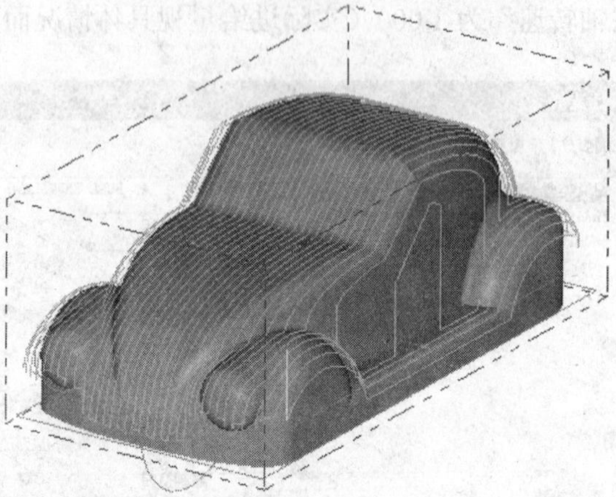

图 7–60 曲面精加工平行铣削刀具路径

活动 4 残料清角精加工

（1）选择菜单“刀具路径”|“曲面精加工”|“残料清角”命令，系统提示“选取加工曲面”，单击工具栏中的“选取实体”按钮，选择实体，取消实体面，单击实体主体。

（2）双击 Enter 键，出现“刀具路径曲面选择”对话框，单击按钮，出现“曲面精加工残料清角”对话框。

（3）刀具参数设置如下：选择$\phi 4$的球刀，刀角半径为 2.0；设置“进给率”为 500.0，“下刀速率”为 500.0，“主轴转速”为 1 000（实际进给量视具体情况而定），如图 7–61 所示。

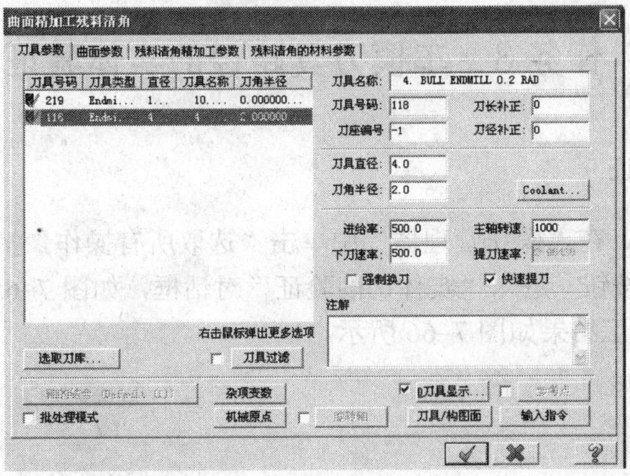

图 7–61 “刀具参数”设置

（4）曲面参数设置如下：参考高度为 3.0，选取“增量坐标”；“F 进给下刀位置”为 50；“加工曲面的预留量”为 0.0；“干涉面的预留量”为 0.0；“校刀位置”为刀尖，如图 7–62 所示，按 Enter 键确定，结果如图 7–63 所示。

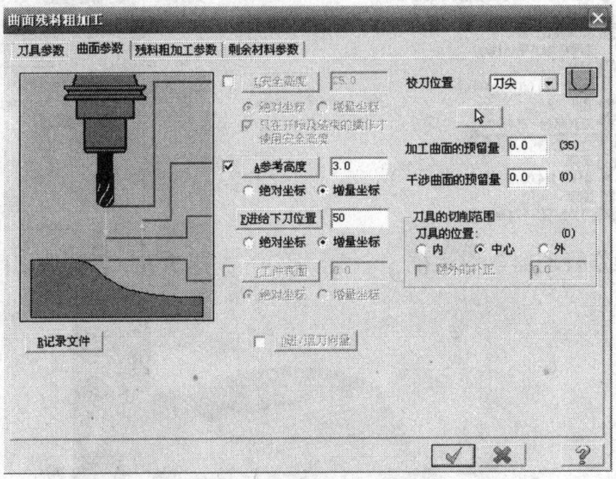

图 7–62 “曲面参数”设置

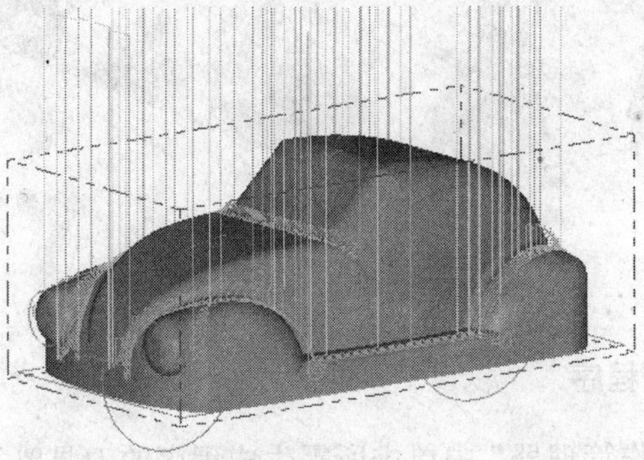

图 7–63 曲面精加工残料清角刀具路径

任务 3 车模刀具路径的实体验证

活动 1 实体验证

如图 7–64 所示，在“操作管理器”中单击“选取所有操作”按钮 （选择所有刀具路径），然后单击按钮，进入“实体切削验证”对话框，如图 7–65 所示，单击，对车模进行仿真加工，加工结果如图 7–66 所示。

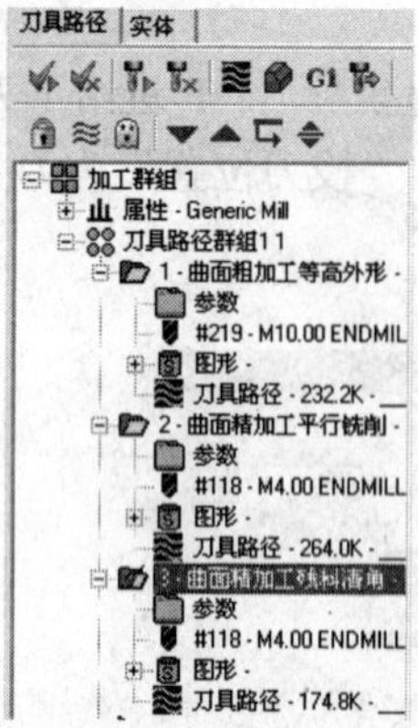

图 7–64 “操作管理器”对话框

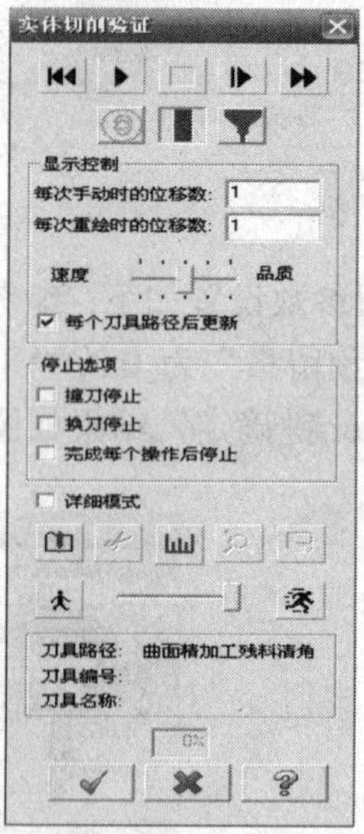

图 7–65 “实体切削验证”对话框

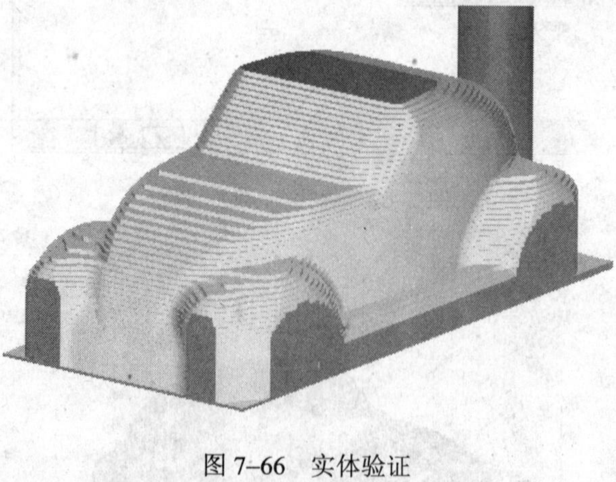

图 7–66 实体验证

活动 2 后处理生成程序

在图 7–67 所示“操作管理器”中单击所需生成程序的刀具路径（当其前面文件夹显示“√”时表明已选取生成该路径的程序）。如图 7–67 所示，在“操作管理器”中单击“后处理制定的操作”按钮 G1，出现“后处理程式”对话框，如图 7–68 所示。选择“编辑”，则对生成的程序进行编辑，单击“√”按钮，出现“局部输出文件”对话框，选择“×”按钮，则出现“选择保存地址”对话框，找到保存地址，单击“保存”按钮生成所需程序。如图 7–69 所示。

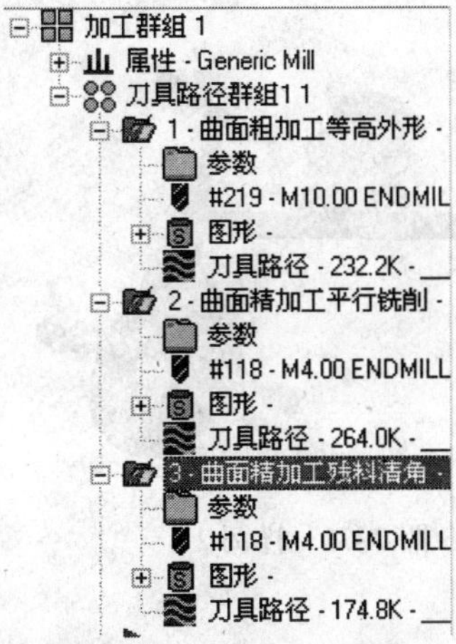

图 7–67 操作管理器

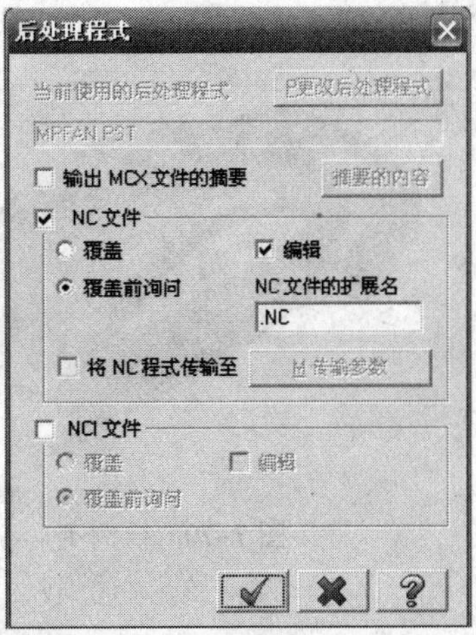

图 7–68 “后处理程式”对话框

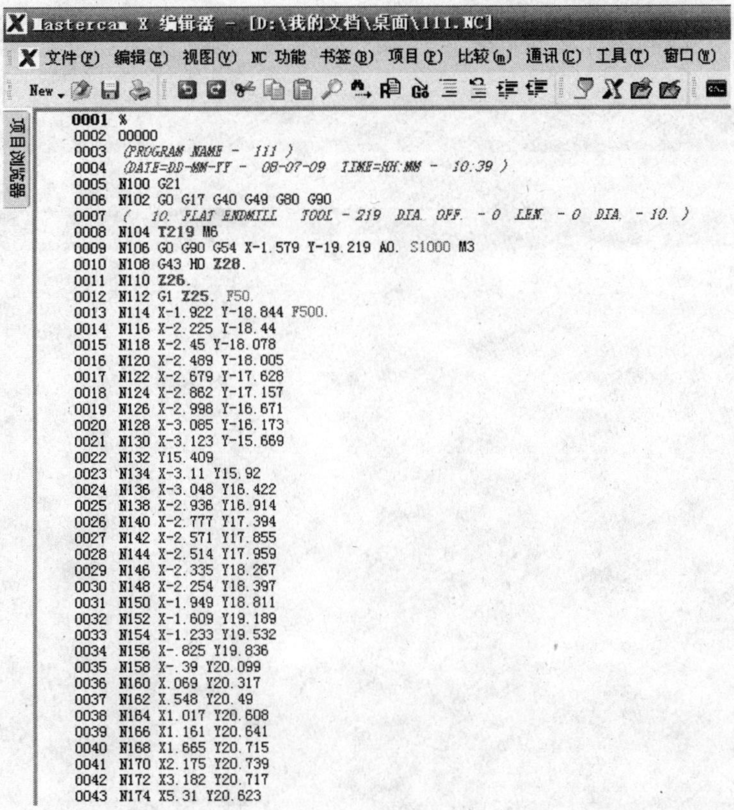

图 7–69 生成程序

实 践 演 练

创意建模玩具车实体，设置刀具及参数，然后进行模拟加工，如图 7–70 和图 7–71 所示。

图 7–70　样例 1

图 7–71　样例 2

学 后 感 言

学习情境 8　Mastercam X 车削加工基础知识

情境描述

通过本学习情境学习 Mastercam X 车削加工的工作界面和功能菜单；学会使用 Mastercam X 软件绘制车床类工件图形的方法，以及设置工件和刀具的方法；掌握 Mastercam X 车削加工中的粗车（Rough）、精车（Finish）、端面车削（Face）、挖槽（Groove）、钻孔（Drill）和螺纹加工（Thread）等车削加工方法。

工作任务

任务 1　学习 Mastercam X 车削加工的基础知识。

任务 2　学习 Mastercam X 车削加工的各种加工方法。

任务 1　学习 Mastercam X 车削加工的基础知识

用户可以通过 Mastercam X 工作界面选择“机床类型”菜单命令，进行各功能模块的切换，如选择车床加工只需选择“车床”中的“默认”即可。

车削加工主要用于轴类和套类零件的加工，Mastercam X 车削编程软件可以生成多种车削加工刀具路径，包括端面车削（Face）、粗车（Rough）、精车（Finish）、切槽（Groove）、钻孔（Drill）、螺纹加工（Thread）和截断（Cutoff）等加工刀具路径。

单击菜单栏中的“刀具路径”命令，即可打开“车削加工刀具路径”子菜单。

Mastercam X 车削编程软件中几何图形的绘制方法与铣床有所不同，只需要绘制出零件图形的一半即可。特别是有些几何模型只需要绘制其控制点的位置，而不用绘制出外形，如螺纹、凹槽等，只需要绘制出轮廓的起止点即可。在生成刀具加工路径后，可以用操作管理器进行设置。

活动 1　车床坐标系设置

一般数控车床都提供 X 轴和 Z 轴两轴联动控制，其中 Z 轴平行于车床主轴，X 轴垂直于车床的主轴，刀具远离工件的方向为该轴的正方向。有些车床有主轴角位移控制（C-axis），即主轴的旋转角度可以精确控制。

车床坐标系的 X 方向坐标有两种表示方法：半径值和直径值。字母 X 表示输入的是半径值，字母 D 表示输入的是直径值。

在绘图前要先设定机床坐标系，选择状态栏中“构图面”，在打开的快捷菜单中选择“车床半径”或“车床直径”，即可进行车床坐标系的设定，如图 8–1 所示。

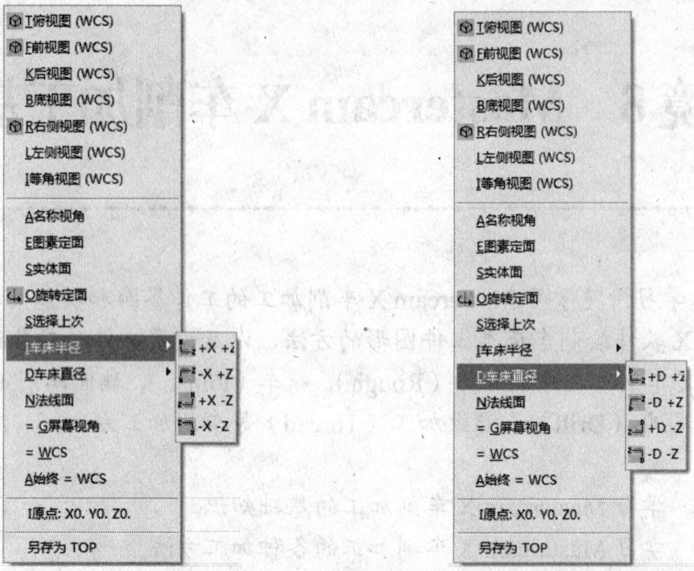

（a）半径值坐标　　（b）直径值坐标

图 8–1　数控车床 X 方向坐标的两种表示方法

活动 2　刀具设置

车刀通常由刀片和刀杆两部分组成。

1. 车床刀具管理器

选择菜单栏中的“刀具路径”|“车床刀具管理器”命令，弹出车床“刀具管理”对话框，如图 8–2 所示。如果在“刀具管理”对话框中没有所需要的刀具，可以在加工群组列表中右击，在弹出的快捷菜单中选择“创建新刀具”，弹出“定义刀具”对话框，如图 8–3 所示。

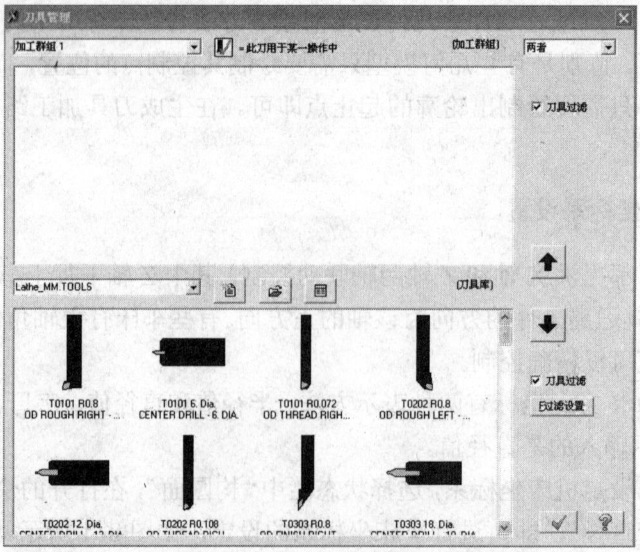

图 8–2　“刀具管理”对话框

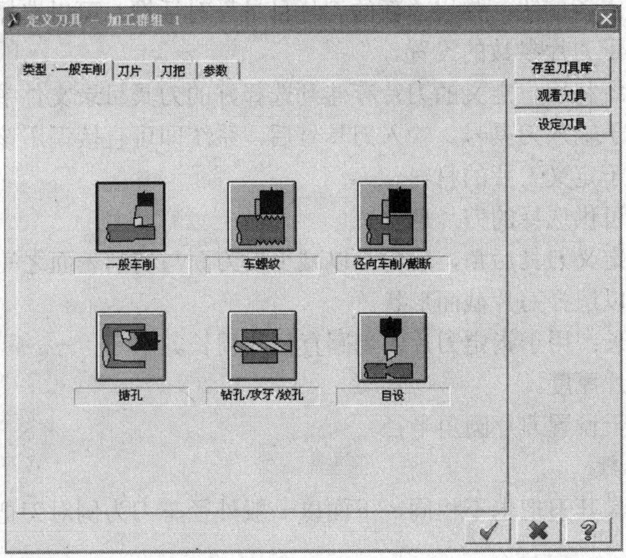

图 8–3 “定义刀具”对话框

2. *定义车床刀具*

在“定义刀具”对话框中可以完成车刀类型、刀片类型、刀把及切削参数的设置。

车刀类型一般有外圆车刀、车螺纹车刀、径向车削/截断车刀、搪孔车刀、钻孔/攻牙/绞孔车刀等，用户还可以根据加工需求自行选择。

3. *设置刀片参数*

在常用的车削刀具中，只有外径车刀和搪孔车刀刀片参数相同，下面以一般外径车刀为例对刀片参数进行说明，如图 8–4 所示。注意一定要把公制打开，否则定义的参数为英制。

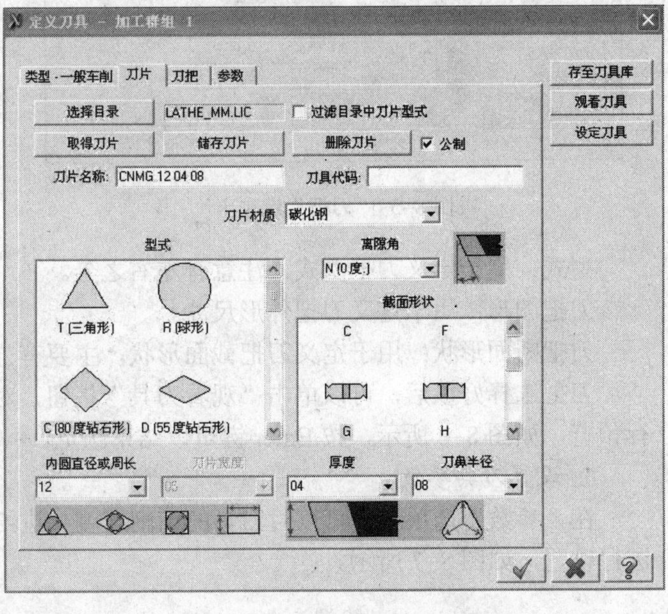

图 8–4 “刀片”选项卡

选择目录：单击该按钮，弹出“新的刀片目录”对话框，可以选择刀具目录文件。

取得刀片：用于刀片参数的设置。

储存刀片：系统将用户定义的刀片存储到选择好的刀具目录文件中。

刀具代码：用于输入刀具号。输入刀具号后，系统即可直接调用该刀具的所有参数。

刀片材质：用于定义刀片的材料。

型式：列出了可供选择的刀片形状。

离隙角：用于定义刀具后角，后角可以减少后刀面与切削表面之间的摩擦。

截面形状：可以选择刀片截面形状。

内圆直径或周长：用于指定刀片内切圆直径或周长。

厚度：指定刀片厚度。

刀鼻半径：用于设置刀片圆角半径。

4. 设置刀把参数

不同类型的刀具其刀把也不相同，下面以一般外径车刀为例对刀把参数进行说明，如图 8–5 所示。

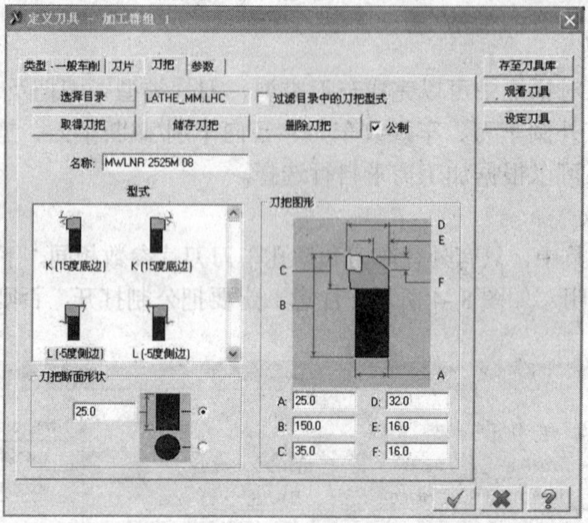

图 8–5 “刀把”选项卡

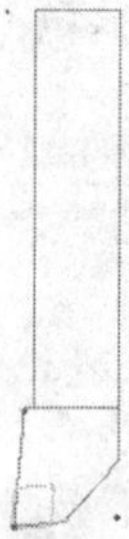

图 8–6 刀具预览

型式：用于定义刀把型式，注意有左右之分。

刀把图形：用于定义刀把外形尺寸。

刀把断面形状：用于定义刀把截面形状，主要有方形和圆形。

刀把选择好以后，可以单击“观看刀具”按钮，对所定义的刀具进行预览，如图 8–6 所示，按 Enter 键可以结束预览。

5. 设置刀具参数

在“参数”选项卡中可以对刀具的切削速度、进给量及主轴转速等进行设置，如图 8–7 所示。

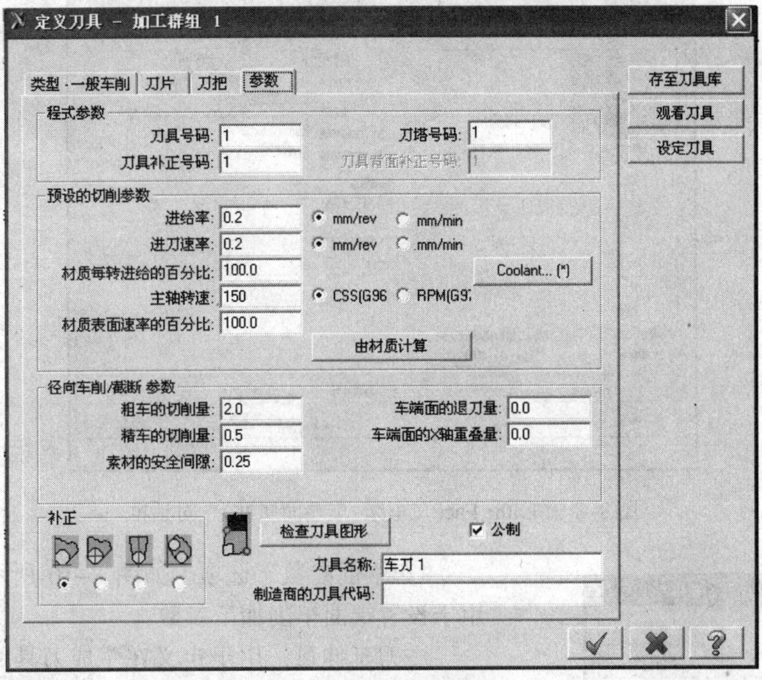

图 8–7 “参数”选项卡

程式参数：用于设置刀具号码、刀塔号码及刀具补正号码等。

预设的切削参数：用于设置刀具的进给量及主轴转速等。

径向车削/截断参数：用于设置粗车的切削量、精车的切削量和素材的安全间隙等。

补正：用于设置刀具刀尖偏角类型。

活动 3 工件设置

工件设置指的是设置当前的工件参数，它包括毛坯类型的选择、毛坯尺寸的设置和工件原点的设置，详细说明见学习情境 9 中的相关内容。

任务 2 学习 Mastercam X 车削加工的各种加工方法

活动 1 端面加工（Face）

端面车削加工用于生成车削工件端面的刀具加工路径，端面车削的加工区域可由两点定义的矩形区域来定义，也可以使用毛坯定义。

选择菜单栏中的“刀具路径”|“车端面”命令，弹出“车床–车端面属性”对话框，如图 8–8 所示。机械原点可以由用户自己定义，选择“使用者自定义”，然后单击“定义”按钮，弹出图 8–9 所示的对话框。切削用量参数值可以由用户根据加工情况自行设置，其余参数值可以用默认值。

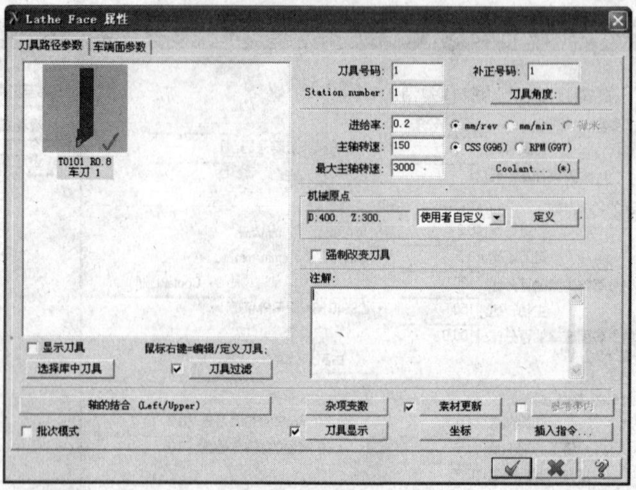

图 8-8 “Lathe Face（车床-车端面属性）”对话框

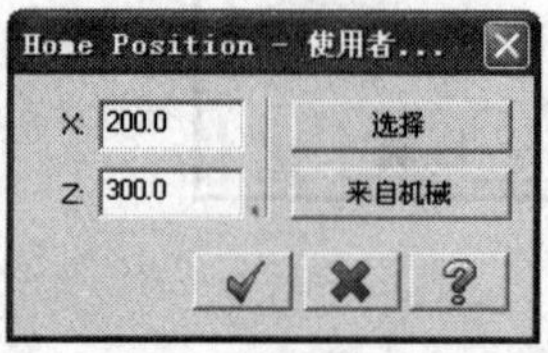

图 8-9 “换刀点-使用者定义”对话框

“车端面参数”选项卡如图 8-10 所示，此选项卡用于设置端面车削加工参数。

进刀延伸量：用于定义在生成刀具路径时实际车削区域超出由矩形所定义的加工区域的距离。

粗车步进量：当选中“粗车步进量”复选框时，将按照该输入框中设置的进刀量生成端面车削粗车刀具路径。

精车步进量：当选中“精车步进量”复选框时，将按照该输入框设置的进刀量生成端面车削精车刀具路径。

最大精修次数：设置端面车削精加工的次数。

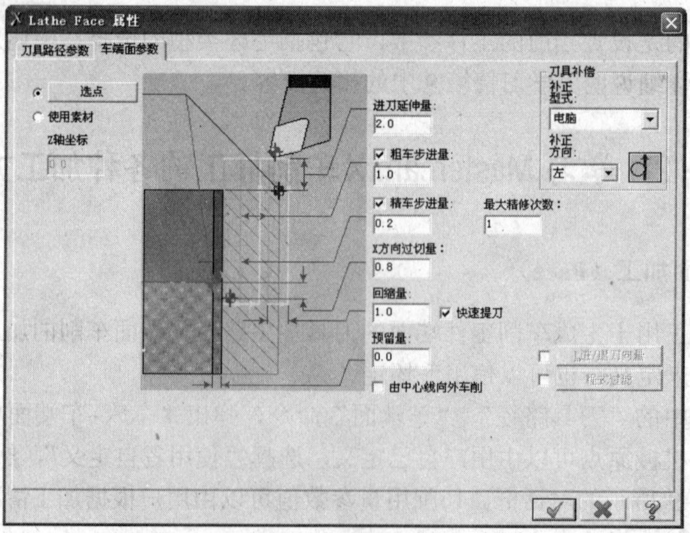

图 8-10 “车端面参数”选项卡

X 方向过切量：用于输入在生成刀具路径时，实际车削区域超出由矩形定义的加工区域的距离。

回缩量：用于输入退刀量，当选中“快速退刀”复选框时将快速退刀。

预留量：用于输入加工后的预留量。

由中心线向外车削：用于设置端面车削加工方向，选此项则刀具从工件中心向外车削端面。

补正方向：用于设置刀尖圆弧半径的补偿方向，左补偿为 G41。

活动 2　粗车加工（Rough）

粗车加工用于切除工件上大部分的加工余量，使工件接近最终的尺寸和形状，为精车作好准备。选择菜单栏中的“刀具路径”|“粗车”命令，在绘图区选取串连图形以确定加工工件的粗车外形，选取完毕后单击✔按钮，即可打开“车床粗加工属性”对话框，如图 8-11 所示。

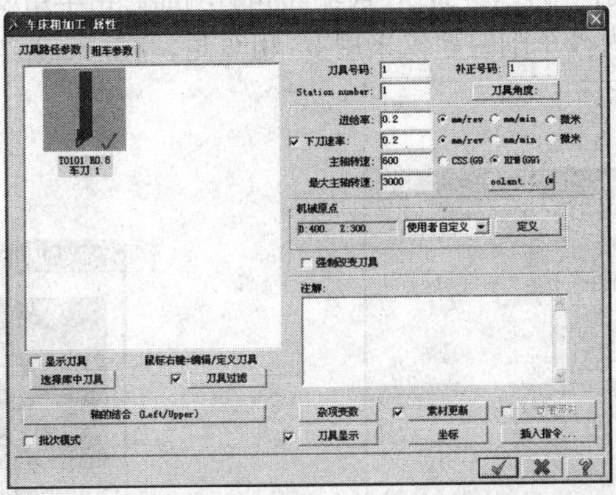

图 8-11 “车床粗加工属性”对话框

1. 加工参数

粗车所特有的参数可以用“粗车参数”选项卡进行设置，如图 8-12 所示。

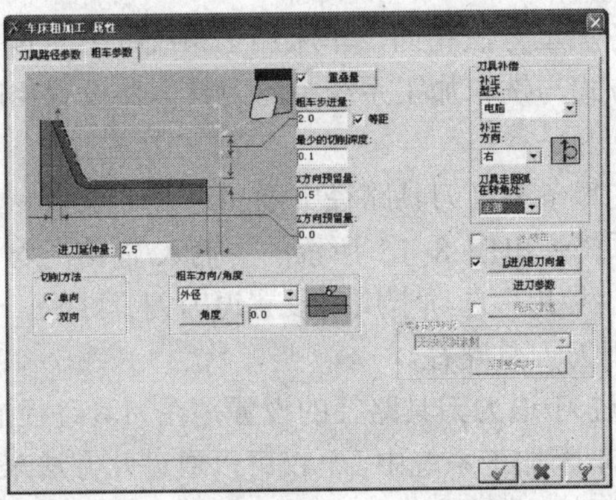

图 8-12 “粗车参数”选项卡

重叠量：用于设置相邻粗车削之间的重叠距离。单击“重叠量”按钮，弹出图 8–13 所示的对话框。当设置了重叠量时，每次车削的退刀量等于车削深度与重叠量之和。

粗车步进量：用于设置车削加工的最大切削深度。如果勾选“等距”复选框，则系统将粗车深度设置为刀具允许的最大粗车深度。

最少的切削深度：用于设置毛坯的最少切削深度。

进刀延伸量：用于设置刀具开始进刀时距离工件表面的距离。

2. 走刀方法

用户可在“切削方法”选项组选择粗车加工时刀具的走刀方式。系统将提供两种走刀方式：单向车削和双向车削。

设置为单向车削时仅按一个方向进行车削加工；而设置为双向车削时，可以在两个方向进行车削加工，只有采用双向刀具进行粗加工时才能选择双向车削走刀方式。

3. 粗车方向/角度

单击“角度”按钮，用户可在“粗车方向/角度”选项组选择粗车方向和指定粗车角度，系统提供了 4 种粗车方向：外径、内径、前端面和后端面。粗车角度可以被设置为 0°～360° 的任意数值，在外径或内径车削时建议采用 0° 粗车角，在前、后端面车削时建议采用 90° 粗车角。如图 8–14 所示。

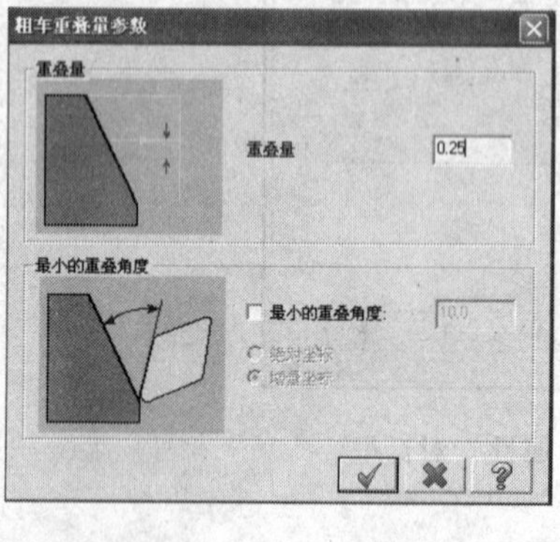

图 8–13 “粗车重叠量参数”对话框

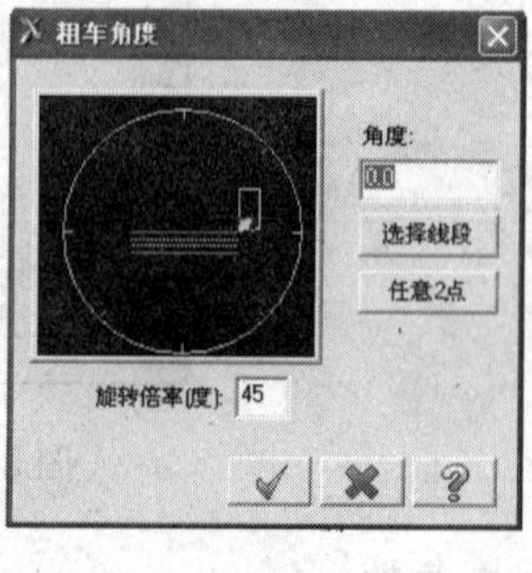

图 8–14 “粗车角度”对话框

4. 刀具偏移

与铣床加工系统的各加工方法相同，车床加工系统的刀具偏移也包括计算机偏移和控制器偏移两类，其设置方式与铣床加工系统中的刀具偏移设置相同。

5. 进刀/退刀

在粗车加工中可以在每条车削刀具路径中添加进刀/退刀路径。选择“L 进/退刀向量”复选框并单击此按钮，系统弹出图 8–15 所示的“输入/输出”对话框。其“导入”选项卡用于设置进刀刀具路径，“导出”选项卡用于设置退刀刀具路径，也可以通过调整串连工件外形轮廓线来设置进刀/退刀刀具路径。

在铣床加工系统中，进刀/退刀刀具路径的设置是在刀具路径的起始/结束位置添加一直线或圆弧的进刀矢量。在车床加工系统中，不仅可以通过此方法来设置进刀/退刀刀具路径，也可以通过“调整轮廓线”来设置进刀/退刀刀具路径。

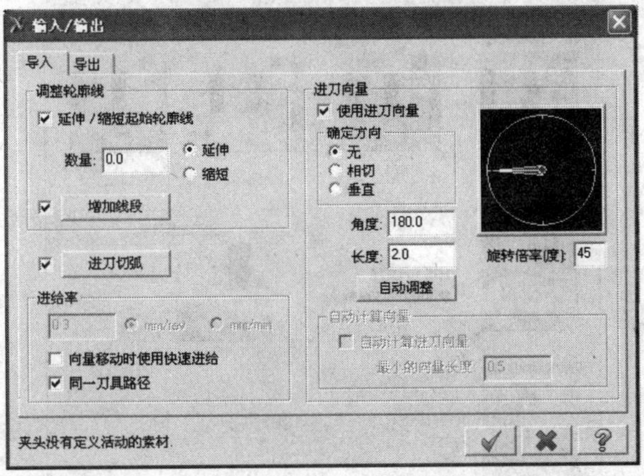

图 8–15 “输入/输出”对话框

有 4 种调整串连外形方法：串连起点延伸或缩短、添加线段、添加圆弧和进刀向量。

（1）延伸/缩短轮廓线。用于延伸或缩短所定义的刀具路径串连的起点。串连的延伸或缩短方向是沿串连起点处的切线方向，延伸或缩短的距离可由“数量”输入框来指定。选“延伸”单选钮，可以延伸串连外形轮廓的起点，选“缩短”单选钮，可以缩短串连外形轮廓的起点。

（2）增加线段。用于在串连的起点处添加一段直线。单击“增加线段”按钮，即可弹出图 8–16 所示的“新轮廓线”对话框，添加直线的长度和角度可由“新轮廓线”对话框来设置。“长度”文本框用于输入直线长度，“角度”文本框用于输入直线与 Z 轴的夹角，单击“定义”按钮可以在绘图区通过鼠标选定新绘制的直线长度和角度。

（3）进刀切弧。用于在轮廓的起点处添加一段圆弧。单击“进刀切弧”按钮，系统将弹出图 8–17 所示的对话框，可以设置添加圆弧的半径及扫掠角度。

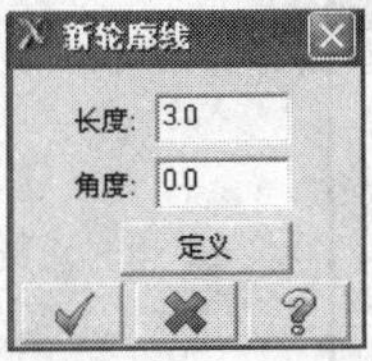

图 8–16 “新轮廓线”对话框

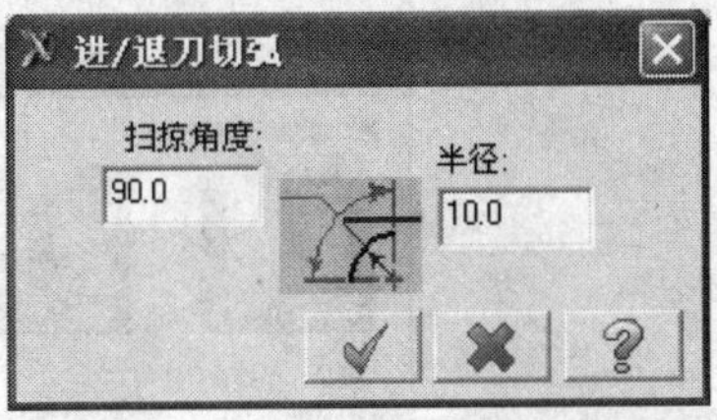

图 8–17 “进/退刀切弧”对话框

（4）进刀向量。用于添加进刀向量以设置进刀刀具路径。勾选“使用进刀向量”复选框，则在刀具路径的起点处添加一条线段性的刀具路径，该直线刀具路径由长度和方向来定义。进刀矢量的方向可以采用一个指定角度，也可将其设置为与刀具路径相切或垂直。

6. 底切参数

在“车床粗加工属性”对话框中单击“进刀参数”按钮，系统弹出图 8–18 所示的“进刀的切削参数”对话框，用户可用该对话框来设置粗车加工中的底切参数。

该对话框由“进刀的切削设定”、“刀具宽度补正”和“切削的起始位置”3 个选项组组成。

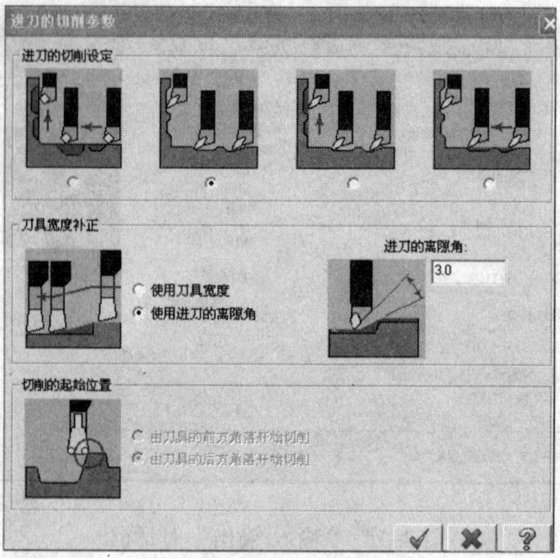

图 8–18 “进刀的切削参数”对话框

(1)“进刀的切削设定”选项组。用于设置在加工中是否允许底切车削。若不允许底切车削，则在生成刀具路径时跳过所有的底切部分；若允许底切车削，则需设置“刀具宽度补正”的方式。

选第一个单选钮，则不允许底切加工；选第二个单选钮，则允许底切加工；选第三个单选钮，则允许径向底切加工；选第四个单选钮，则允许端面底切加工。

(2)“刀具宽度补正”选项组。用于设置刀具的偏置方式。有两种设置刀具宽度偏置的方式：使用刀具宽度和使用进刀的离隙角。当采用刀具宽度来设置刀具偏置时，需在“切削的起始位置”选项组设置开始底切加工刀具的角点（若采用底切加工刀具的角点），如图 8–19 所示；若使用进刀的离隙角来设置刀具偏置，则需在“进刀的离隙角”输入框中指定安全角度，参见图 8–18。

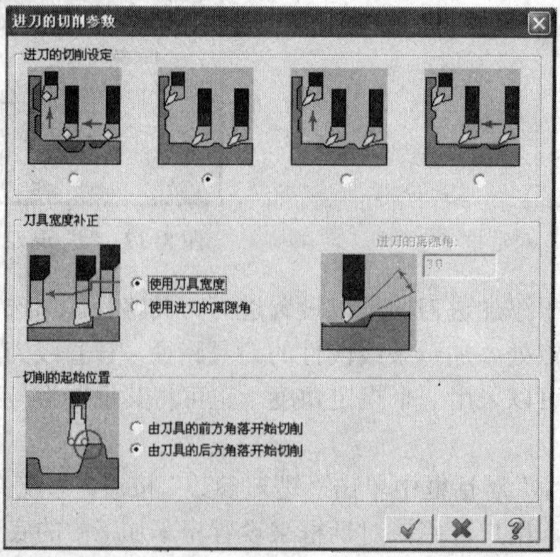

图 8–19 采用刀具宽度设置刀具偏置

活动 3　精车加工（Finish）

在菜单区选择“刀具路径”，选择“精车”选项，在绘图区选取串连图形以确定加工轮廓的外形，选取完毕后单击✔按钮，弹出“车床精加工属性”对话框，如图 8–20 所示。精车所特有的参数可以用“精车参数”选项卡进行设置，如图 8–21 所示。

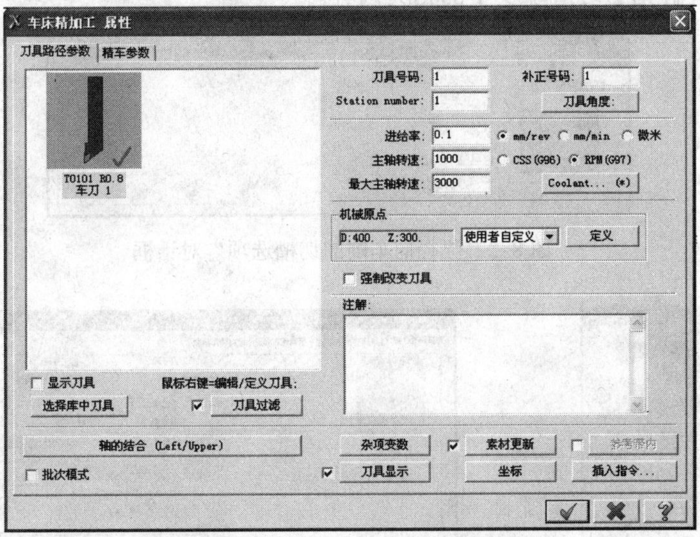

图 8–20　“车床精加工属性”对话框

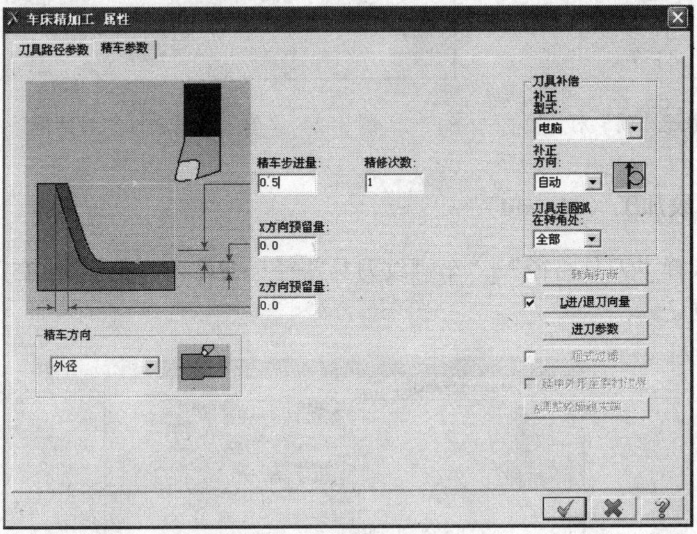

图 8–21　“精车参数”选项卡

在精车方法的特有参数设置中，除了其特有的分层车削参数外，其余的参数设置均与粗车相同。精车加工的次数和每次加工的精车步进量可以根据粗车加工后的余量及本次实际的精车加工余量来设置。

活动 4　切槽（Groove）

在菜单区选择“刀具路径”|“径向车削”命令，弹出图 8–22 所示的“径向车削的切槽选项”对话框，选择“切槽的定义方式”后单击✓按钮，弹出“串连选项”对话框，如图 8–23 所示，选择挖槽加工区域后单击✓按钮，弹出图 8–24 所示的“车床开槽属性”对话框。详细的讲解见学习情境 9 中的相关内容。

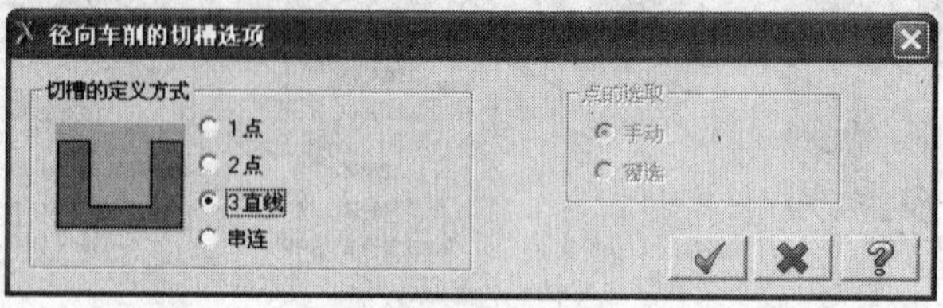

图 8–22　“径向车削的切槽选项”对话框

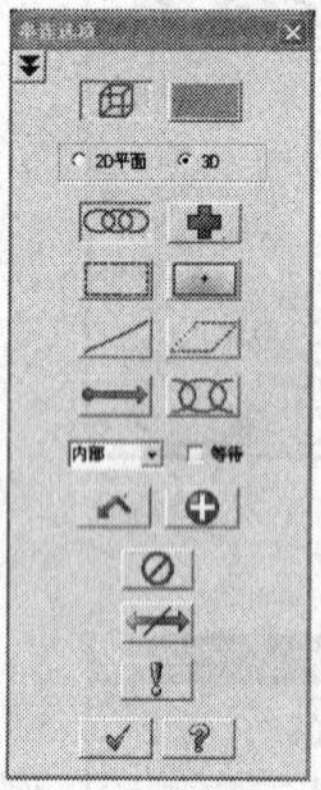

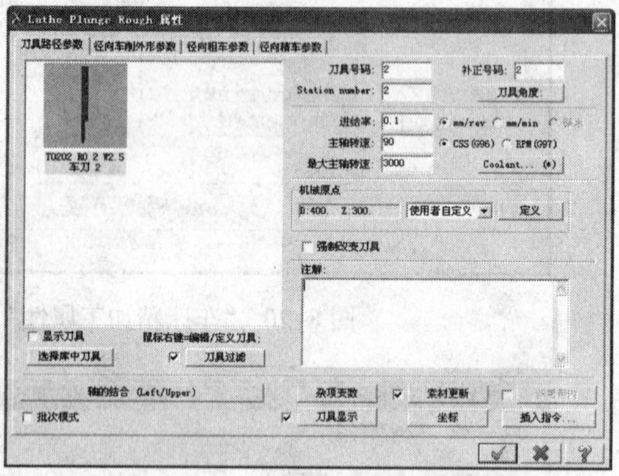

图 8–23　“串连选项”对话框　　　图 8–24　“车床开槽属性”对话框

活动 5　螺纹加工（Thread）

在菜单区选择“刀具路径”|“车螺纹刀具路径”命令，弹出图 8–25 所示的“车床螺纹属性”对话框。

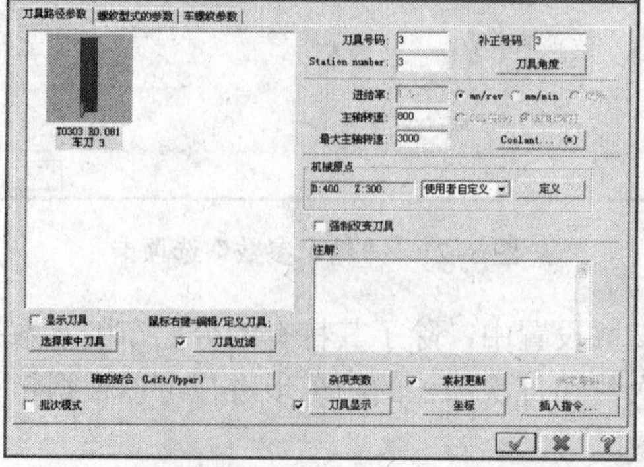

图 8–25　“车床螺纹属性”对话框

1. 螺纹型式的参数

在“螺纹型式的参数”选项卡中定义螺纹参数，如图 8–26 所示。

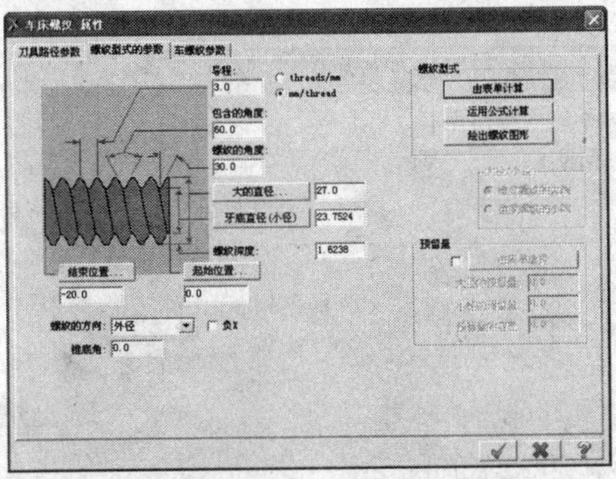

图 8–26 “螺纹型式的参数”选项卡

（1）导程。导程输入框用来设置螺纹的导程。有两种表示方法，当选择 threads/mm（牙/毫米）单选按钮时，输入框中的输入值表示为每毫米长度上螺纹的个数；当选择 mm/thread 单选按钮时，输入框中的输入值表示为螺纹的导程。

（2）包含的角度和螺纹的角度。包含的角度输入框用来设置螺纹两条边间的夹角，螺纹的角度输入框用来设置螺纹一条边与螺纹轴垂线的夹角。螺纹的角度的设置值应小于包含的角度的设置值，对于一般螺纹，包含的角度值为螺纹的角度值的 2 倍。

（3）螺纹的牙参数：大的直径（大径）、牙底直径（小径）和螺纹深度。大径输入框用于设置螺纹牙顶的直径；小径输入框用于设置螺纹牙底的直径；螺纹深度输入框用于设置螺纹的螺牙高度。

（4）起始位置和结束位置。起始位置输入框用于设置螺纹起点的 Z 坐标值；结束位置输入框用于设置螺纹终点的 Z 坐标值，系统通过这两个值定义螺纹的长度。

（5）螺纹的方向。当选择外径选项时，生成外螺纹加工的刀具路径；当选择内径选项时，生成内螺纹加工的刀具路径；当选择 Face/Back 选项时，生成用于加工螺旋槽的刀具路径。

（6）锥底角。用于设置螺纹锥角。当输入值大于 0 时，螺纹直径由起点至终点方向线性增大；当输入值小于 0 时，螺纹直径由起点至终点方向线性减少。

（7）螺纹型式。单击“由表单计算”按钮，弹出“螺纹的表单”对话框，如图 8–27 所示。从“螺纹的形式”选项框中选择螺纹类型，可以列出不同直径的螺纹参数。

单击“运用公式计算”按钮，弹出“运用公式计算螺纹”对话框，如图 8–28 所示。

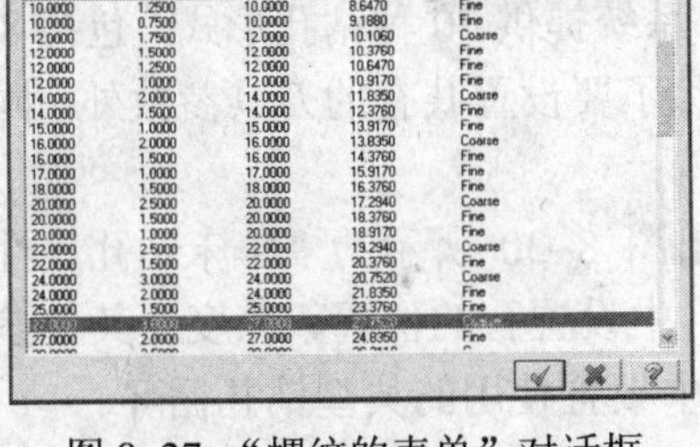

图 8–27 “螺纹的表单”对话框

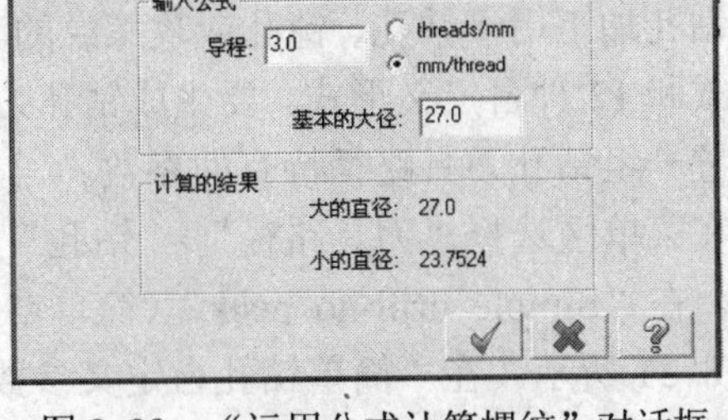

图 8–28 “运用公式计算螺纹”对话框

2. 车螺纹参数

在“车螺纹参数”选项卡中定义螺纹切削参数，如图 8–29 所示。

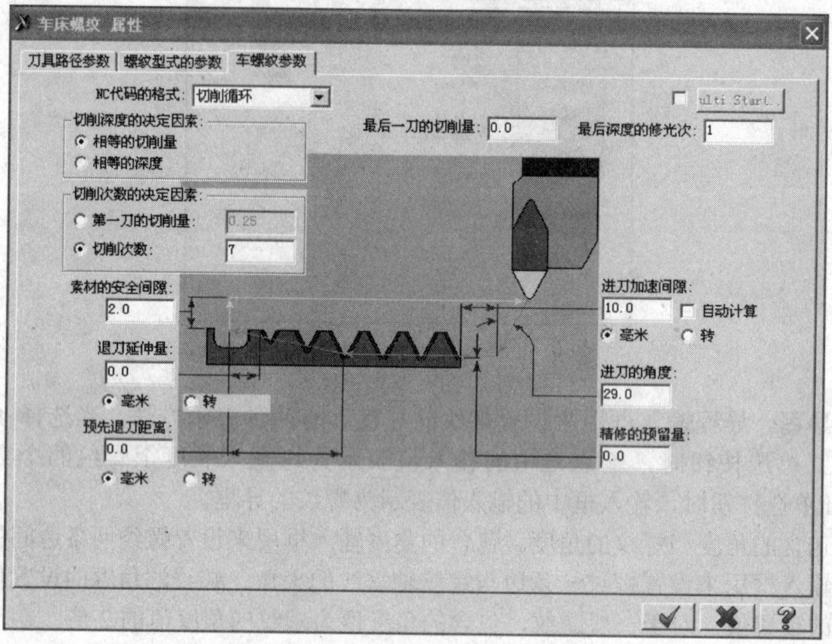

图 8–29 “车螺纹参数”选项卡

（1）NC 代码的格式。该参数用来设置螺纹指令的形式，用于切削螺纹的 NC 代码命令有 4 种：一般循环 G32、切削循环 G76、固定螺纹 G92、交替切削 G32。G32 和 G92 命令一般用于切削简单螺纹，G76 用于切削复合螺纹。

（2）切削深度的决定因素。用来设置每次切削时切削深度的方式。当选择“相等的切削量”单选按钮时，系统按相同的切削量来定义每次的切削深度；当选择“相等的深度”时，则系统按统一的深度进行切削加工。

（3）切削次数的决定因素。用来设置切削次数的方式。当选择“第一刀的切削量”单选按钮时，系统根据设置的第一刀切削量、最后一刀的切削量和螺纹深度来计算切削次数；当选择“切削次数”单选按钮时，则系统根据设置的切削次数、最后一刀的切削量和螺纹深度来计算切削量。

活动 6　钻孔（Drill）

钻孔加工用于钻孔、镗孔或攻螺纹的刀具路径。系统提供 20 种钻孔形式，包括 8 种标准形式和 12 种自定义形式。要生成钻孔刀具路径，除了要设置共有的刀具参数外，同样还要设置一组钻孔刀具路径特有的参数。

在菜单区选择“刀具路径”|“钻孔”命令，弹出图 8–30 所示的“车床钻孔属性”对话框。在“Simple drill-no peck”（简单钻孔）选项卡中设置孔的位置、深度及其他参数，如图 8–31 所示。在“简单钻孔自定义参数”选项卡中设置使用的典型钻孔循环。

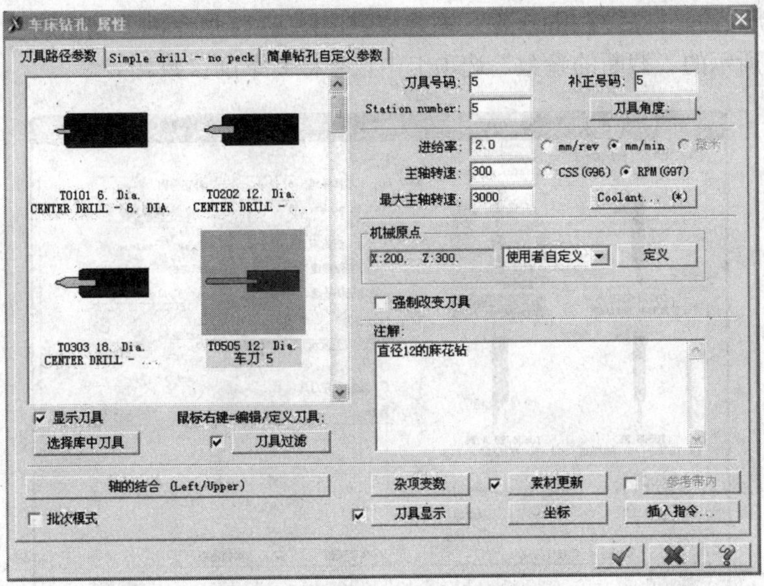

图 8–30 “车床钻孔属性”对话框

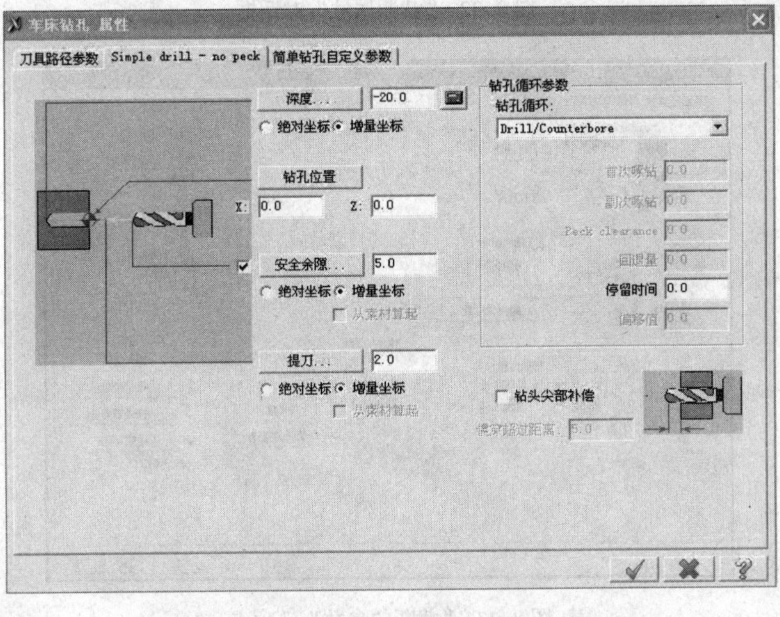

图 8–31 “Simple drill- no peck”选项卡

活动 7　截断（Cutoff）

截断加工以生成一个垂直的刀具路径来切削工件，一般用于工件的切断。系统首先通过选取一个点来定义车削起始位置，然后设置共有的刀具参数和一组截断车削刀具路径特有的参数。

在菜单区选择“刀具路径”|“截断”命令，系统将提示选取一个点来定义车削起始位

置，输入截断点的坐标后按 Enter 键，系统将弹出图 8–32 所示的“截断属性”对话框，可以在图 8–33 所示的“截断的参数”选项卡中设置截断车削参数。

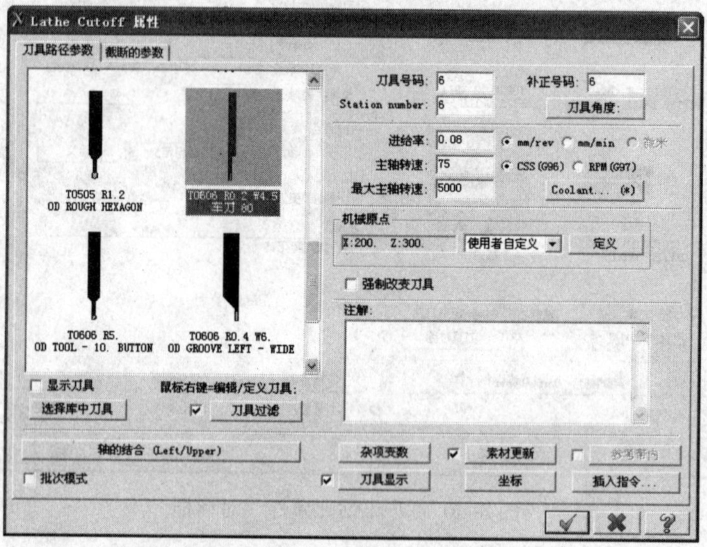

图 8–32 “截断属性”对话框

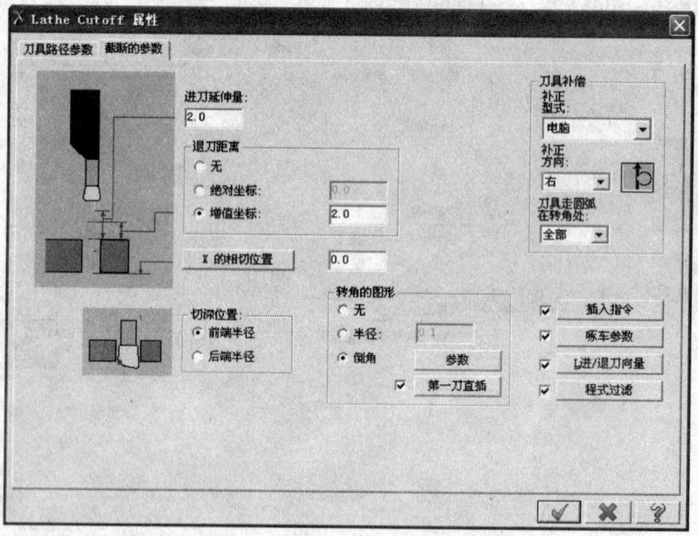

图 8–33 “截断的参数”选项卡

（1）X 的相切位置。该参数设置截断车削的终止点的 X 坐标，系统的默认设置为 0（将工件截断），用户可以在输入框中输入终止点的 X 坐标。也可以单击“X 的相切位置”按钮，在绘图区选取一点，以该选取点的 X 坐标作为截断车削终止点的 X 坐标。

（2）切深位置。该参数设置刀具的最终切入位置。当选择“前端半径”单选按钮时，刀具的前角点切入至定义的深度；当选择“后端半径”单选按钮时，刀具的后角点切入至定义的深度。

（3）转角的图形。该参数在截断车削起始点位置定义一个角的外形。当选择“无”单选按钮时，在起始点位置垂直切入，不生成倒角；当选择“半径”选项时，按输入框设置的半径值生成倒圆角；当选择“倒角”复选框后单击“参数”按钮，弹出“截断的倒角设定”对话框，如图 8–34 所示。选取“第一刀直插”复选框，并单击该按钮，弹出“第一刀直插”对话框，如图 8–35 所示，按设置的参数生成倒角，其设置方法与切槽加工中切槽角点处倒角设置方法相同。

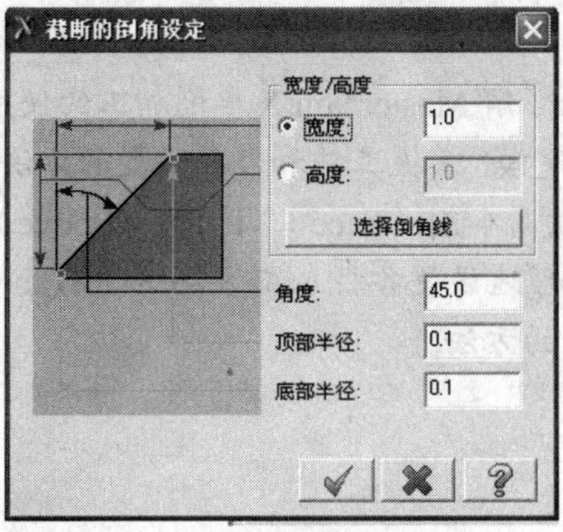

图 8–34　“截断的倒角设定”对话框

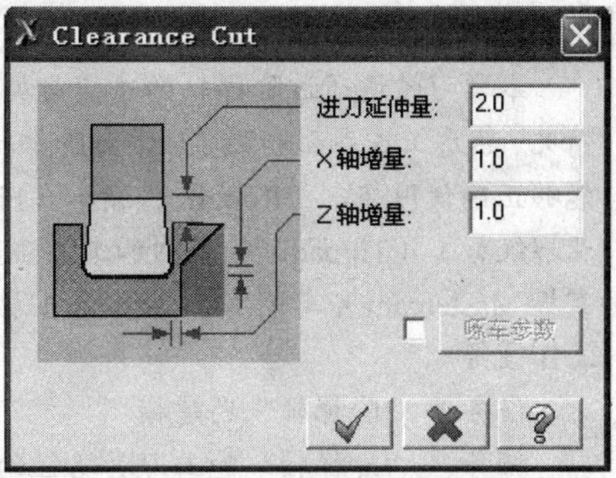

图 8–35　“第一刀直插”对话框

实 践 演 练

1. 简述车床加工与铣床加工的相同点与不同点。
2. 简述车床加工的工件设置方法。
3. 简述车削螺纹加工的各种参数设置。

学 后 感 言

学习情境 9　阶梯轴的建模与加工

情境描述

本学习情境通过阶梯轴的建模与加工使学生了解 Mastercam X 车削加工的使用情况，熟悉工作界面和菜单；学会阶梯轴的几何建模，掌握工件和刀具设置的方法；能够正确使用粗车（Rough）、精车（Finish）、端面车削（Face）、挖槽（Groove）及螺纹加工（Thread）等车削加工方法，并能合理地设置各种加工方法中的参数；掌握 Mastercam X 车削加工实体验证及后置处理的方法。

工作任务

任务 1　“阶梯轴”的建模

任务 2　“阶梯轴”加工刀具路径的设置

任务 3　实体验证及后置处理

任务 1　“阶梯轴”的建模

活动 1　布置任务

零件如图 9–1 所示，毛坯为ϕ45×130 mm 的圆棒料，材料为 45#调质钢，应用 Mastercam X 软件完成零件的车削加工造型（建模），生成刀具加工路径，根据 FANUC–0i 系统的要求进行后置处理，生成 CAM 编程 NC 代码。

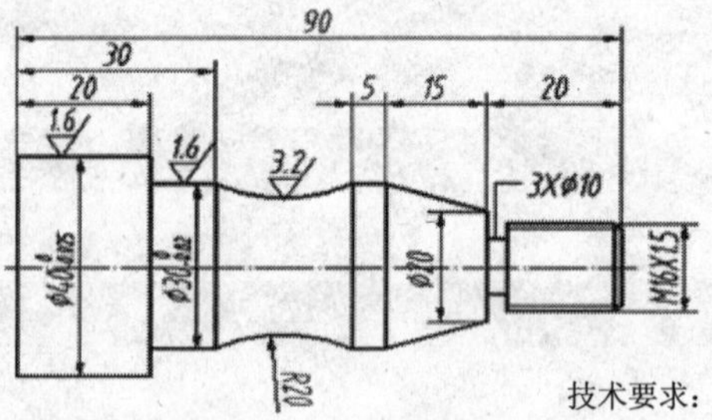

技术要求：倒角 1×45°

图 9–1　阶梯轴

活动 2　几何建模

建立阶梯轴的几何模型是实现数控车削加工的基础，在进行零件的建模时，实际上只需要画出其加工部分的轮廓线即可，加工尺寸可以不标出来，这样既节省建模时间，又能满足数控加工的需要。建模时，应根据零件的实际尺寸来绘制，以保证计算生成的刀具路径坐标的正确性，并可将不同的加工工序分别绘制于不同的图层内，利用 Mastercam X 软件中“图层”的功能，在确定刀具路径时，加以调用或隐藏，以选择加工所需的轮廓线。

1. 车床坐标系设置

单击状态栏中的“构图面”，在打开的快捷菜单中选择 “车床直径”的 +D +Z，完成车床坐标系的设定。

2. 绘制零件轮廓线

选择图层 1，颜色 10。单击“直线”按钮绘制外轮廓线，单击“连续线”按钮，起点选择原点，输入直径 D 坐标值为 0 后按下 Enter 键，输入长度 Z 坐标值为 0 后按下 Enter 键，Y 坐标值为 0。然后依次输入各端点坐标值（D15.85，Z0）、（D15.85，Z–20）、（D20，Z–20）、（D30，Z–35）、（D30，Z–70）、（D40，Z–70）和（D40，Z–95），然后单击按钮，Y 坐标值都为 0。

选择菜单栏中的“构图”|“圆弧”|“两点画弧”命令，圆弧两端点坐标为（D30，Z–40）和（D30，Z–60），半径为 20 即 20.0，然后单击按钮，绘制出的零件轮廓如图 9–2 所示。

选择菜单栏中的“编辑”|“修剪/打断”|“修剪/打断”命令，使用“分割图素”按钮对图 9–2 进行修剪，剪去圆弧部分的直线，然后单击按钮，结果如图 9–3 所示。

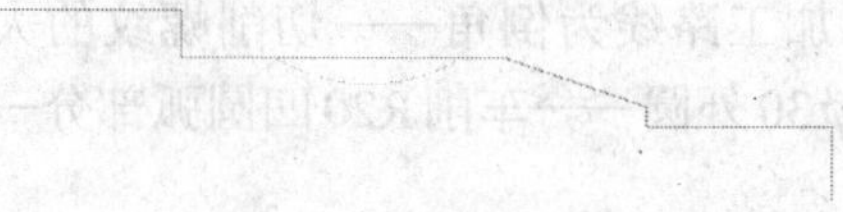

图 9–2　绘制零件轮廓

图 9–3　修剪后零件轮廓

选择菜单栏中的“构图”|“倒角”|“倒角”命令，应用倒角命令进行 1×45° 倒角，然后单击按钮，结果如图 9–3 所示。

选择图层 5，颜色选择 5。单击“直线”中的“连续线”按钮，绘制 3×ϕ10 的槽，依次输入坐标（D15.85，Z–20）、（D10，Z–20）、（D10，Z–17）和（D15.85，Z–17），并封闭所绘制的轮廓线。为了方便生成刀具加工路径时选取外圆加工轮廓线，这里暂不裁剪外轮廓线，而是将键槽处的外圆线打断。使用“修剪/打断”命令，弹起“修剪”按钮，在绘图区选取要打断的外轮廓线，然后点选分割位置，结果如图 9–4 所示。

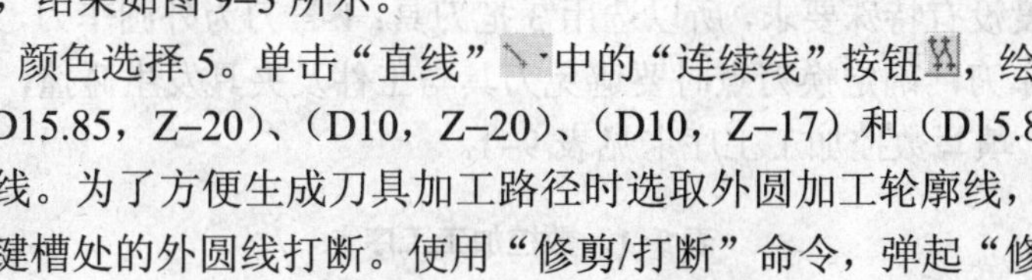

图 9–4　封闭的零件轮廓

3. 建立零件的几何模型

选择图层 10，应用“实体”中的“旋转”命令，弹出“串连选项”对话框，选择“串连”方式，选取图 9–4 中的零件轮廓，旋转轴线选择中心水平线，单击按钮，绘制出零件的几何模型，如图 9–5 所示。

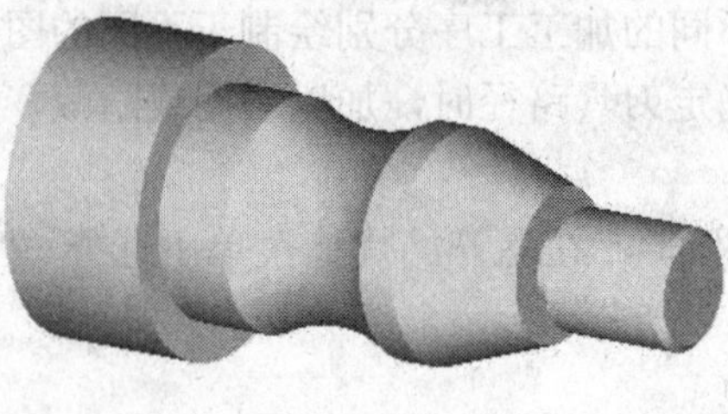

图 9–5　零件的几何模型

任务 2 “阶梯轴”加工刀具路径设置

活动 1　制订工艺方案

根据图纸要求和毛坯情况，按先主后次的加工原则确定工艺方案和加工路线。对于该阶梯轴，其轴心线为工艺基准，用三爪自定心卡盘夹持料棒一端使工件伸出卡盘 100 mm，一次装夹完成轮廓的粗/精加工、切槽和螺纹加工。确定工艺路线如下。

（1）车端面；

（2）粗车外轮廓：先从右至左切削外轮廓，其加工路线为倒角——切削螺纹的大径 ϕ15.8×20——切削台肩——切削锥度部分——车削 ϕ30 外圆——车削 R20 凹圆弧部分——车削 ϕ30 外圆——切削台肩——车削 ϕ40×95 外圆。

（3）精车外轮廓；

（4）切 3×ϕ10 的退刀槽；

（5）车 M16×1.5 的外螺纹。

由于零件精度没有特殊要求，所以选用 3 把刀具：1 号刀为外圆车刀，2 号刀为车槽刀，3 号刀为外螺纹车刀，确定换刀点时要避免刀具与工件及夹具发生碰撞，换刀点可以设置在 D200Z300 处。填写数控加工工序卡见表 9–1。

表 9–1　数控加工工序卡

数控加工工序卡		工序号		工 序 内 容		
		01		车		
北京电子科技职业学院		零件名称		材料	夹具名称	使用设备
		阶梯轴		45#钢	三爪卡盘	数控车床
工步号	工步内容	刀具号	主轴转速/(r/min)	进给量/(mm/r)	背吃刀量/mm	备注
1	车端面	T0101	150 m/min	0.1	0.2	
2	粗车外轮廓	T0101	600	0.2	2.0	
3	精车外轮廓	T0101	1 000	0.1	0.25	
4	切槽 3×ϕ10	T0202	650	0.08		
5	车外螺纹 M16×1.5	T0303	800	1.5		
编制		审核		第　页	共　页	

活动 2　设定刀具路径

用户可以通过 Mastercam X 工作界面选择“机床类型”菜单命令，进行车床模块的切换。选择菜单栏中的“机床类型” | “车床” | “默认”命令即可。

1. 刀具设置

在生成刀具路径之前，首先要选取加工用的刀具。在 Mastercam X 中，用户可以直接从系统的刀具库中选择要使用的刀具；也可以选用刀库中的刀具外形，自己设置不同的参数来定义刀具；还可以自己定义刀具的外形加入到刀具库中。

在菜单区选择“刀具路径” | “车床刀具管理器”命令，可以根据加工需要将刀具选择到加工群组列表中，也可以创建新刀具。在加工群组列表中右击，选择“创建新刀具”命令，车刀类型选择外圆车刀，刀片型式选用 D 型，刀把选用 J 型，根据表 9–1 中的数值设置刀具参数，注意“刀把”选项卡中参数值的设置，否则会在刀具加工凹圆弧时引起干涉，创建好的 1 号刀具预览如图 9–6（a）所示。

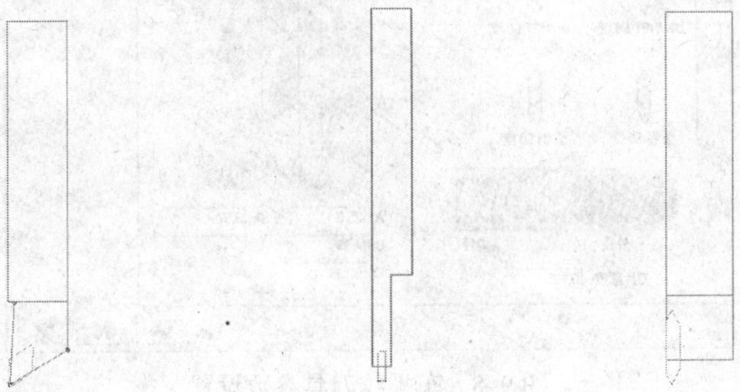

（a）1 号外圆刀　（b）2 号外槽刀　（c）3 号外螺纹刀

图 9–6　刀具设置

2 号刀具型式选用切槽刀，刀具选项卡如图 9–7 所示，在“参数”选项卡中设置刀具号为 2，刀具预览如图 9–6（b）所示。

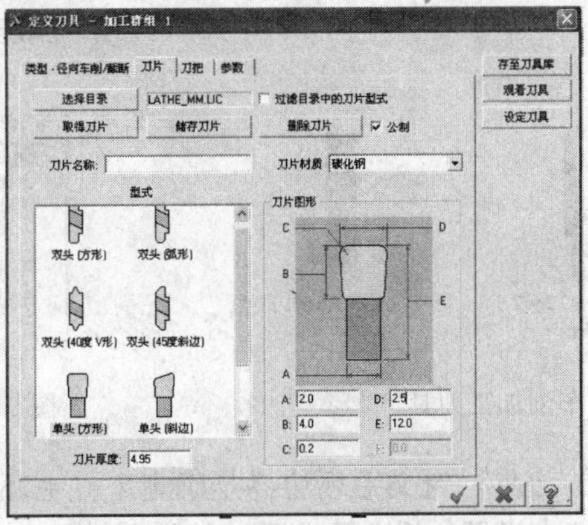

图 9–7　“径向车削/截断”选项卡

3 号刀具为外螺纹车刀，设置螺纹车刀刀片的选项卡如图 9–8 所示。螺纹车刀刀片的设置主要包括设置刀片样式、刀片外形尺寸和用于加工的螺纹类型。其中刀片样式可以在“型式”列表中选取，一般选用“公制 60 度”。当选取了刀片样式后，系统在“刀片图形”选项组显示出选取刀片的外形尺寸，用户可在对应的输入框中指定选取刀片的各外形尺寸，注意螺纹的导程应为 1.5 mm。在“参数”选项卡中设置刀具号为 3，刀具预览如图 9–6（c）所示。

设定好的 3 把刀具如图 9–9 所示。

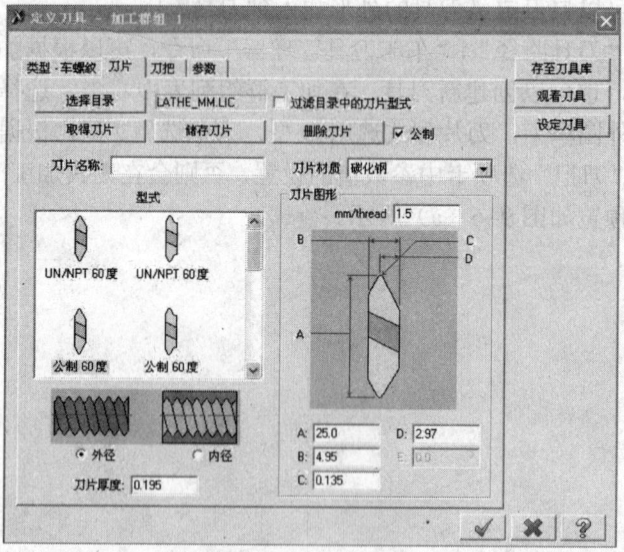

图 9–8　车螺纹刀具参数设置

2. 工件设置

工件设置指的是设置当前的工件参数，它包括工件类型的选择、工件尺寸的设置和工件原点的设置。关闭图层 5，隐藏中心水平线。在图 9–10 所示的“刀具路径”管理器中单击 “材料设置”选项卡，弹出图 9–11 所示的对话框。

图 9–9　设定车削加工刀具

图 9–10　刀具路径管理器

（1）定义毛坯（Stock）边界。定义毛坯边界是确定工件毛坯外形的位置，工件毛坯外形通过 Stock（毛坯）选项组来设置。首先需设置工件的主轴转向，可以设置为左转或右转，系统的默认设置为左转。在铣床加工系统中，工件仅能设置为立方体，而对于车床加工系统，其工件是以车床主轴为旋转轴线的旋转体。

旋转体的边界可以用串连或参数来定义，毛坯边界在图形区显示成灰色虚线。

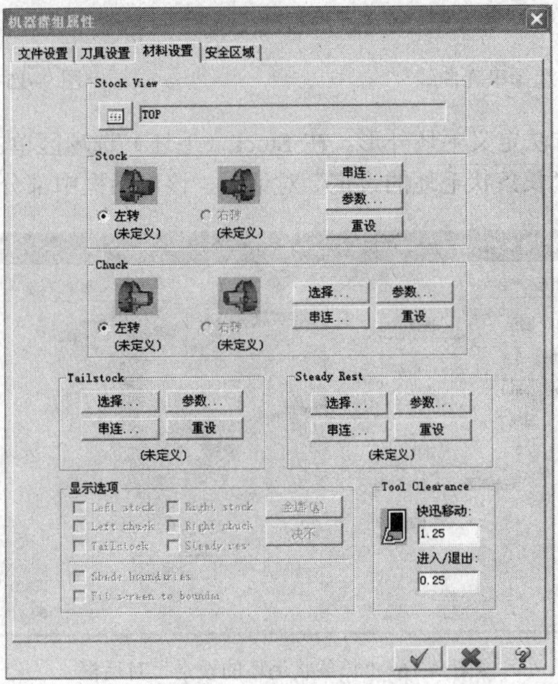

图 9–11 “材料设置”选项卡

① 用“串连”定义方法定义毛坯外形。在 Stock（毛坯）选项区单击“串连”按钮，系统弹出图 9–12 所示的“串连选项”对话框，在绘图区选择串连曲线即可。

使用此方法必须事先在绘图区构造出毛坯的轮廓线，如图 9–13 所示。然后在绘图区选择串连曲线，如图 9–14 所示，按下✔按钮，设定的毛坯如图 9–15 所示。

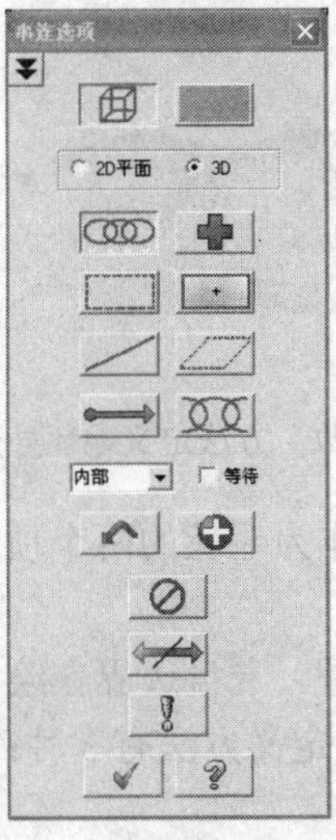

图 9–12 “串连选项”对话框

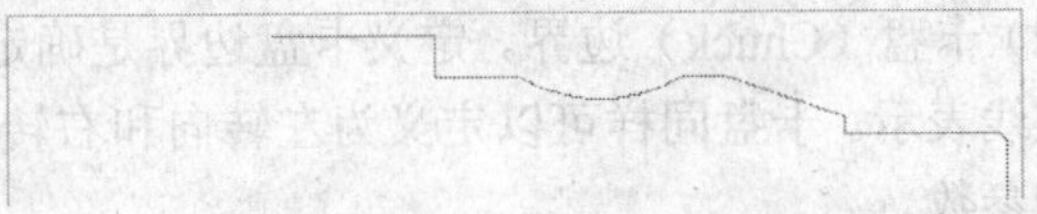

图 9–13　构造毛坯轮廓线

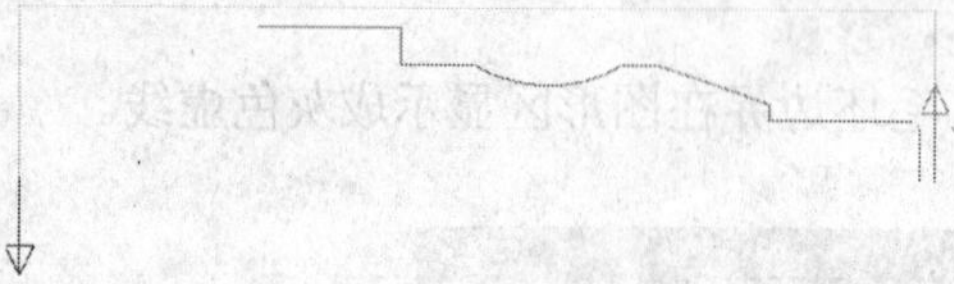

图 9–14　选择串连曲线

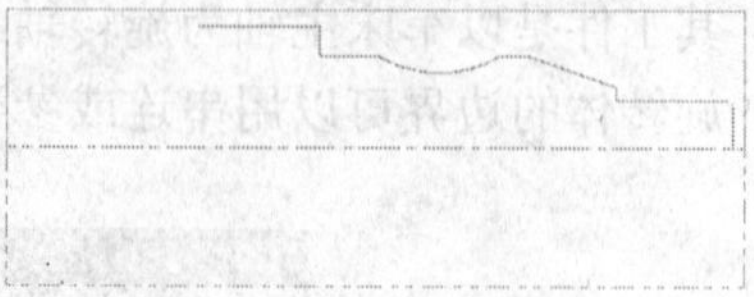

图 9–15　定义毛坯外形

② 用“参数”方法定义毛坯外形。在 Stock（毛坯）选项区单击“参数”按钮，系统弹出图 9–16 所示的“长条状毛坯的设定”对话框，该对话框中部分选项含义如下。

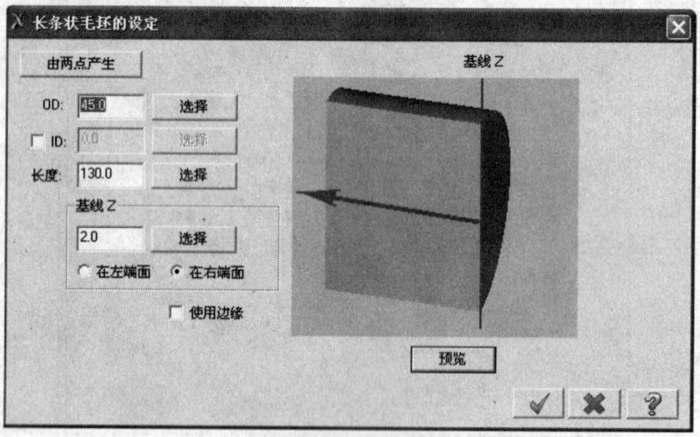

图 9–16 “长条状毛坯的设定”对话框

OD：毛坯外径，在该文本框中输入棒料的直径 45.0；

长度：毛坯长度，在该文本框中输入棒料的长度 130.0；

基线 Z：将毛坯右端面中心向左 2 mm 处（端面加工余量为 2 mm）设定为工件坐标系原点 Z0，在该文本框中输入毛坯右端面的 Z 向坐标值 2.0。

单击“预览”按钮，预览定义的毛坯，如图 9–17 所示，零件用实体效果显示时的毛坯设定如图 9–18 所示。

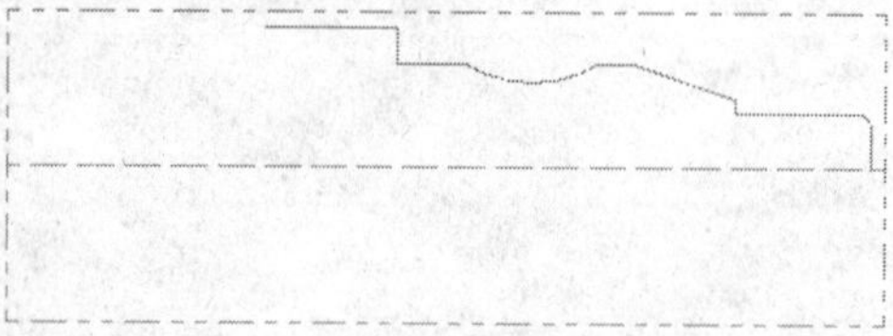

图 9–17　预览毛坯外形

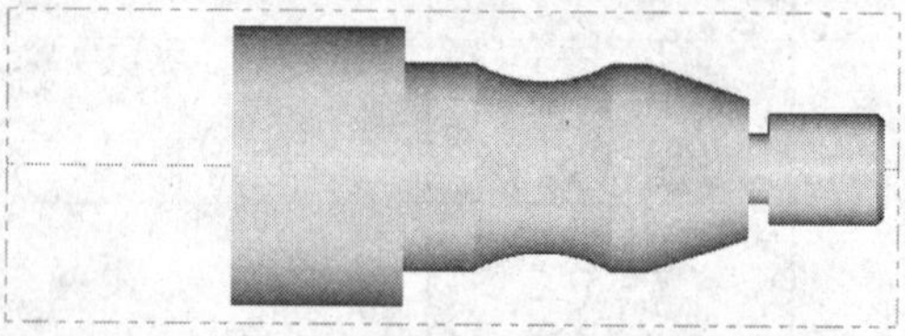

图 9–18　用“参数”方法定义毛坯外形

由两点产生：单击“由两点产生”按钮，在绘图区选择两点作为毛坯的两个顶点，可以用这两个顶点来定义毛坯外形。

（2）卡盘（Chuck）边界。定义卡盘边界是确定工件装夹的位置，卡盘边界在绘图区用蓝色虚线表示。卡盘同样可以定义为左转向和右转向，卡盘边界的定义方法有 3 种：选择，串连和参数。

用“选择”方法定义卡盘：选择一个现有的 MCX 图形文件代表卡盘。

用“串连”方法定义卡盘：在 Chuck（卡盘）选项区单击“串连”按钮，系统弹出“串连选项”对话框，在绘图区选择已经绘制好的卡盘串连曲线。

用“参数”方法定义卡盘：在 Chuck（卡盘）选项区单击“参数”按钮，系统弹出图 9–19 所示的“夹爪的设定”对话框，在该对话框中部分选项的含义如下。

型式：在该选项区确定卡盘的形状尺寸。也可以单击“由两点产生”按钮，在绘图区拾取两点来作为卡盘的边界。

位置：在该区域选择卡盘装夹工件的位置。

夹持的方法：在该区域选择卡盘装夹工件的形式。

本例采用“参数”方法定义卡盘，设定结果如图 9–20 所示。

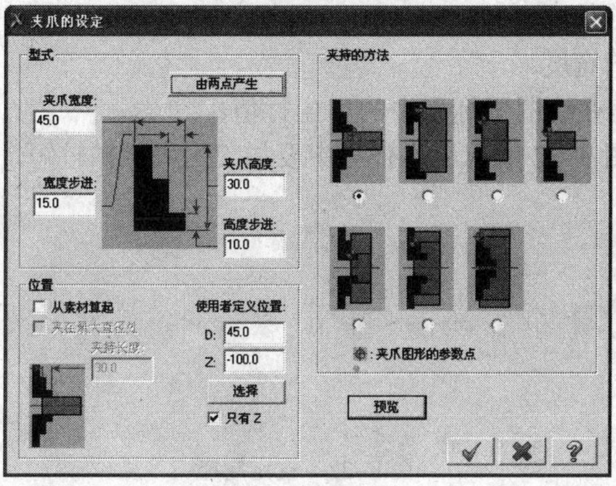

图 9–19　夹爪的设定

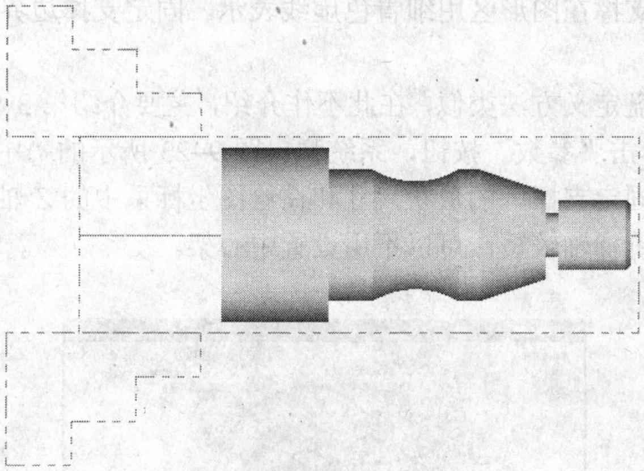

图 9–20　工件夹爪的设定

（3）尾座（Tailstock）相对于工件的位置。尾座在图形区用细紫色虚线表示。尾座边界的定义方法有 3 种：选择、串连和参数。前两种方法与卡盘定义方法类似，在此不作介绍，主要介绍第 3 种方法。在 Tailstock（尾座）选项区单击“参数”按钮，弹出图 9–21 所示的“尾座”对话框。

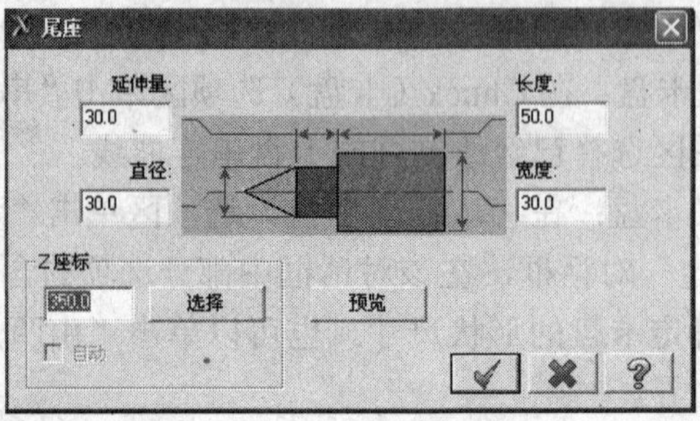

图 9–21 “尾座”对话框

延伸量：设定尾座伸出的长度。

直径：设定尾座伸出部分的直径值。

长度：设定尾座的长度。

宽度：设定尾座的宽度。

Z 坐标：设定尾座在绘图坐标系中的 Z 坐标值。

设定好的尾座如图 9–22 所示。本任务中要加工的阶梯轴较短，可以不用设置尾座。

图 9–22 设定尾座

（4）固定支撑（Steady rest）边界。定义固定支撑（中心架）边界是确定固定支撑相对于工件的位置，固定支撑在图形区用细青色虚线表示。固定支撑边界的定义方法有 3 种：选择、串连和参数。

前两种方法与卡盘定义方法类似，在此不作介绍，主要介绍第 3 种方法。在 Steady rest（固定支撑）选项区单击“参数”按钮，系统弹出图 9–23 所示的“中间支撑架”对话框，在该对话框中设置“固定支撑”的形状尺寸和在绘图坐标系中的 Z 轴坐标值。

本例中要加工的阶梯轴较短，可以不用设置中心架。

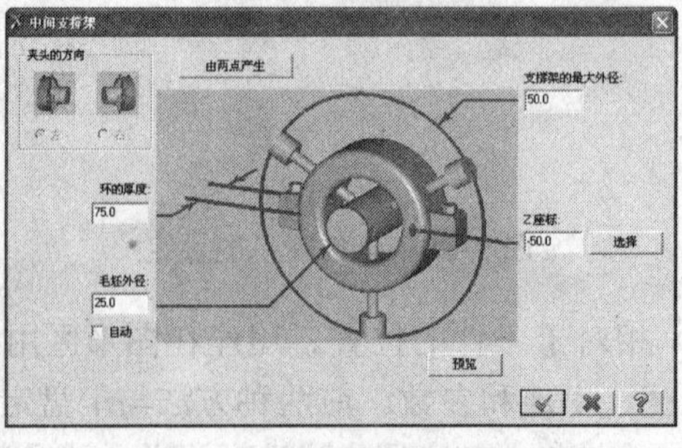

图 9–23 “中间支撑架”对话框

3. 生成端面加工刀具路径

在菜单区选择“刀具路径”|“车削端面”命令，弹出“车端面属性”对话框，如图 9–24 所示，根据表 9–1 中的数值设置各项切削参数。

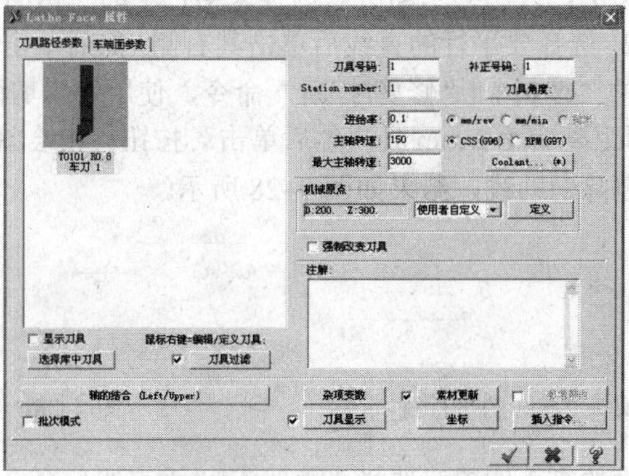

图 9–24　车端面“刀具路径参数”选项卡

选择“车端面参数”选项卡进行参数设置既可以选择“选点”来确定加工区域，此时可以选取端面车削的两个角点；也可以选择“使用素材”来确定加工区域，端面车削参数设置如图 9–25 所示，完成设置后生成图 9–26 所示的切端面刀具加工路径。

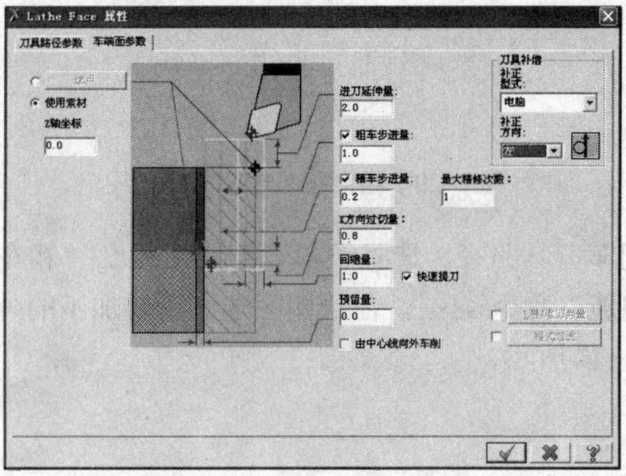

图 9–25　“车端面参数”设置

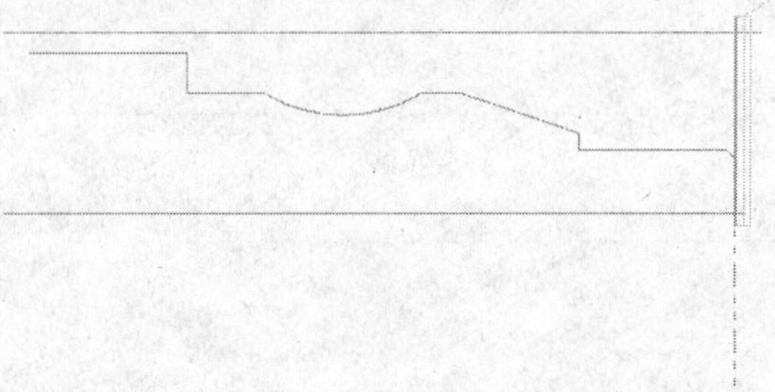

图 9–26　车端面刀具路径

4. 生成轮廓粗车加工刀具路径

（1）设置加工轮廓的起刀位置。加工轮廓的起刀位置位于工件右端面 2 mm 处，且在 1×45° 倒角的延长线上。

设置图层 1 为构图层，关闭其余图层。选择菜单栏中的“构图”|“直线”|“平行线”命令，输入距离为 2，选择要平行的直线后单击其右侧，然后单击按钮，结果如图 9–27 所示。选择菜单栏中的“编辑”|“修剪/打断”命令，使用“修剪两物体”命令，延伸图 9–27 中的倒角线到距离端面 2 mm 处，然后单击按钮。在绘图区选中辅助线，然后单击“删除”按钮，删除辅助线，结果如图 9–28 所示。

图 9–27　绘制距离为 2 mm 的平行线

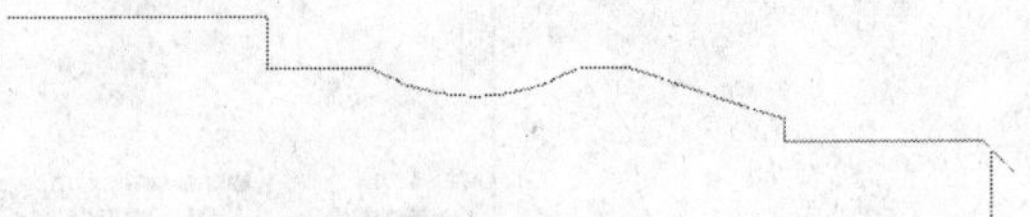

图 9–28　延伸倒角线

（2）设置加工轮廓的终止位置。选择“直线”|“垂直线”命令，绘制加工轮廓的终止线。选取第一点后，输入长度为 4，按 Enter 键，结果如图 9–29 所示。

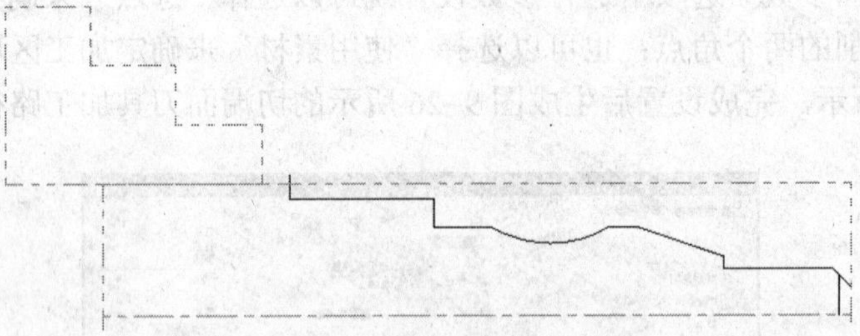

图 9–29　绘制加工轮廓的终止线

（3）生成外轮廓粗车刀具路径。选择菜单“刀具路径”|“粗车”命令，弹出“串连选项”对话框，选择“串连”命令，在绘图区选取所要加工的外轮廓，轮廓起点为倒角延长线的端点，如图 9–30 所示。

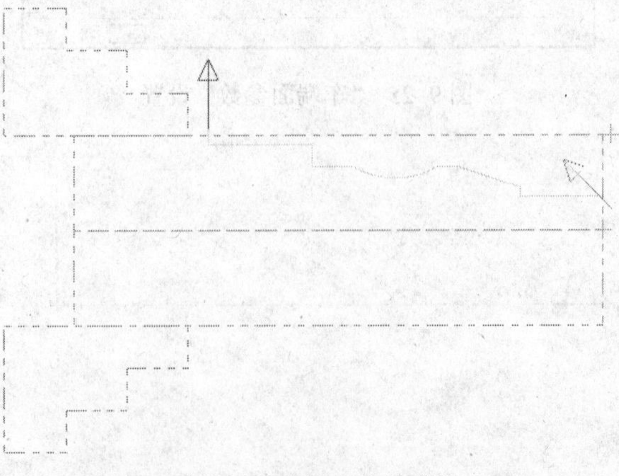

图 9–30　选择粗车轮廓线

单击✔按钮，系统将弹出“车床粗加工属性”对话框，参数设置如图 9–31 所示。

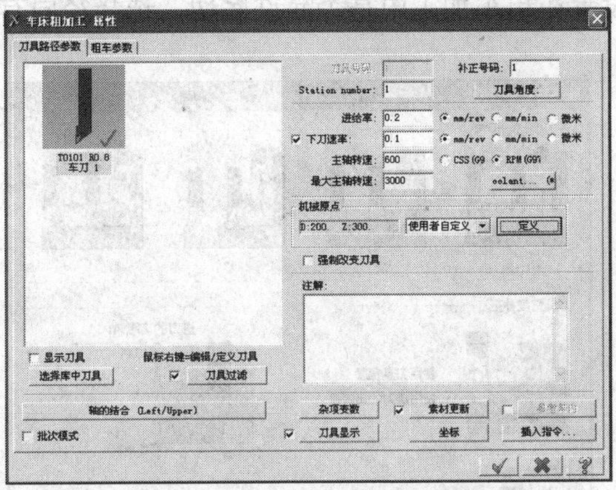

图 9–31　“刀具路径参数”选项卡

选择对话框中的“粗车参数”选项卡，并设置各项切削参数，如图 9–32 所示。

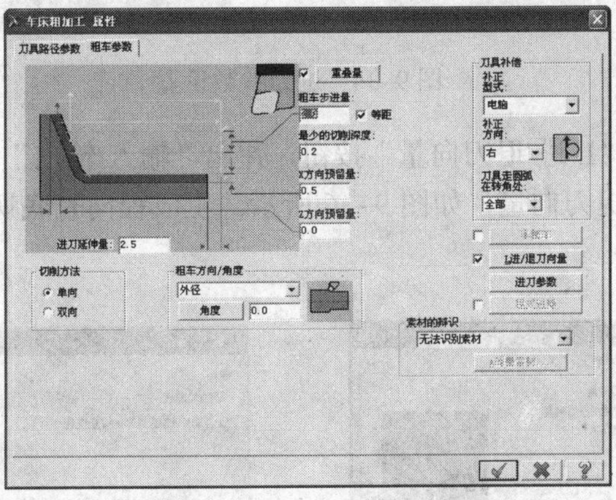

图 9–32　“粗车参数”选项卡

单击✔按钮，生成图 9–33 所示的粗车外轮廓刀具路径。

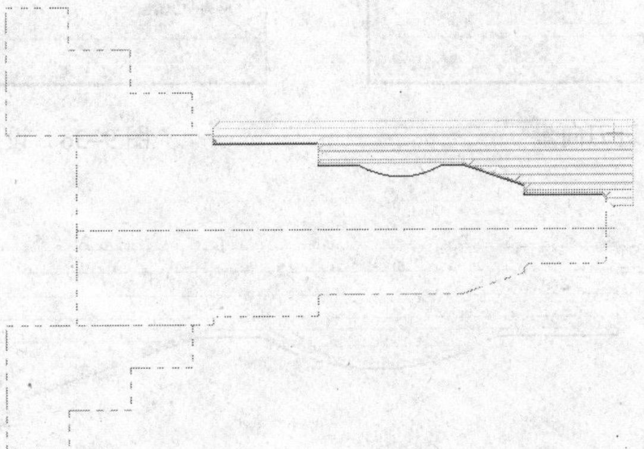

图 9–33　粗车外轮廓刀具路径

单击图 9–32 中的“进刀参数”按钮，系统弹出图 9–34 所示的“进刀的切削参数”对话框，该对话框用来设置在粗车加工中是否允许底切，选择径向有底切的方式。

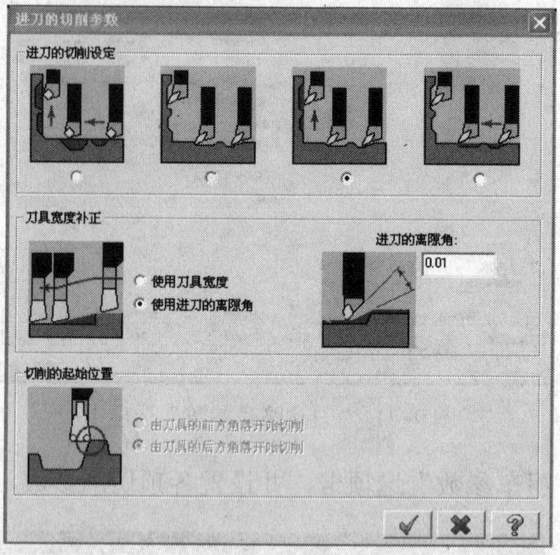

图 9–34　进刀参数设置

单击图 9–32 中的“L 进/退刀向量”按钮，弹出“输入/输出”对话框，设置进刀向量，如图 9–35 所示，设置退刀向量，如图 9–36 所示。生成径向有底切的粗车刀具路径，如图 9–37 所示。

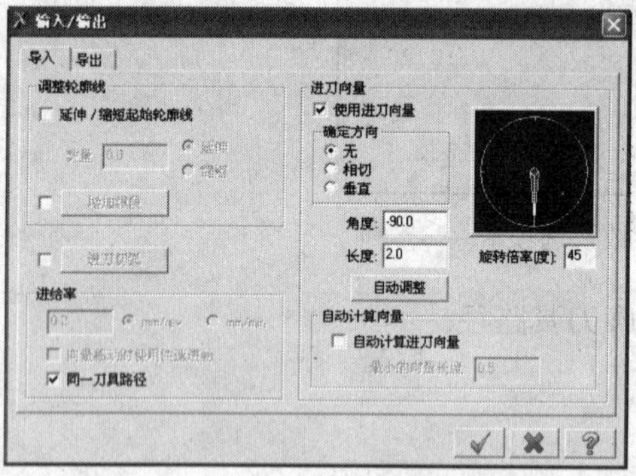

图 9–35　设置进刀向量

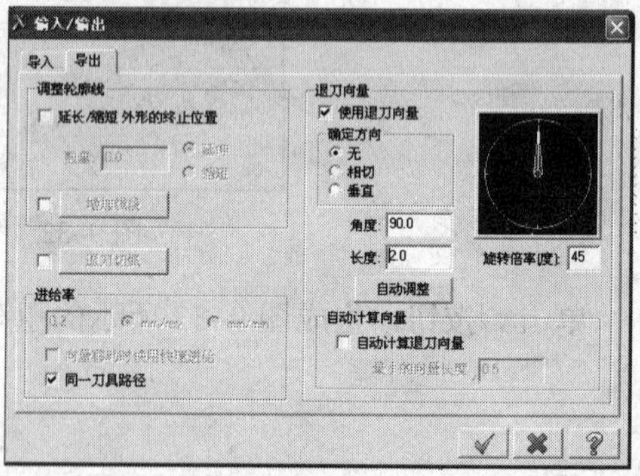

图 9–36　设置退刀向量

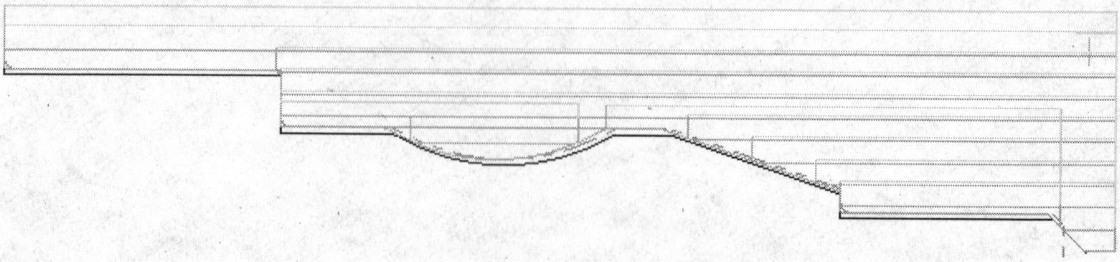

图 9–37　径向有底切的粗车刀具路径

5. 生成精车加工刀具路径

在菜单区选择“刀具路径”|“精车”命令，弹出“串连选项”对话框，选择需要精加工的外轮廓。如果精车轮廓与粗车轮廓相同，可以单击“选取上次”按钮。单击按钮，弹出“车床精加工属性”对话框，设置切削参数，如图 9–38 所示，在“精车参数”选项卡中设置各项参数，如图 9–39 所示。

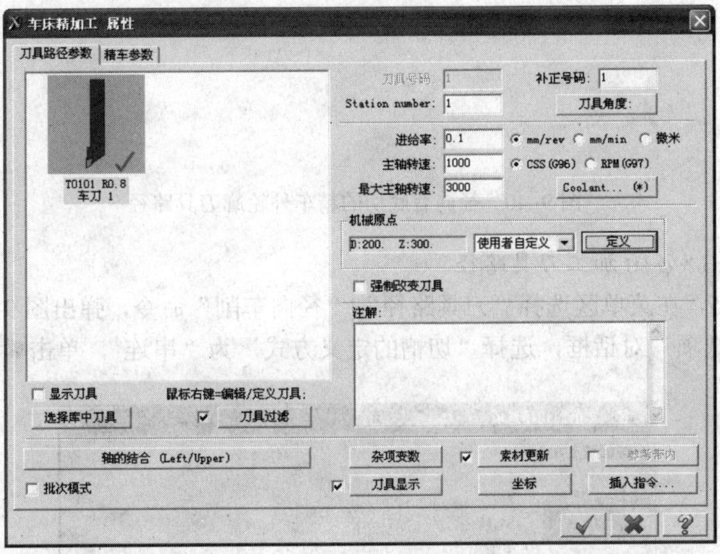

图 9–38 “车床精加工属性”对话框

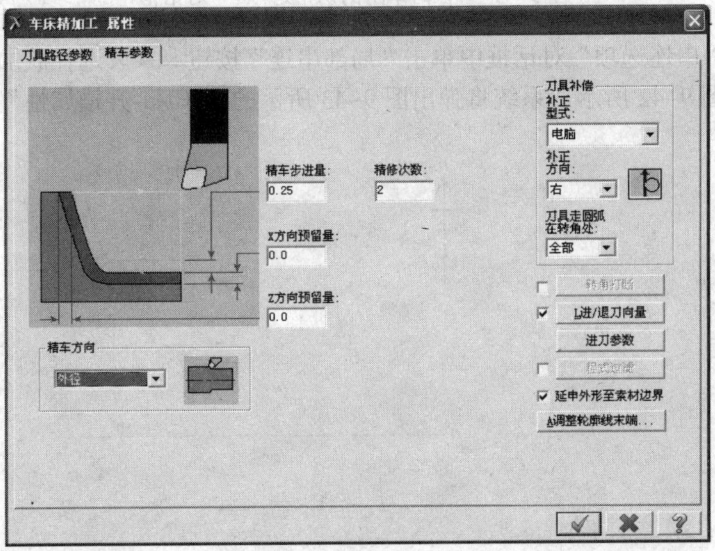

图 9–39 “精车参数”选项卡

单击图 9–39 中的“进刀参数”按钮，系统弹出“进刀的切削参数”对话框，选择径向有底切的方式，参见图 9–34。

单击按钮，生成图 9–40 所示的径向有底切的精车外轮廓刀具路径。

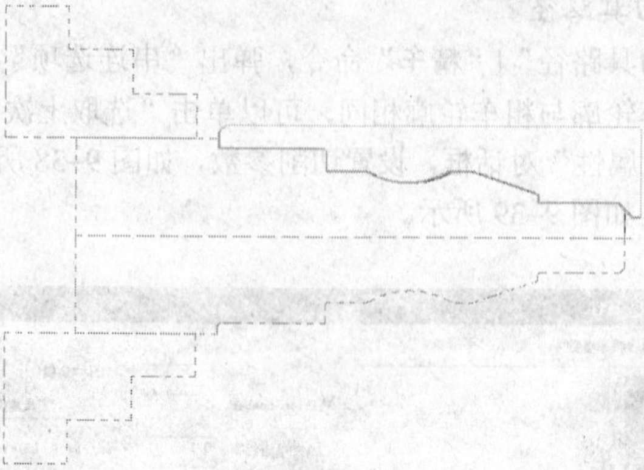

图 9–40　径向有底切的精车外轮廓刀具路径

6. 退刀槽 3 × ϕ10 加工刀具路径

打开图层 5，在菜单区选择“刀具路径”|“径向车削”命令，弹出图 9–41 所示的“径向车削的切槽选项”对话框，选择“切槽的定义方式”为“串连”，单击按钮。

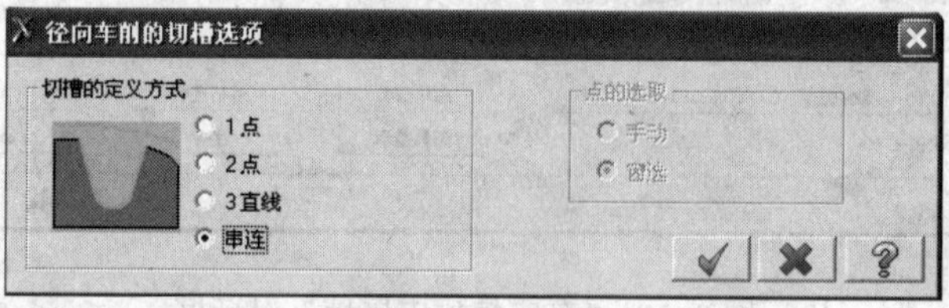

图 9–41 “径向车削的切槽选项” 对话框

在弹出的“串连选项”对话框中单击“局部串连”按钮，选择欲加工的槽 3×ϕ10 的轮廓线，如图 9–42 所示，系统将弹出图 9–43 所示的“车床–开槽属性”对话框。

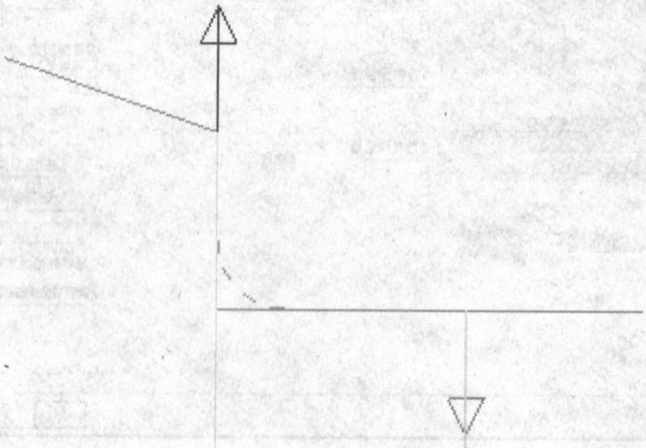

图 9–42　选择槽的轮廓线

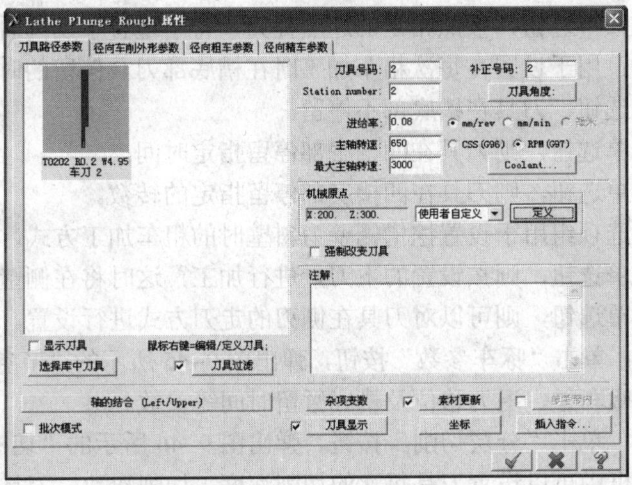

图 9–43 “车床–开槽属性”对话框

“径向车削外形参数”采用默认值，“径向粗车参数”选项卡用于设置切槽的粗车参数，如图 9–44 所示。

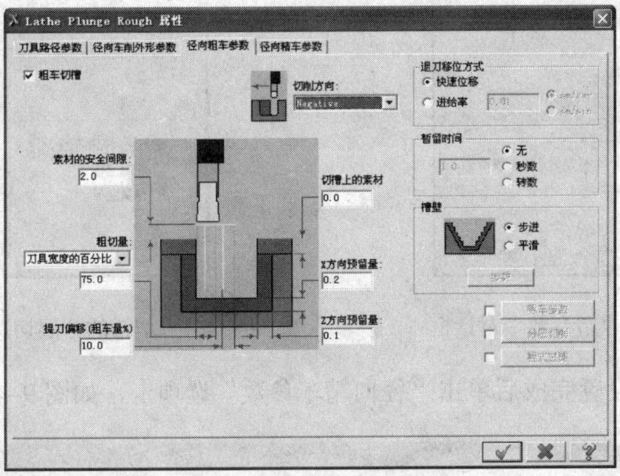

图 9–44 “径向粗车参数”选项卡

图 9–44 中各项参数的意义如下。

（1）切削方向：用于设置切槽粗车加工的方向。有如下 3 个选项。

正数（Positive）：设置刀具从切槽的左侧开始，并沿着+Z 方向移动。

负数（Negative）：设置刀具从切槽的右侧开始，并沿着–Z 方向移动。

双向（Bi–Directional）：设置刀具从切槽的中间开始，并以双向切削方式进行加工。

（2）粗切量：用于设置进刀量加工的方式，有如下 3 种方式。

次数：通过指定的车削次数来计算进刀量。

步进量：直接指定进刀量。

刀具宽度的百分比：将进刀量定义为指定刀具宽度的百分比。

（3）退刀移位方式：用于设置切槽加工中的提刀方式和速度，有以下两种方式。

快速位移：选取该单选钮，采用快速提刀。

进给率：选取该单选钮，按照指定的速度提刀，特别适合于切削斜凹槽时。

（4）暂留时间：用于设置在每次粗车加工时在槽底部刀具停留的时间。有 3 个选项。

无：选取该单选钮，刀具在槽底部不停留。

秒数：选取该单选钮，则刀具在凹槽底部停留指定时间。

转数：选取该单选钮，则刀具在凹槽底部停留指定的转数。

（5）槽壁：该选项组用于设置挖槽侧壁为斜壁时的粗车加工方式，有如下两种方式。

步进：选取该单选钮，则按设置的下刀量进行加工，这时将在侧壁形成台阶。

平滑：选取该单选钮，则可以对刀具在侧刃的走刀方式进行设置。

（6）啄车参数：单击“啄车参数”按钮，弹出图 9–45 所示的“节参数”对话框，在该对话框中可以设置啄车量、退刀移位及槽底暂留时间等参数。

（7）分层切削：单击“分层切削”按钮，弹出图 9–46 所示的“切槽的分层切深设定”对话框，在此对话框中可以设置刀具每次的切削深度、切削次数、刀具移动方式等参数。

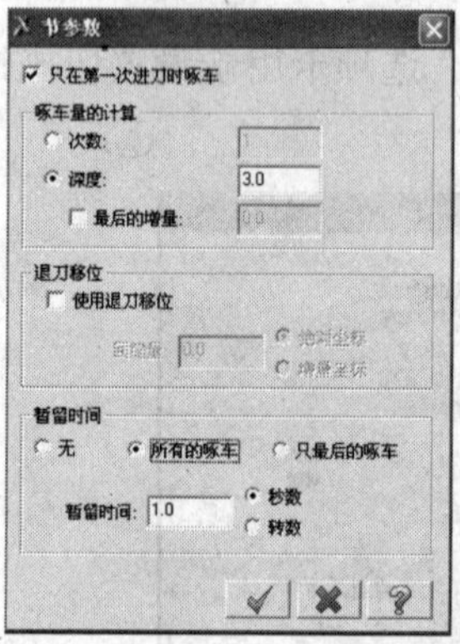

图 9–45 “节参数”对话框

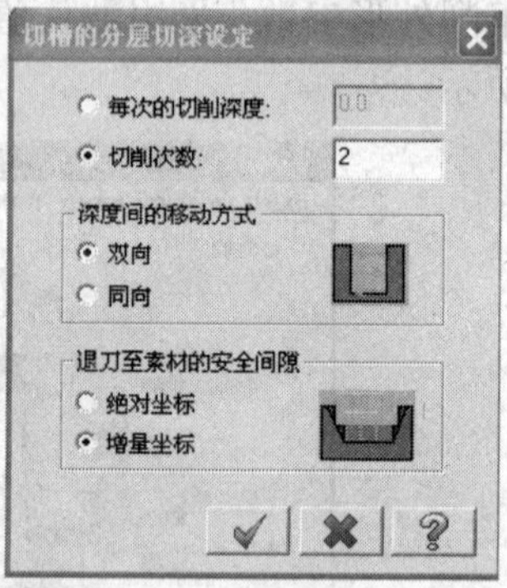

图 9–46 “切槽的分层切深设定”对话框

径向粗车参数设置完成后单击“径向精车参数”选项卡，如图 9–47 所示。

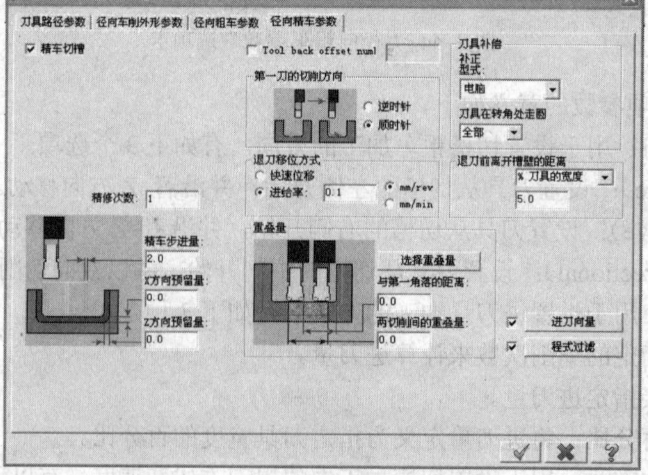

图 9–47 “径向精车参数”选项卡

图 9–47 中的各项参数的意义如下。

第一刀的切削方向：用于设置首次切削加工的方向。可以选择“逆时针”或“顺时针”加工方向。

精车步进量：用于设置每次精车加工的切削深度。

重叠量：用于设置两次切槽精车之间的重叠量及与第一角落的距离。

进刀向量：勾选该复选框并单击该按钮，即可弹出图 9–48 所示的进刀向量的“输入”对话框，可以进行“调整轮廓线”、“进给率”、“使用进刀向量”及“自动计算向量”等参数的设置。

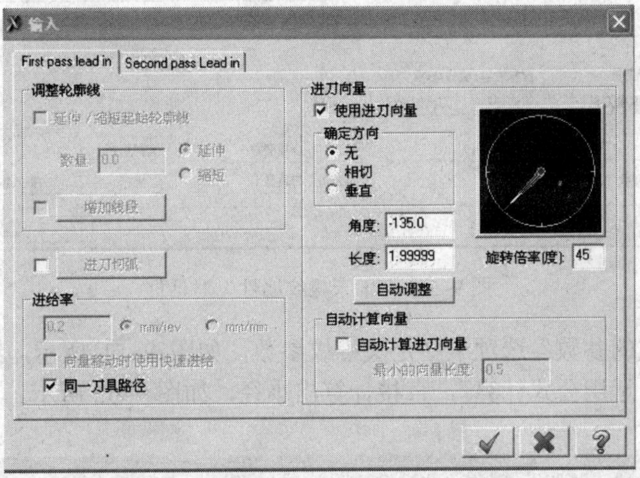

图 9–48　进刀向量的“输入”对话框

设置各项参数完成后单击按钮，生成图 9–49 所示的切槽刀具路径。

图 9–49　切槽刀具路径

7. 生成螺纹加工刀具路径

在菜单区选择“刀具路径”|“车螺纹刀具路径”命令，系统将弹出图 9–50 所示的“车床螺纹属性”对话框。

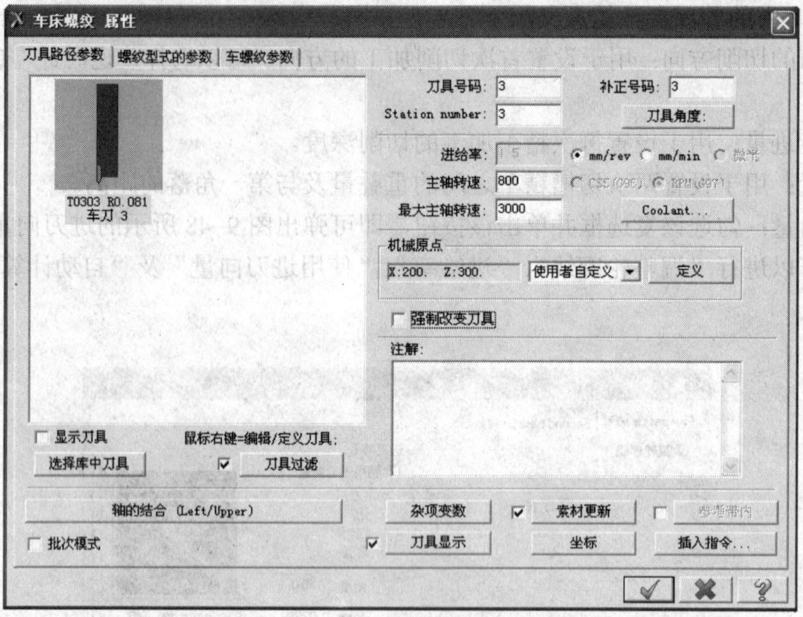

图 9–50 “车床螺纹属性”对话框

在“螺纹型式的参数”选项卡中定义螺纹参数，如图 9–51 所示，给出螺纹大径 16.0 后可以单击按钮“运用公式计算”，直接计算出小径，如图 9–52 所示。

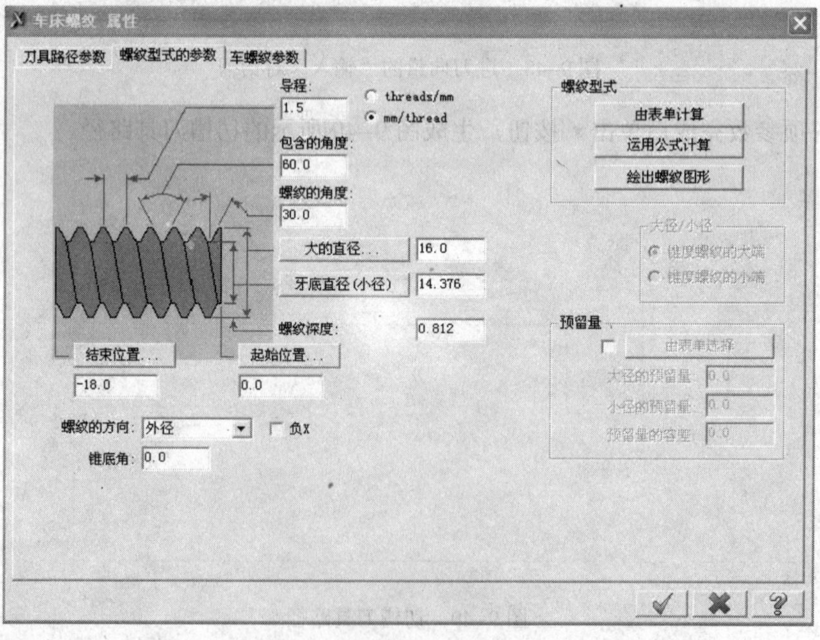

图 9–51 “螺纹型式的参数”选项卡

在“车螺纹参数”选项卡中定义螺纹切削参数，如图 9–53 所示。

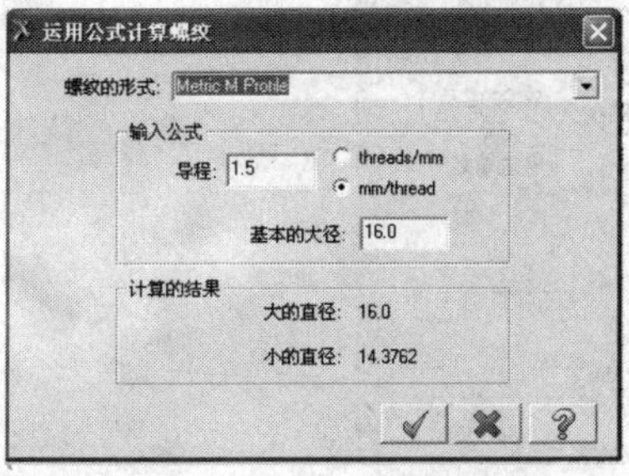

图 9–52　运用公式计算出小径

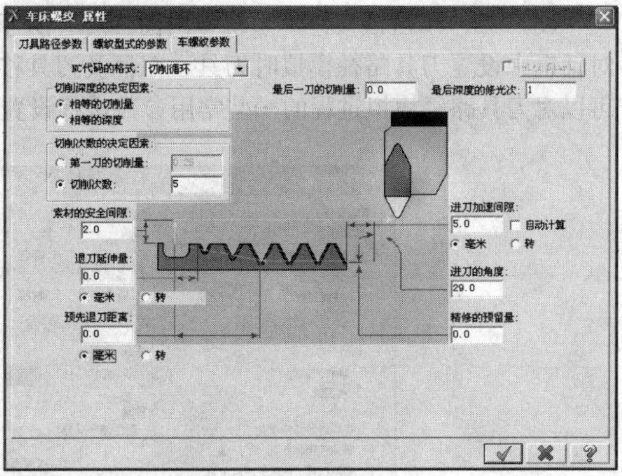

图 9–53　“车螺纹参数”选项卡

单击按钮，生成图 9–54 所示的刀具路径。

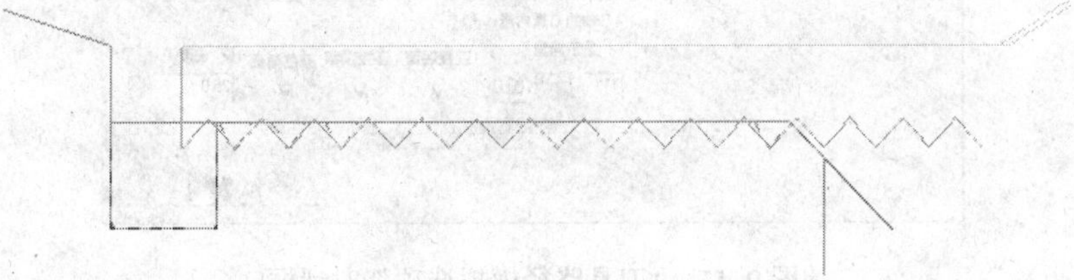

图 9–54　车螺纹刀具路径

活动 3　刀具路径模拟

刀具路径模拟选项用于模拟当前刀具路径，单击 “刀具路径管理器”中的按钮，系统弹出图 9–55 所示的“刀路模拟”对话框，并在绘图区上方显示图 9–56 所示的播放工具栏，在此可以观察刀具切削过程行走的轨迹。

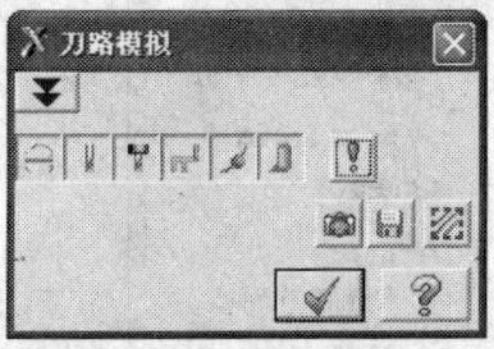

图 9–55　刀具路径模拟对话框

图 9–56　播放工具栏

“刀路模拟”对话框中各个按钮的含义如下。

（1）：当该按钮处于按下的状态时，在绘图区显示刀具。

（2）：当该按钮处于按下的状态时，在绘图区显示刀柄。

（3）：当该按钮处于按下的状态时，在绘图区显示快速进给刀具路径。

（4）：当该按钮处于按下的状态时，在绘图区显示刀具路径的端点。

（5）：当该按钮处于按下的状态时，在绘图区显示快速校验刀具路径。

（6）：单击该按钮，系统弹出图 9–57 所示的“刀具路径模拟选项”对话框，在该对话框中设置刀具路径模拟时刀具、刀柄及刀具移动时的颜色等参数，此外在该对话框中可以对刀具路径模拟过程的一些常用参数进行设置。

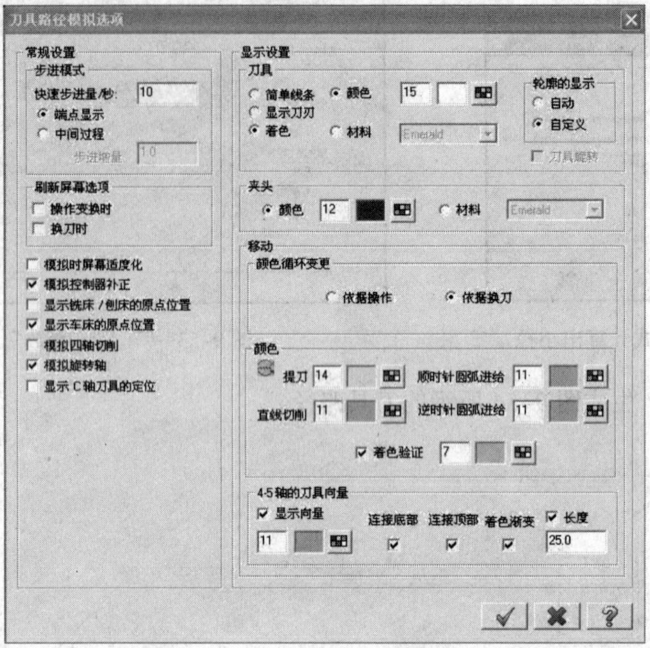

图 9–57 “刀具路径模拟选项”对话框

任务 3　实体验证及后置处理

活动 1　实体验证

在前图 9–10 中的“刀具路径”上单击“刀具路径管理器”中的按钮，系统将弹出图 9–58 所示的“实体切削验证”对话框，在该对话框中可以通过播放来观察实际加工中刀具切削材料的加工过程，加工过程和加工后的结果如图 9–59 所示。

图 9–58 “实体切削验证”对话框

活动 2　后置处理

后处理用于生成 NCI 刀具路径文件和数控机床用 NC 代码。在前图 9–10 所示的刀具路径管理器中单击“文件”命令，弹出“机器群组属性”对话框，可以将“群组名称”改为“阶梯轴”，如图 9–60 所示。

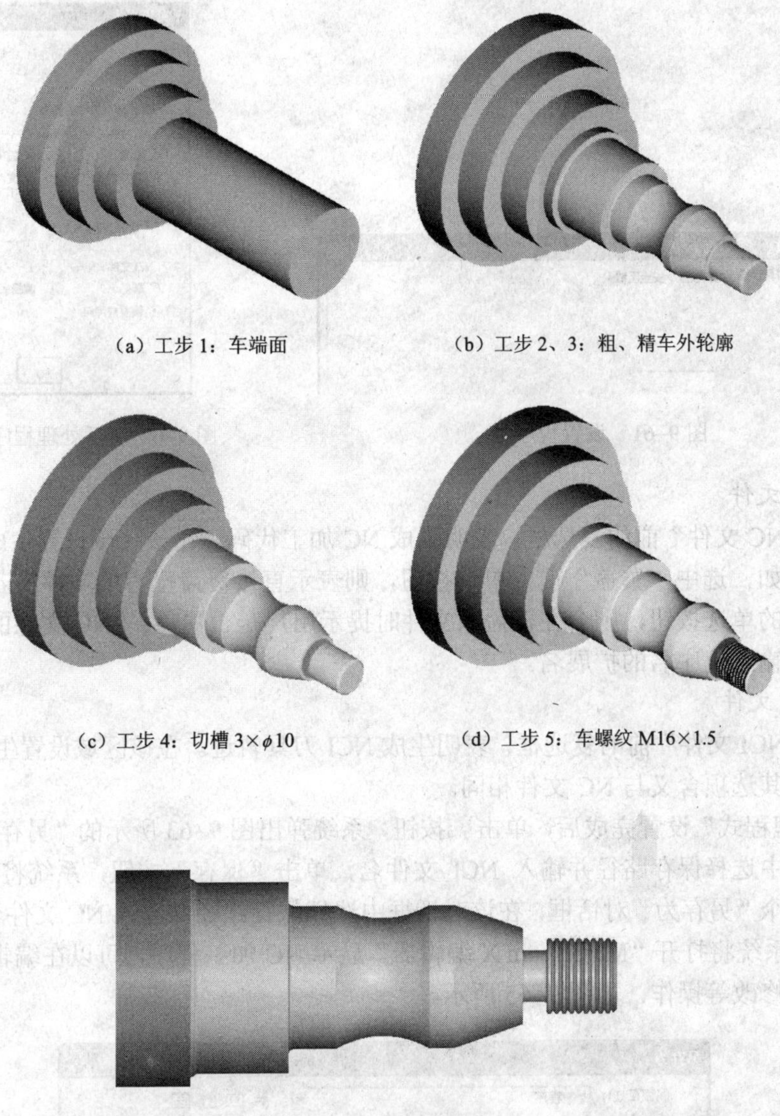

（a）工步 1：车端面

（b）工步 2、3：粗、精车外轮廓

（c）工步 4：切槽 3×ϕ10

（d）工步 5：车螺纹 M16×1.5

（e）效果图

图 9–59　实体验证

图 9–60　修改群组名称

在“刀具设置”选项卡中设置程序号为 1，如图 9–61 所示。

在“刀具路径管理器”中单击 G1 按钮，弹出图 9–62 所示的“后处理程式”对话框，该对话框中部分选项的含义如下。

图 9–61　设置程序号

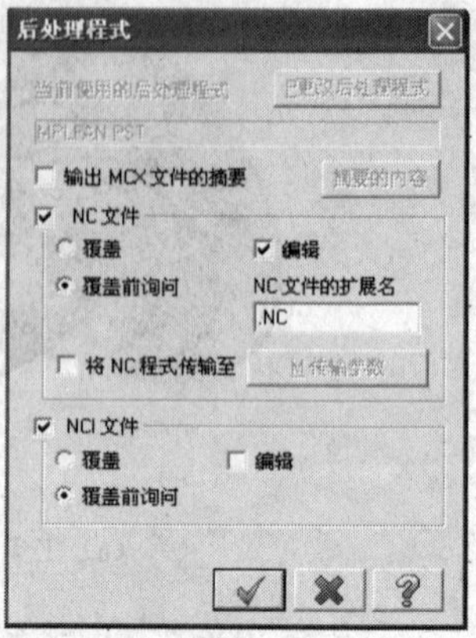

图 9–62 “后处理程序式”对话框

1. NC 文件

选中“NC 文件”前的复选框，表明生成 NC 加工代码。在该区域设置生成 NC 文件时的选项。例如，选中“覆盖”前的单选按钮，则表示直接覆盖已有的文件；若选中“覆盖前询问”前的单选按钮，则会在覆盖原文件时提示用户是否覆盖；“NC 文件的扩展名”的文本框用来输入程序名的扩展名。

2. NCI 文件

选中“NCI 文件”前的复选框，表明生成 NCI 刀具轨迹。在该区域设置生成 NCI 文件时的选项，其选项含义与 NC 文件相同。

“后处理程式”设置完成后，单击✔按钮，系统弹出图 9–63 所示的“另存为”对话框，在该对话框中选择保存路径并输入 NCI 文件名，单击“保存”按钮，系统将弹出图 9–64 所示的第 2 个“另存为”对话框，在该对话框中选择保存路径并输入 NC 文件名，单击“保存”按钮，系统将打开“Mastercam X 编辑器”显示 NC 加工程序，可以在编辑器中进行程序的编辑和修改等操作，如图 9–65 所示。

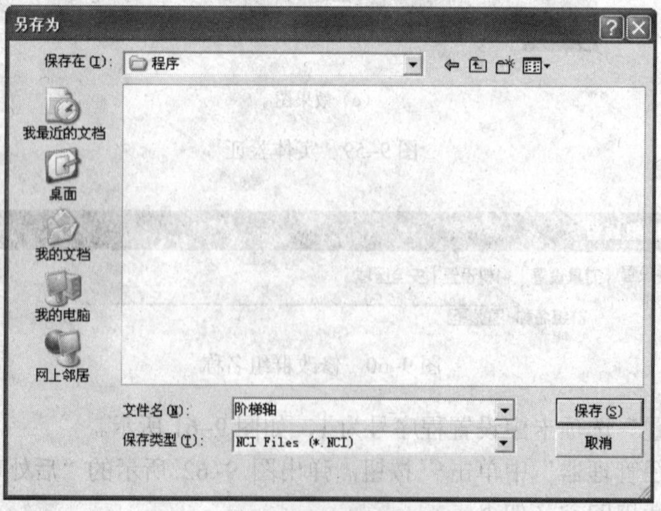

图 9–63　NCI“另存为”对话框

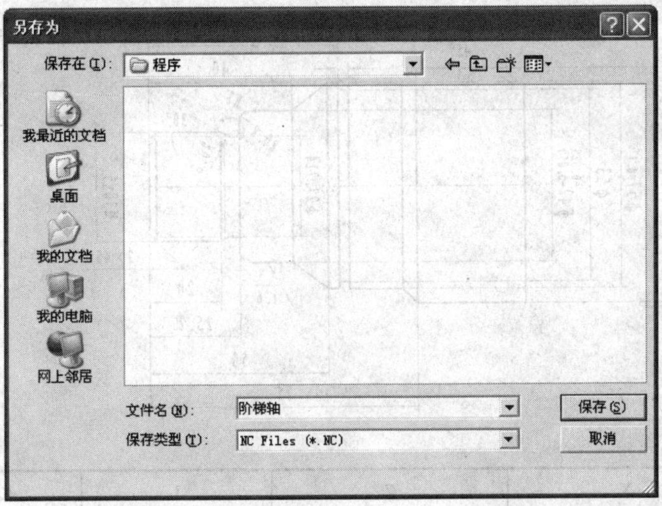
另存为
保存在(I): 程序
我最近的文档
桌面
我的文档
我的电脑
网上邻居
文件名(N): 阶梯轴
保存类型(T): NC Files (*.NC)
保存(S)
取消

图 9–64　NC“另存为”对话框

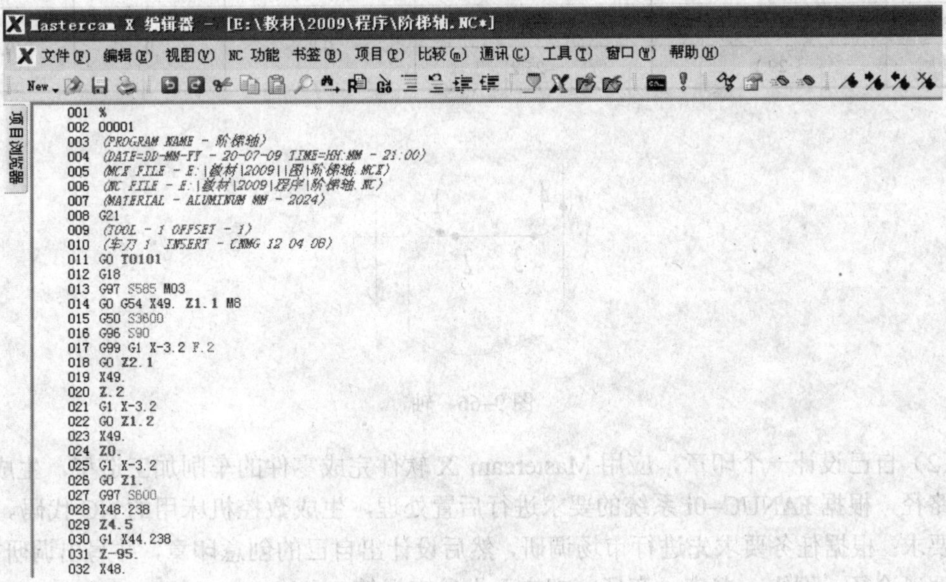
Mastercam X 编辑器 - [E:\教材\2009\程序\阶梯轴.NC*]
文件(F) 编辑(E) 视图(V) NC 功能 书签(B) 项目(P) 比较(m) 通讯(C) 工具(T) 窗口(W) 帮助(H)
项目浏览器
001 %
002 O0001
003 (PROGRAM NAME - 阶梯轴)
004 (DATE=DD-MM-YY - 20-07-09 TIME=HH:MM - 21:00)
005 (MCX FILE - E:\教材\2009\图\阶梯轴.MCX)
006 (NC FILE - E:\教材\2009\程序\阶梯轴.NC)
007 (MATERIAL - ALUMINUM MM - 2024)
008 G21
009 (TOOL - 1 OFFSET - 1)
010 (车刀 1 INSERT - CNMG 12 04 08)
011 G0 T0101
012 G18
013 G97 S585 M03
014 G0 G54 X49. Z1.1 M8
015 G50 S3600
016 G96 S90
017 G99 G1 X-3.2 F.2
018 G0 Z2.1
019 X49.
020 Z.2
021 G1 X-3.2
022 G0 Z1.2
023 X49.
024 Z0.
025 G1 X-3.2
026 G0 Z1.
027 G97 S600
028 X48.238
029 Z4.5
030 G1 X44.238
031 Z-95.
032 X48.

图 9–65　生成的加工程序

如果不想在 Mastercam X 编辑器中编辑程序，或者编辑过后又想修改 NC 程序文件，可以用其他文件格式（如.txt 记事本）打开程序。

实 践 演 练

（1）通过图 9–66 所示的零件（毛坯为ϕ 70 的圆棒料，材料为 45[#]钢），练习使用 Mastercam X 车削编程软件完成车端面、粗车、精车、切槽及螺纹切削等车削加工。

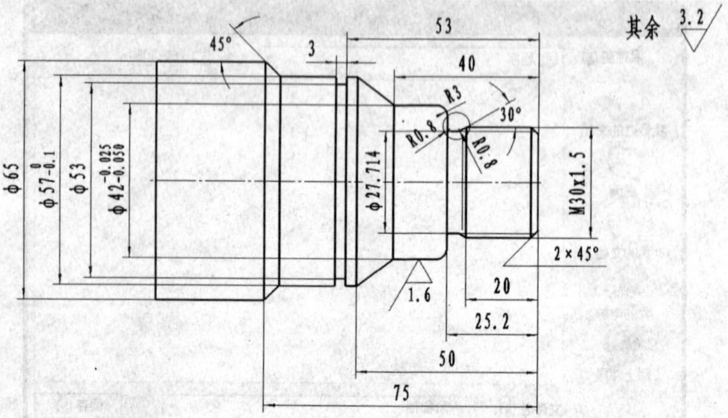

点	X	Z	I	K	R
1	27.714	–21.979	0.693	–0.4	0.8
2	27.5	–22.379			
3	27.5	–24.4	0.8	0	0.8
4	29.1	–25.2			

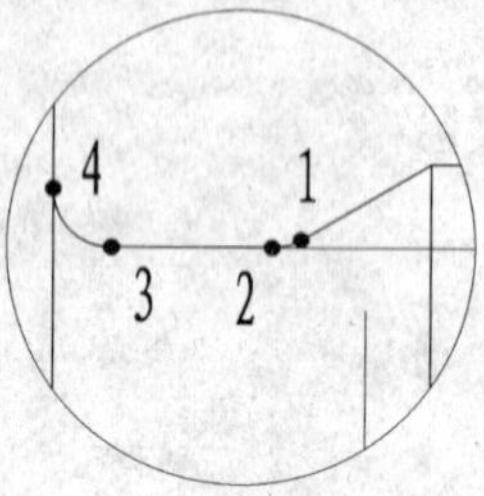

图 9–66　轴

（2）自己设计一个印章，应用 Mastercam X 软件完成零件的车削加工造型，生成刀具加工路径，根据 FANUC–0i 系统的要求进行后置处理，生成数控机床用的 NC 代码。

要求：根据任务要求先进行市场调研，然后设计出自己的创意印章，并写出调研报告。

调研途径：网络、书店、商场、超市及批发市场等。

学 后 感 言

学习情境 10　盘的建模与加工

情境描述

本学习情境通过盘类零件的建模与加工使学生学会使用 Mastercam X 车削加工编程软件进行盘类零件的几何建模，掌握内外形车削加工刀具路径的规划方法；熟悉 Mastercam X 车削加工编程软件实体验证及后置处理的方法。

工作任务

任务 1　“盘”的建模

任务 2　“盘”加工刀具路径的设置

任务 3　实体验证及后置处理

任务 1　“盘”的建模

活动 1　布置任务

如图 10–1 所示，盘材料为 45#调质钢，毛坯为$\phi 65 \times 40$ mm 的圆棒料，应用 Mastercam X 软件完成该零件的车削加工造型，生成刀具加工路径，根据 FANUC–0i 系统的要求进行后置处理，生成 CAM 编程 NC 代码。

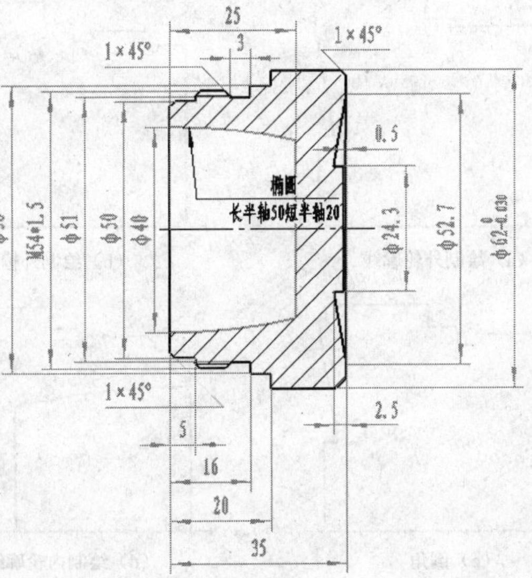

图 10–1　盘

活动 2　几何建模

1. 绘制中心线

选择副功能表中的“属性”，选取“线型”为点划线，选取“线宽”为细实线，选取“颜色”为 12，选择图层 10，并在图层名称处输入“中心线”，单击按钮。

回到工作界面，单击工具栏中的绘制“任意线”按钮，单击工作条中的“水平线”按钮，输入第一点的坐标（–38，0，0），第二点的坐标（3，0，0），单击工作条中的按钮，绘制出的中心水平线如图 10–2 所示。

图 10–2　绘制中心水平线

2. 绘制外轮廓线

（1）确定初始参数如下。

Z：0.00；作图颜色：10；作图层别：1；图层名称：外轮廓线；WCS：T；构图面：T；屏幕视角：T；线型：实线；线宽：粗实线。

（2）绘制外轮廓线。选择“绘制任意线”|“连续线”命令，依次输入各端点坐标值（–0.5，0，0）、（–0.5，12.15，0）、（–2.5，12.15，0）、（0，26.35，0）、（0，30，0）、（–1，31，0）、（–15，31，0）、（–15，28，0）、（–19，28，0）、（–19，26.925，0）、（–30，26.925，0）、（–30，25，0）、（–35，25，0）、（–35，0，0）和（–0.5，0，0），然后单击按钮，绘制出图 10–3（a）所示的图形。

注：为了几何建模的需要将轮廓封闭起来，等到设定刀具路径时，为了方便轮廓的选取可以单击“隐藏图素”按钮，将中心线上的实线隐藏起来。

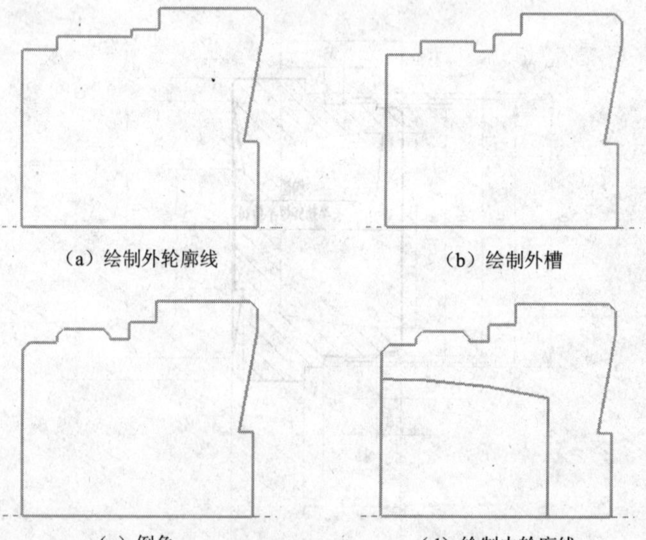

（a）绘制外轮廓线　（b）绘制外槽

（c）倒角　（d）绘制内轮廓线

图 10–3　绘制零件轮廓

（3）绘制外槽。使用相关命令绘制完成 3×ϕ51 的外槽，如图 10–3（b）所示。

（4）绘制倒角。选择“构图”命令中的“倒角”命令，倒角 1×45°，结果如图 10–3（c）所示。

3. 绘制内轮廓线

选择图层 5，图层名称为“内轮廓线”。

选择菜单栏中的“构图”|“画椭圆”命令，长轴设为 50，短轴设为 20，选取中心点位置（–35，0，0），然后单击按钮。

选择“绘制任意线”|“平行线”命令，绘制一条距离左端面线 25 mm 的垂线。选择菜单栏中的“编辑”|“修剪/打断”命令，裁剪椭圆和垂线，绘制出的零件轮廓如图 10–3（d）所示。

4. 绘制几何模型

选择图层 20，图层名称为“实体”。应用“实体”中的“旋转”命令，使用“串连”按钮，选择图 10–3 中封闭的零件轮廓，旋转轴线选择中心水平线，单击按钮，为了显示清楚可以将其他各层关闭，绘制出零件的几何模型，如图 10–4 所示。

图 10–4　零件的几何模型

任务 2　“盘”加工刀具路径的设置

活动 1　制订工艺方案

1. 零件结构分析

零件左端外轮廓由圆柱面、外槽及外螺纹组成，内轮廓为椭圆和平底内孔。加工平底内孔前需要钻孔，钻孔时要求将麻花钻钻尖刃磨成平头钻，严格控制钻孔深度；内孔刀具主偏角大于 90°，刀具最小加工孔径小于平底半径，刀具安装等高于工件回转轴线。

零件右端端面有内凹锥台，加工中采用主偏角较大的外圆刀具加工，必要时可以将刀具后刀面刃磨成弧形，以防止刀具与工件发生干涉。

2. 确定加工顺序和工件装夹方式

采用三爪卡盘装夹定位工件。先加工工件右端端面、圆柱面、端面内凹锥台；掉头再装夹$\phi 62^{0}_{-0.03}$外圆，加工左端端面、外圆柱面、外槽、外螺纹、打孔和内椭圆面。

数控加工工序卡见表 10–1。

表 10–1 数控加工工序卡

数控加工工序卡			工序号		工序内容			
			1		车			
北京电子科技职业学院			零件名称		材料	夹具名称		使用设备
			盘		45#钢	三爪自定心卡盘		数控车床
工步号	程序号	工步内容	刀具号	刀具规格	主轴转速/（r/min）	进给量/（mm/r）	背吃刀量/mm	备注
1	O0001	车右端面	1	93°外圆车刀	150 m/min	0.1	0.2	
2		粗车外圆留 1 mm 精车余量	1		800	0.2	1.0	
3		精车外圆至$\phi 62^{0}_{-0.03}$	1		1200	0.08	0.5	
4		粗车内凹锥台	5	105°外圆车刀	800	0.2	2	
5		精车内凹锥台	5		1 000	0.1	0.25	
调头，车左端各部								
1	O0002	车左端面	1	93°外圆车刀	150 m/min	0.1	0.2	
2		钻孔留 0.1 mm 精车余量	6	ϕ32 平底钻	240			
3		粗车外轮廓留 1 mm 精车余量	1	93°外圆车刀	800	0.2	1.0	
4		精车外轮廓	1		180 m/min	0.08	0.5	
5		切槽 3×ϕ51	2	宽 2 mm	650	0.08		
6		车外螺纹 M54×1.5	3	60°	800	1.5		
7		粗车内轮廓	4	ϕ12	800	0.2	1	
8		精车内轮廓	4		180 m/min	0.1	0.25	
编制			审核			第 页		共 页

活动 2 设定刀具路径

选择菜单栏中的“机床类型”|“车削”|“默认”命令即可。

1. 车床坐标系设置

选择状态栏中“构图面”，在打开的快捷菜单中选择 “车床直径”命令 +D +Z，进行车床坐标系的设定。

2. 工件设置

在刀具路径管理器中单击“材料设置”，系统弹出 “加工群组属性”对话框中的“材料设置”选项卡，单击“素材”stock 选项区的“参数”按钮，打开“长条状毛坯的设定”对话框，设定毛坯参数，如图 10–5 所示，单击按钮，结果如图 10–6（a）所示。

注：将零件的右端面中心设为工件坐标系原点（端面加工余量为 2.5 mm）。

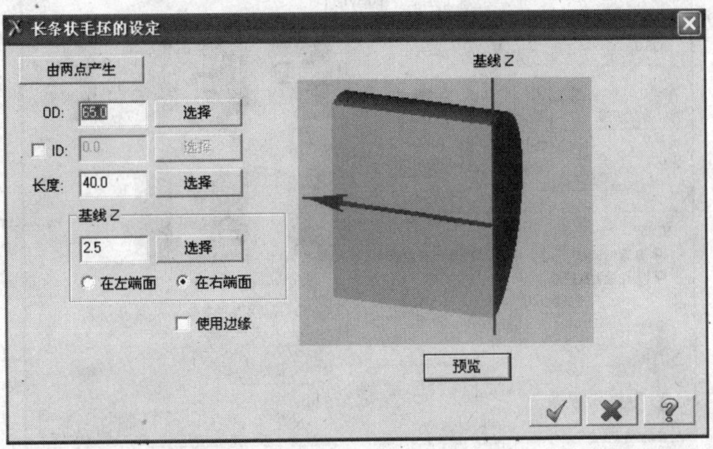

图 10–5 “长条状毛坯的设定”对话框

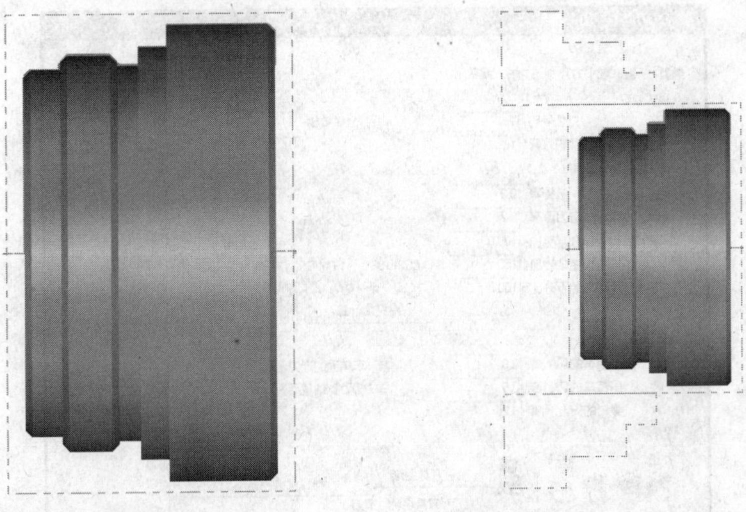

（a）设定毛坯　　（b）设定夹爪

图 10–6　设定毛坯外形和夹爪

在卡盘（Chuck）选项区单击“参数”按钮，系统弹出“夹爪的设定”对话框，设置夹爪参数如图 10–7 所示，单击按钮，结果如图 10–6（b）所示。

3. 刀具设置

在菜单区选择“刀具路径”|“车床刀具管理器”命令，可以根据加工需要从刀具库中将刀具选择到加工群组列表中，也可以创建新刀具。

（1）外圆刀 T0101（粗、精车外圆和端面）。在加工群组列表中右击，选择“创建新刀具”，车刀类型选择外圆车刀，刀片型式选用 C 型（80° 刀尖角），刀把选用 L 型，设定的刀具参数如图 10-8 所示，刀具预览如图 10-12 中所示的“车刀 1”。

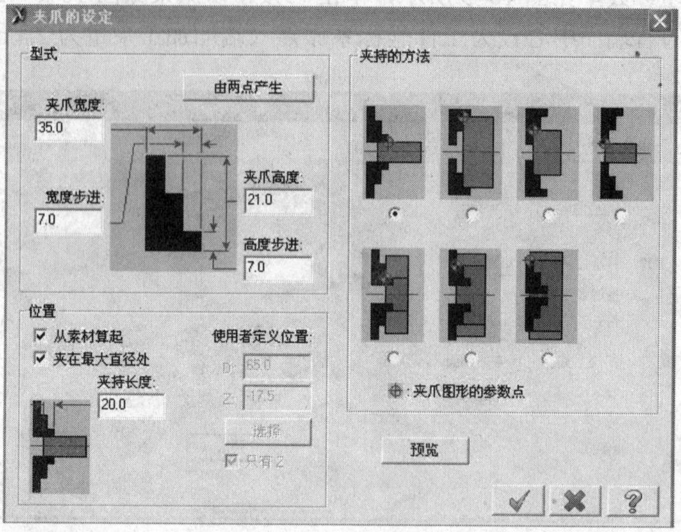

图 10-7 设置夹爪参数

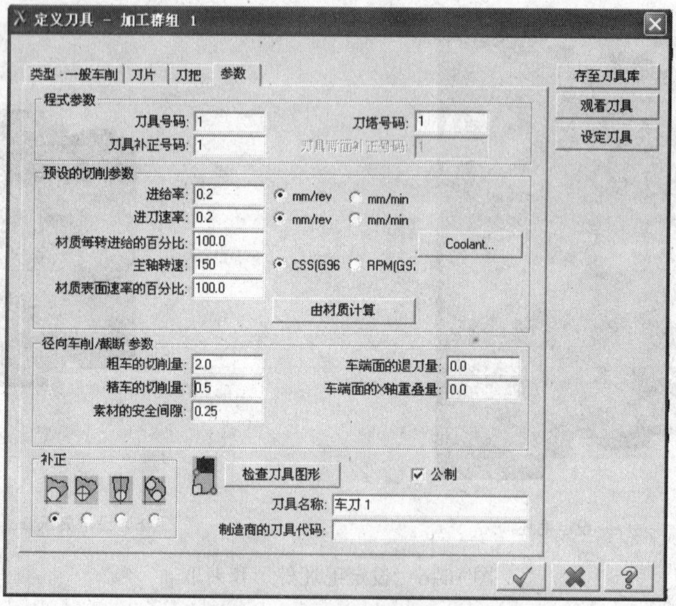

图 10-8 外圆刀具参数设置

（2）外槽刀 T0202（切外槽）。创建新刀具，车刀类型选择“径向车削/截断”，刀片型式选用单头（方形），刀宽 2 mm，长度要大些，这样可以切削较深的槽。刀把选用外径（右手），设定的刀具参数如图 10-9 所示，刀具预览如图 10-12 所示的“车刀 2”。

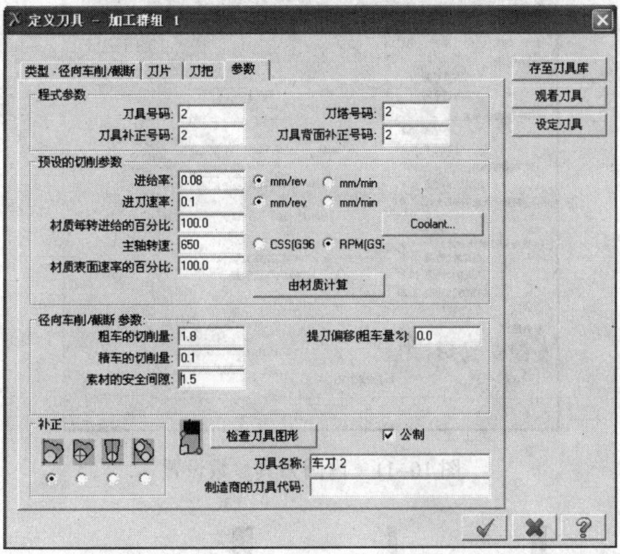

图 10–9　外槽刀具参数设置

（3）外螺纹刀 T0303（车外螺纹）。创建新刀具，车刀类型选择“车螺纹”，刀片型式选用公制 60°，刀把选用 straight shank 型，设定的刀具参数如图 10–10 所示，刀具预览如图 10–12 所示的“车刀 3”。

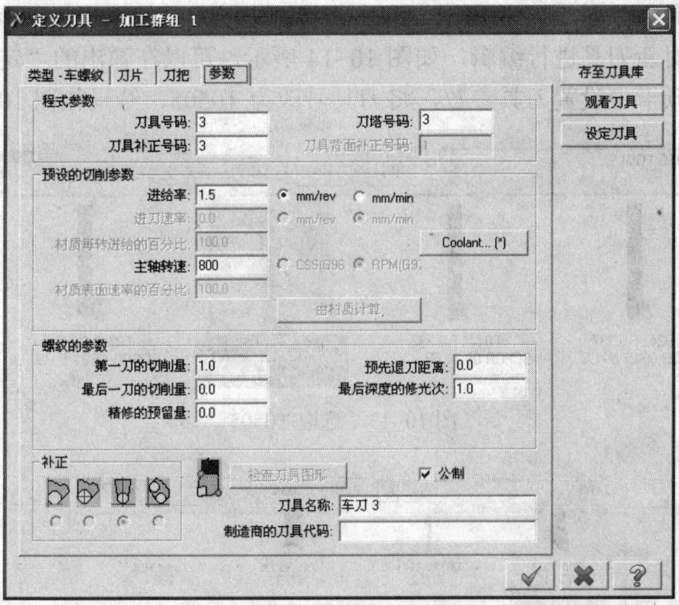

图 10–10　外螺纹刀具参数设置

（4）内孔刀 T0404（粗、精车内孔）。创建新刀具，车刀类型选择“搪刀”，刀片型式选用 V 型（35° 刀尖角），刀把选用 Q 型，注意刀杆直径设定为 12 mm，设定的刀具参数如图 10–11 所示，刀具预览如图 10–12 所示的“车刀 4”。

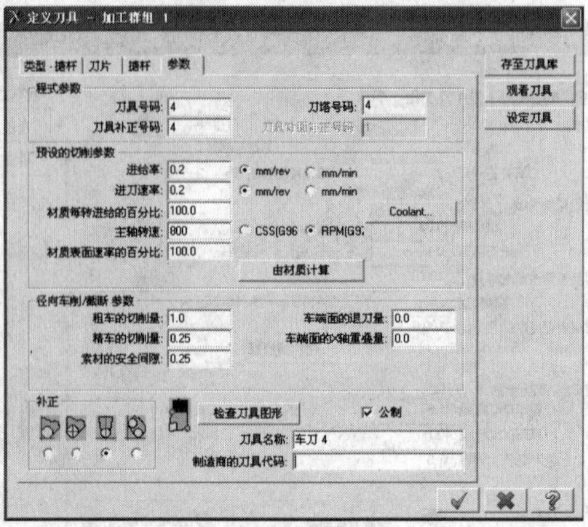

图 10–11　内圆刀具参数设置

图 10–12　T0101～T0404

（5）外圆刀 T0505（粗、精车右端端面锥台）。从 VALENITE.TOOLS 刀具库中，选取主偏角较大的刀具，如图 10–13 所示，双击，将选中的刀具放入“加工群组 1”中。选中新的刀具，右击对新刀具进行编辑，如图 10–14 所示，可以在弹出的“定义刀具”对话框中的“参数”选项卡中设置刀具参数，将刀具号改为 T0505，结果如图 10–16 所示。

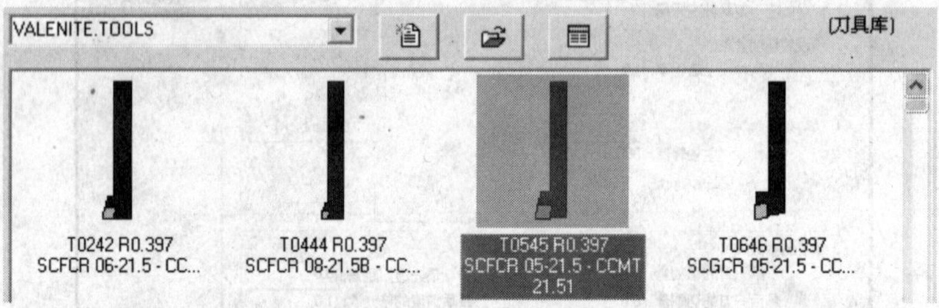

图 10–13　选取 T0505

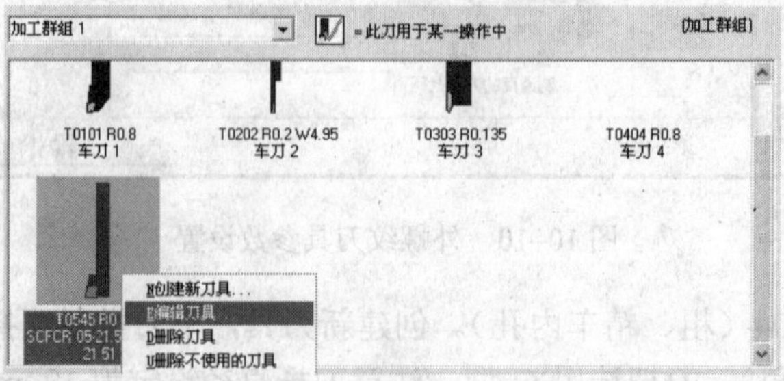

图 10–14　编辑刀具 T0505

（6）平底钻 T0606。从 LMILLSM.TOOLS 刀库中选取ϕ32 的平底刀，如图 10–15 所示，双击，将选中的刀具放入“加工群组 1”中。右击对新刀具进行编辑，可以在弹出的“定义刀具”对话框中的“参数”选项卡中设置刀具参数，并将刀具号改为 T0606，结果如图 10–16 所示。

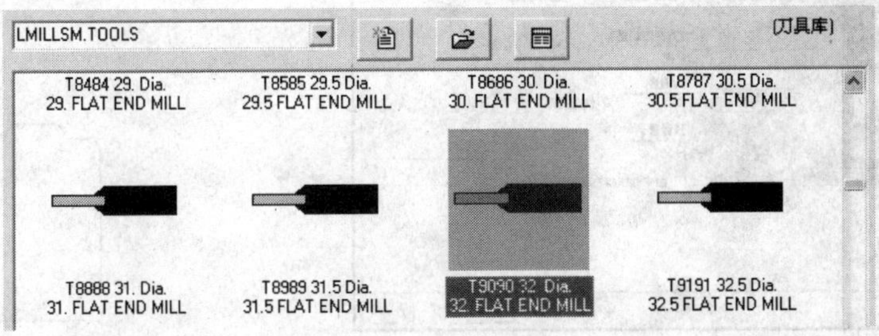

图 10–15　选取 T0606

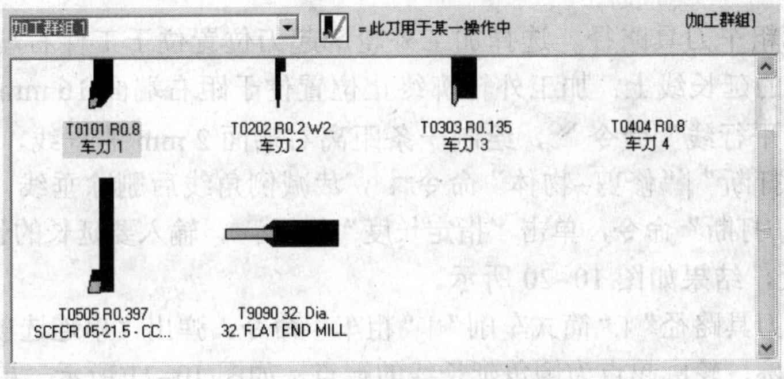

图 10–16　T0505～T0606

4. 生成工件右端加工刀具路径

（1）端面加工刀具路径。关闭图层 20，打开图层 1 和 10。

在菜单区选择“刀具路径”|“车端面”命令，在弹出的对话框中进行参数设置，根据表 10–1 中的数值设置各项切削参数，如图 10–17 和图 10–18 所示。完成设置后生成图 10–19 所示的端面加工刀具路径，可以通过键盘上的“T”键隐藏或显示生成的刀具路径。

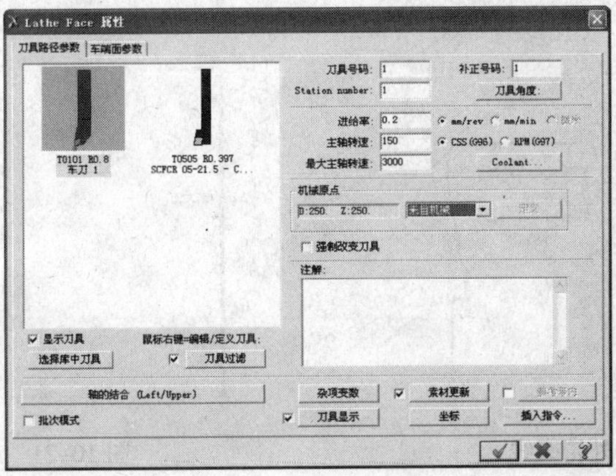

图 10–17　车端面“刀具路径参数”选项卡

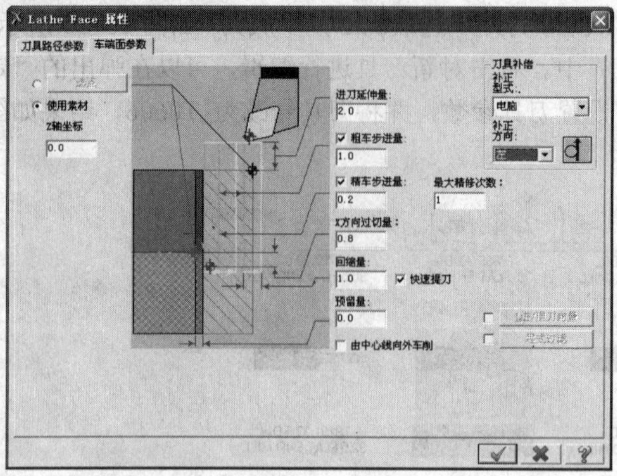

图 10–18 “车端面参数”设置

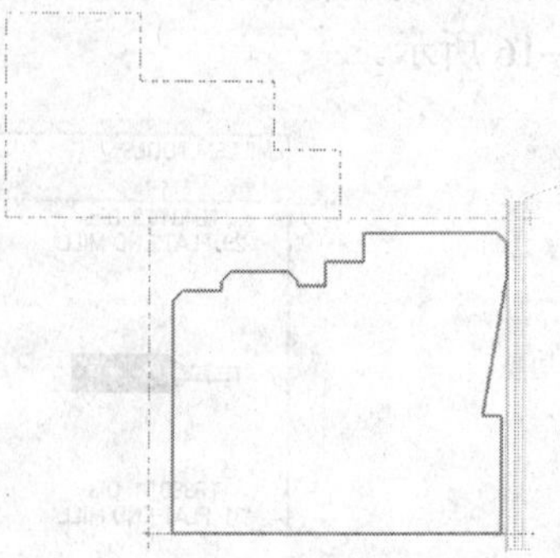

图 10–19 车右端端面刀具路径

（2）外轮廓粗车刀具路径。选择加工外轮廓起刀位置位于工件右端面 2 mm 处，且在 1×45° 倒角的延长线上；加工外轮廓终止位置位于距右端面 16 mm 处。选择“绘制任意线”|“平行线”命令，绘制一条距离右端面 2 mm 的垂线，选择菜单栏中的“编辑”|“修剪/打断”|“修剪–物体”命令，裁减倒角线后删除垂线。选择菜单栏“修剪/打断”|“修剪/打断”命令，单击“指定长度”按钮，输入要延长的长度 1 mm，单击所要延长的线段，结果如图 10–20 所示。

选择菜单“刀具路径”|“简式车削”|“粗车”命令，弹出“串连选项”对话框，选取所要加工的外轮廓，轮廓起点为倒角延长线的端点，如图 10–21 所示。单击按钮后，选取 T0101，设置“简式粗车参数”，如图 10–22 所示，完成设置后生成图 10–23 所示的右端外轮廓粗加工刀具路径。

简式车削共有 3 种方式：简式粗车、简式精车和简式切槽。在使用简式切削方式时，所需设置的参数较少，主要用于较为简单的粗车、精车和径向车削。

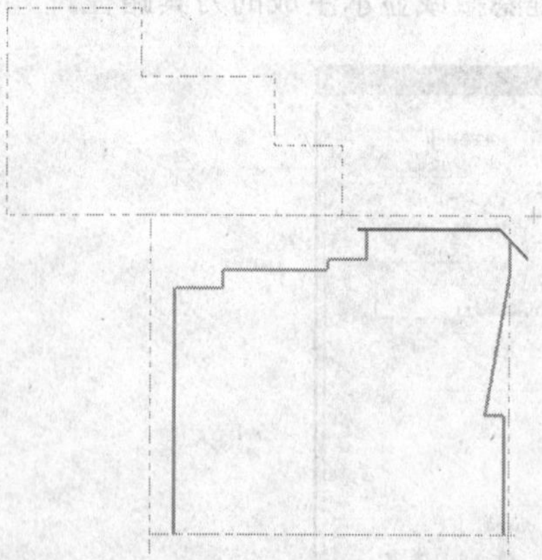

图 10–20 延伸外轮廓线

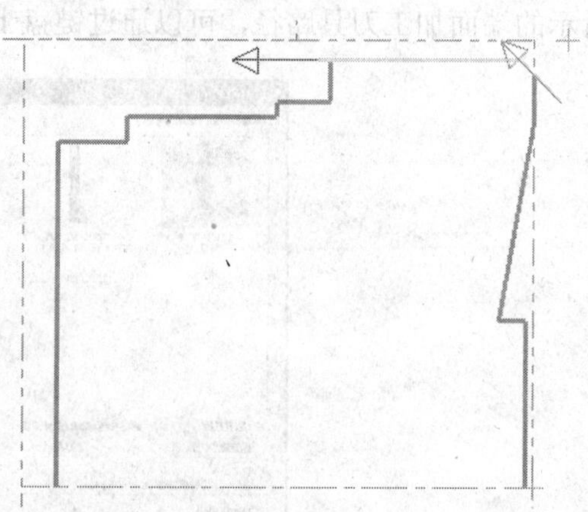

图 10–21 选择串连

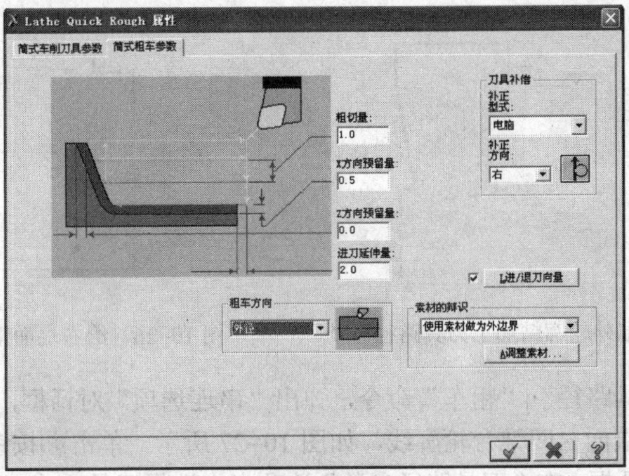

图 10–22 “简式粗车参数”选项卡

（3）外轮廓精车刀具路径。选择“简式切削”中的“精车”命令，系统将弹出“串连选项”对话框，选择需要精加工的外轮廓。如果精车轮廓与粗车轮廓相同，可以单击“选取上次”按钮。设置“简式精车参数”，如图 10–24 所示，生成图 10–25 所示的右端外轮廓精车刀具路径。

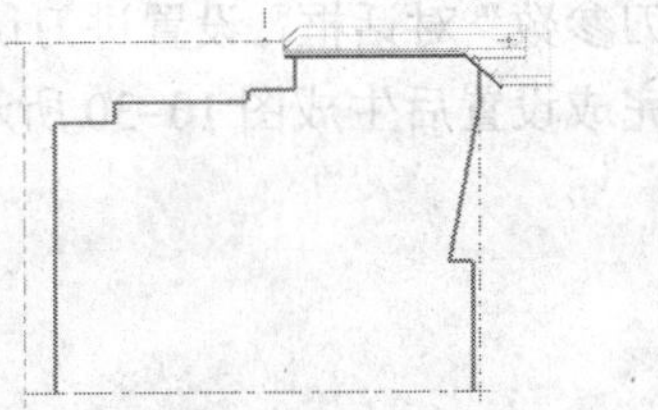

图 10–23　右端外轮廓粗车刀具路径

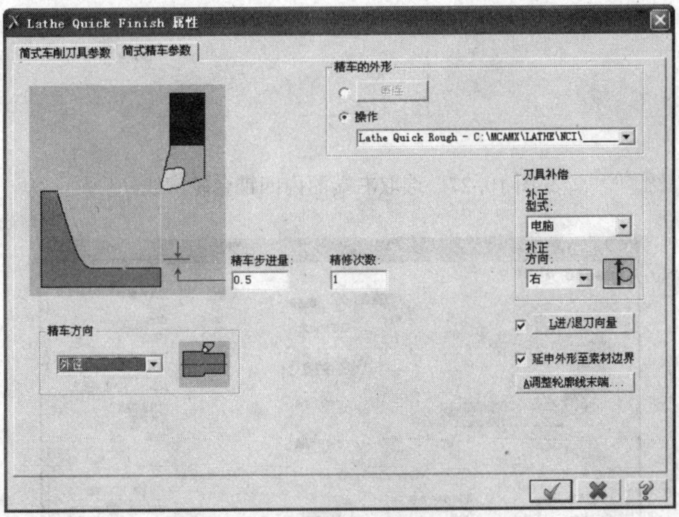

图 10–24 “简式精车参数”选项卡

（4）粗车端面锥台刀具路径。选择加工右端面内凹锥台轮廓的起刀位置位于工件右端面 2 mm 且在过中心线 1 mm 处；加工终止位置为右端面延长线 1 mm 处，如图 10–26 所示。

为了看图方便也可以重新建立一个图层 3，名称是“右端内凹锥面”。

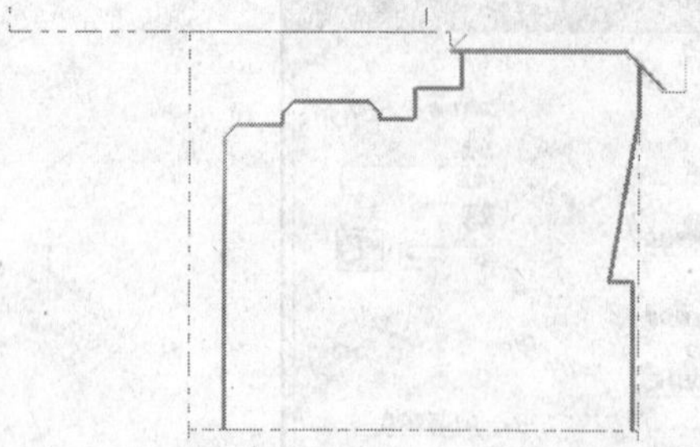

图 10–25　右端外轮廓精加工刀具路径

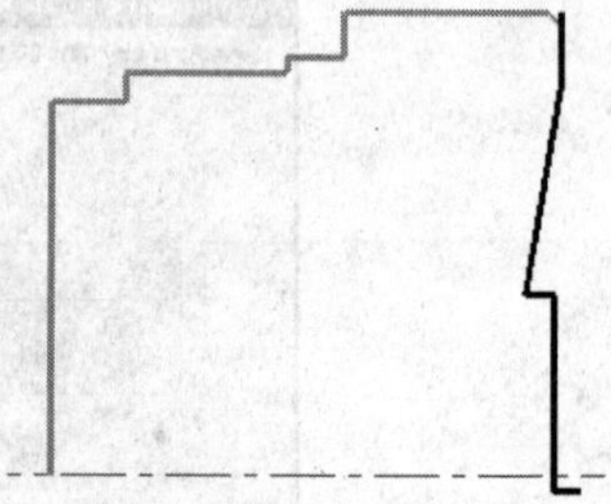

图 10–26　给右端面锥台外轮廓添加辅助线

选择菜单“刀具路径”|“粗车”命令，弹出“串连选项”对话框，选择“串连”方式，选取所要加工的右端面内凹锥台轮廓线，如图 10–27 所示。单击✓按钮，系统将弹出“车床粗加工属性”对话框，在“刀具路径参数”选项卡中选择刀具 T0505，选择 “粗车参数”选项卡，并设置各项切削参数，如图 10–28 所示，单击 “进刀参数”按钮，系统弹出“进刀参数”对话框，设置进刀切削参数，选择端面有底切的粗车刀具路径，如图 10–29 所示，完成设置后生成图 10–30 所示的粗车右端面内凹锥台刀具路径。

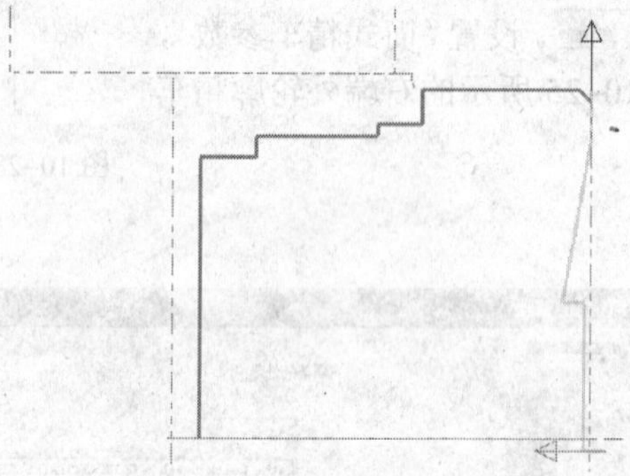

图 10–27　选取右端面内凹锥台轮廓线

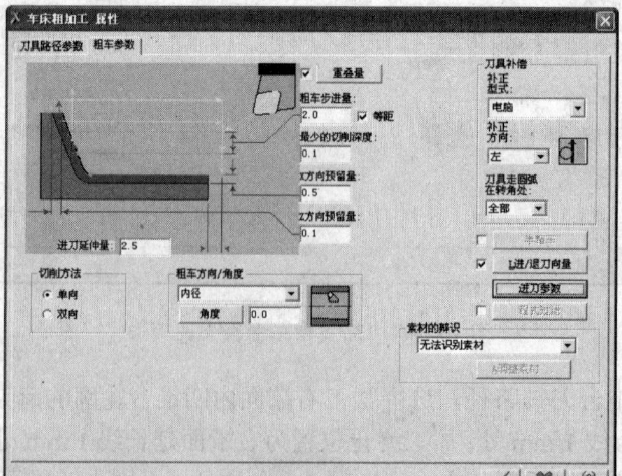

图 10–28 “粗车参数”选项卡

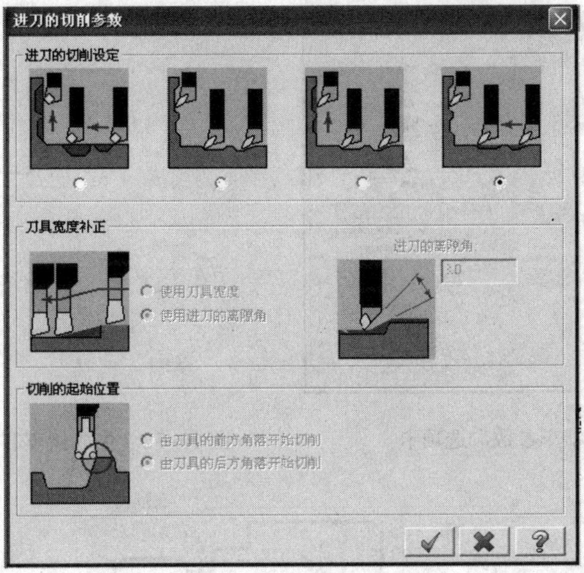

图 10–29　进刀的切削参数设定

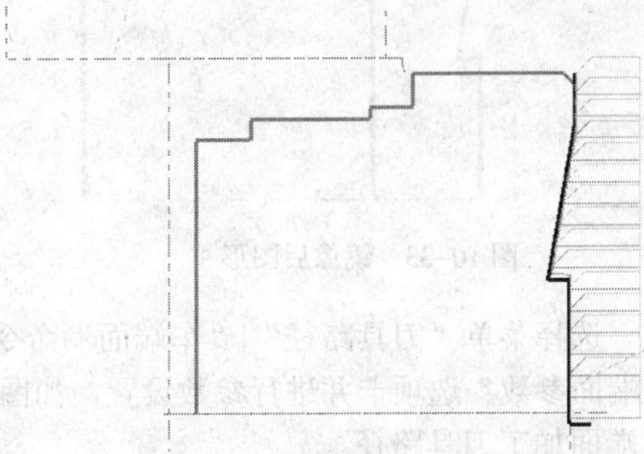

图 10–30　粗车右端面内凹锥台刀具路径

（5）精车端面锥台刀具路径

选择菜单“刀具路径”|“精车”命令，弹出“串连选项”对话框，单击“选取上次”按钮，单击按钮，系统弹出“车床精加工属性”对话框，选择刀具 T0505，并设置精车切削参数，如图 10–31 所示，单击“进刀参数”按钮，选择端面有底切的精车刀具路径，如图 10–29 所示，生成图 10–32 所示的精车右端内凹锥台的刀具路径。

选择菜单“文件”|“保存”命令，保存工件右端各部的刀具加工路径。

5. *生成工件左端加工刀具路径*

为了加工工件左端，需要将工件调头，在这里可以使用“镜像”功能。

打开图层 5，使用画垂直线命令先在绘图区画出镜像轴线，其坐标为（D0，Z–17.5，Y0）和（D20，Z–17.5，Y0）；然后在绘图区选中所要镜像的图素，选择菜单“转换”|“镜像”|“移动”命令，单击“选择直线”按钮来选取镜像轴，在绘图区选取刚才绘制的垂线作为镜像轴线，单击按钮，然后删除辅助垂线，镜像后的结果如图 10–33 所示。

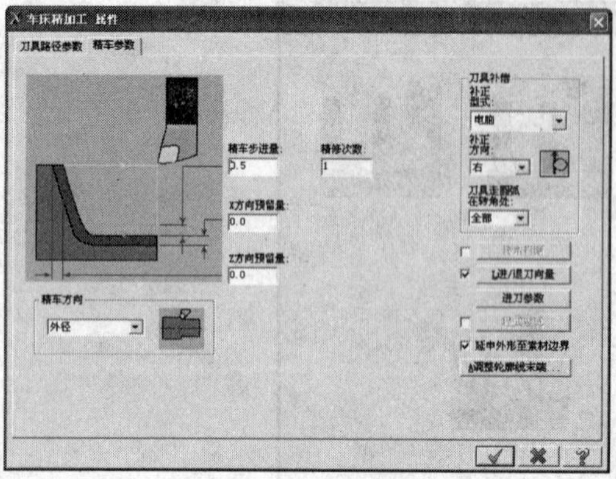

图 10–31 “精车参数”选项卡

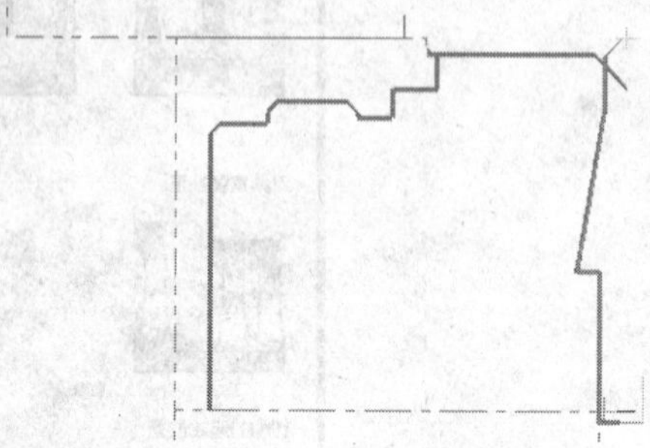

图 10–32 生成精车右端面内凹锥台刀具路径

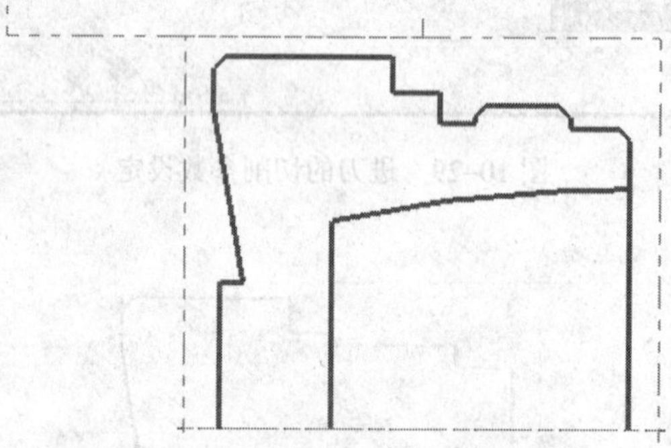

图 10–33 镜像后图形

（1）端面加工刀具路径。选择菜单“刀具路径”|“车端面”命令，选择刀具 T0101，在弹出的对话框中选择“车端面参数”选项卡并进行参数设置，如图 10–34 所示，完成设置后生成图 10–35 所示的左端面加工刀具路径。

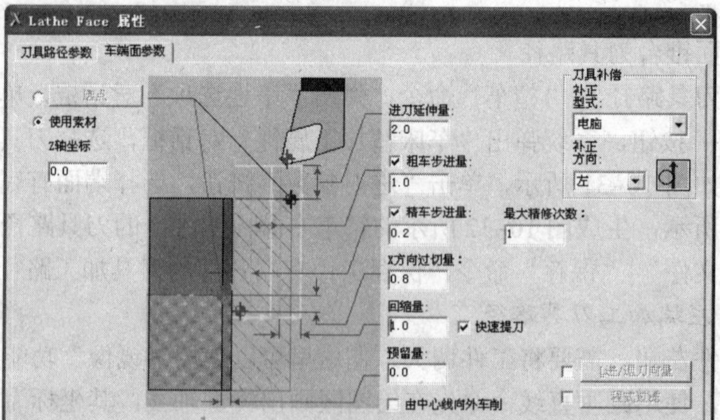

图 10–34 设置车端面参数

（2）外轮廓粗车刀具路径。首先修整外轮廓线，延长 1×45° 倒角线和加工轮廓终端的台肩线，如图 10–36 所示，由图 10–35 中可见夹爪的位置需要调整。在“刀具路径管理器”中单击“材料设置”，系统弹出“加工群组属性”对话框中的“材料设置”选项卡，在卡盘（Chuck）选项区单击“参数”按钮，系统弹出“夹爪的设定”对话框，调整夹爪夹持工件的长度为 15 mm，如图 10–37 所示，单击✔按钮。

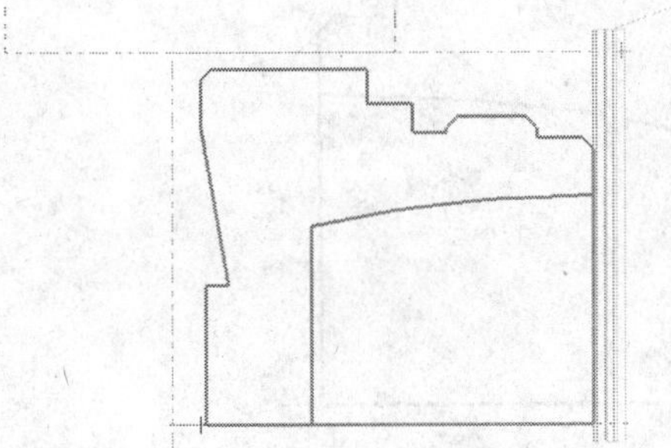

图 10–35　车左端端面刀具路径

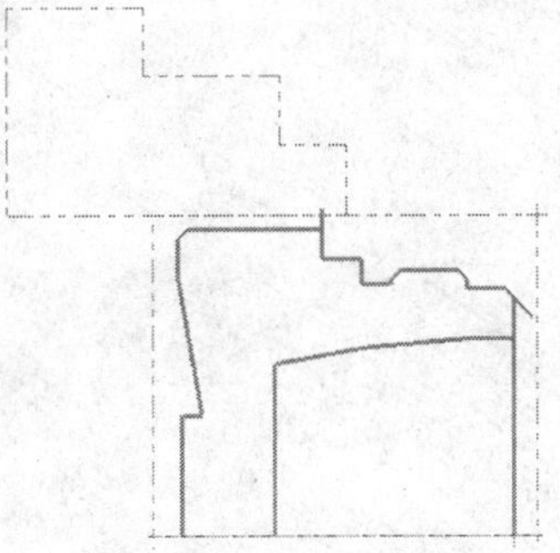

图 10–36　延长加工轮廓的两端

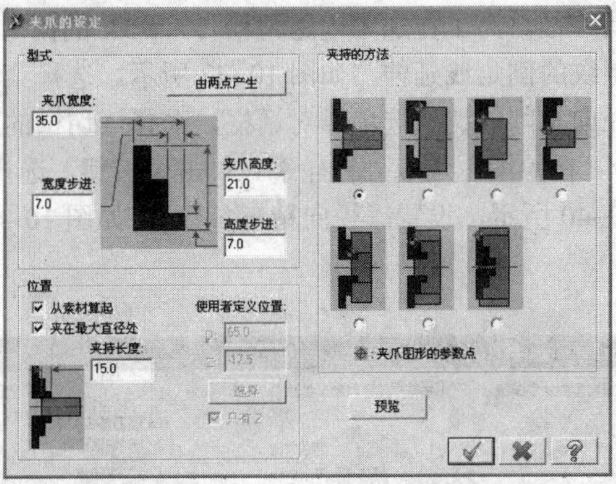

图 10–37　重新设定夹爪的夹持位置

选择菜单“刀具路径”|“粗车”命令，弹出“串连选项”对话框，选取所要加工的外轮廓线，单击✔按钮，系统弹出“车床粗加工属性”对话框，选择刀具 T0101，生成图 10–38 所示的粗车左端外轮廓刀具路径。

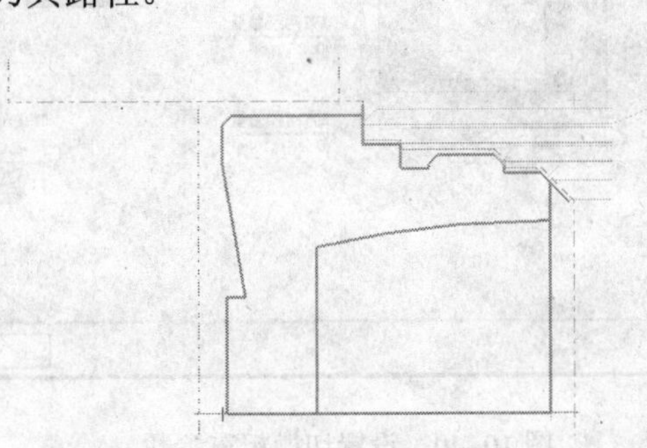

图 10–38　粗车左端外轮廓刀具路径

（3）外轮廓精车刀具路径。选择菜单“刀具路径”|“精车”命令，弹出“串连选项”对话框，单击“选取上次”按钮，选取所要加工的外轮廓线，单击按钮，选择刀具 T0101 并设置精车切削参数，完成设置后生成图 10–39 所示的精车左端外轮廓刀具路径。

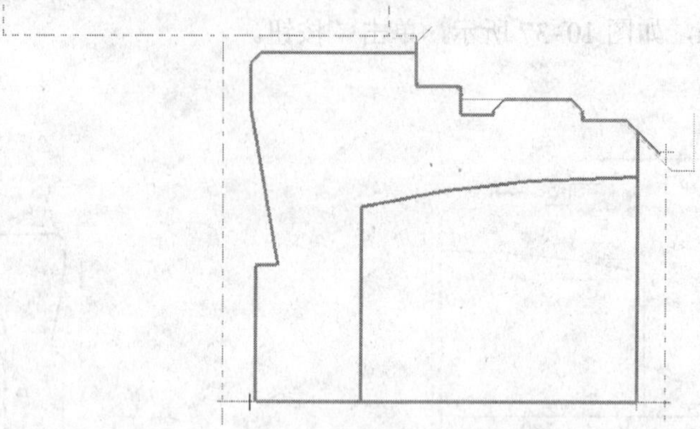

图 10–39　精车左端外轮廓刀具路径

（4）外槽加工刀具路径。为了在加工出退刀槽 3×ϕ51 的同时，能够加工出螺纹的倒角，则需要事先将外螺纹的倒角线延伸，如图 10–42 所示。选择菜单“刀具路径”|“径向车削”命令，弹出“径向车削的切槽选项”对话框，选择“切槽的定义方式”为“串连”，选用“局部串连”命令，在绘图区选取外槽轮廓，单击按钮。选择刀具 T0202，设置“径向粗车参数”，如图 10–40 所示，设置“径向精车参数”，如图 10–41 所示，生成的加工路径如图 10–42 所示。

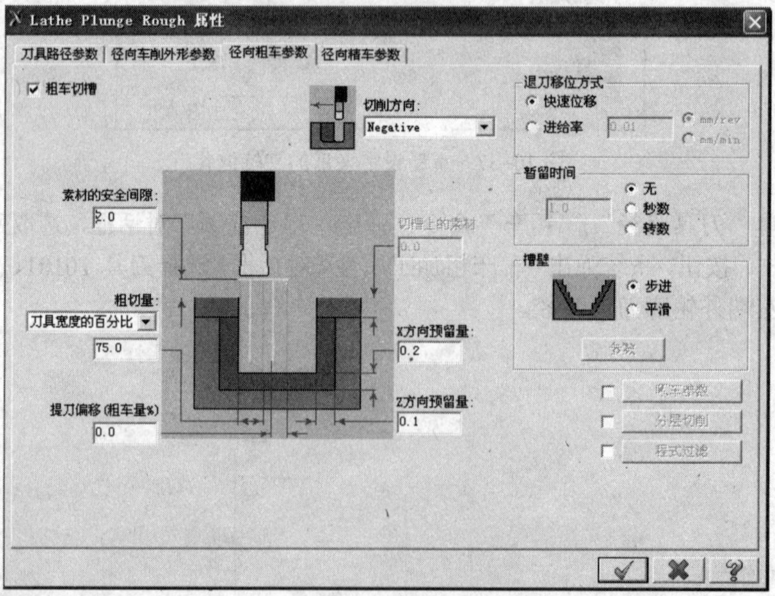

图 10–40　设置切槽粗车参数

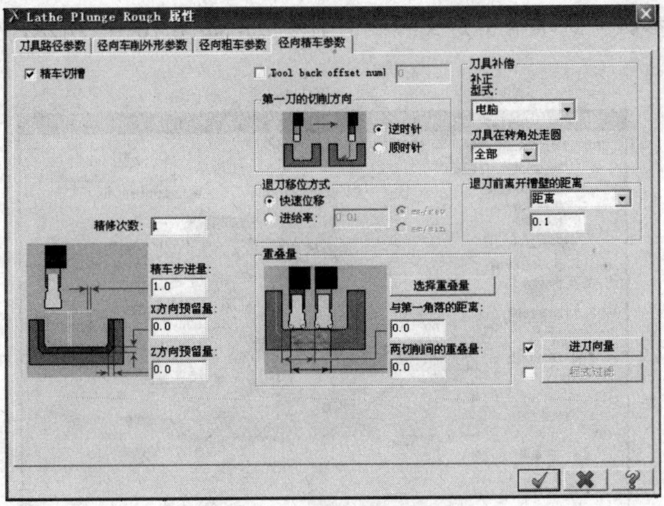

图 10–41　设置切槽精车参数

（5）外螺纹加工刀具路径。选择菜单“刀具路径”|“车螺纹刀具路径”命令，系统将弹出“车螺纹属性”对话框。在螺纹型式的参数对话框中定义螺纹参数，如图 10–43 所示，给出螺纹大径后可以单击按钮“运用公式计算”，直接计算出小径，如图 10–44 所示，螺纹长度方向的起始和结束位置可以在绘图区选取。

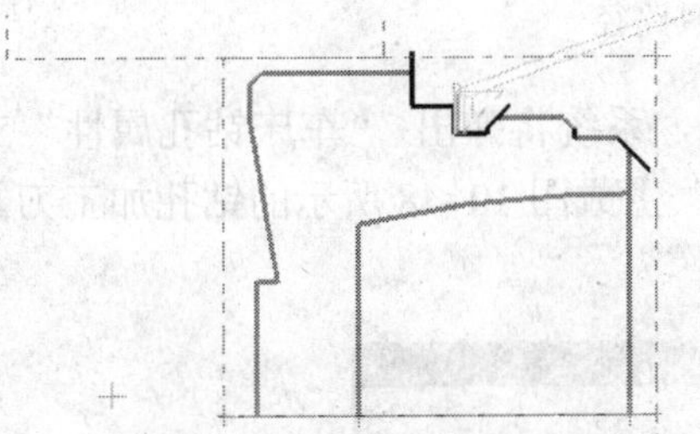

图 10–42　外槽加工刀具路径

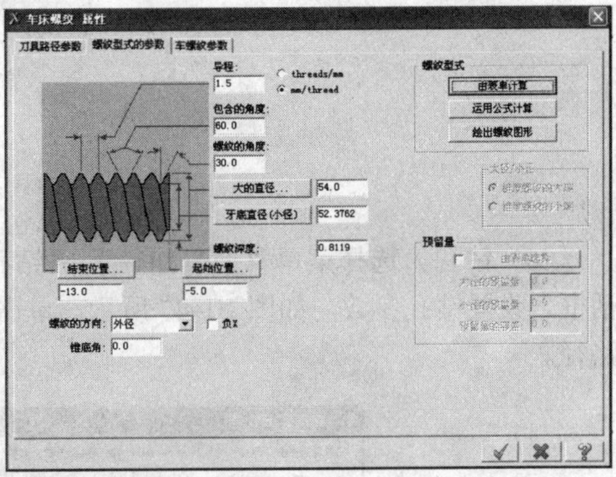

图 10–43　设置螺纹型式的参数

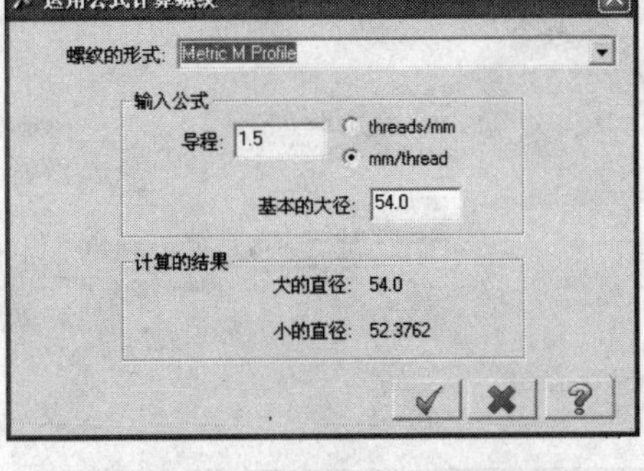

图 10–44　运用公式计算螺纹小径

在“车螺纹参数”选项卡中定义螺纹切削参数，如图 10–45 所示，生成图 10–46 所示的加工刀具路径。

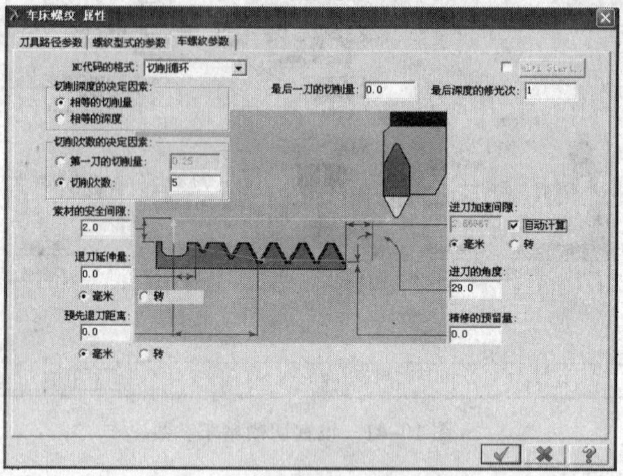

图 10–45　设置车螺纹参数

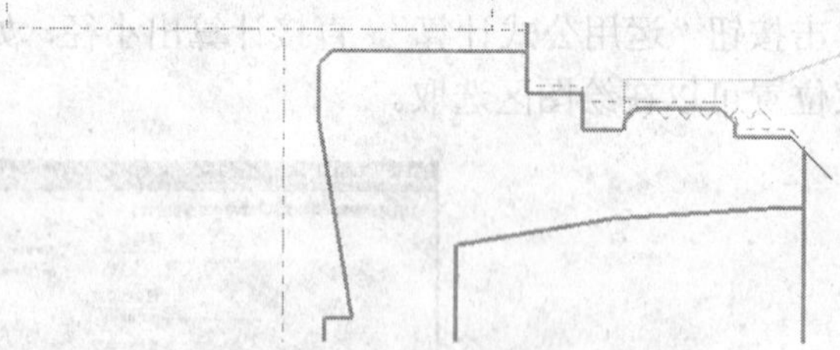

图 10–46　外螺纹加工刀具路径

（6）钻孔。选择菜单“刀具路径”|“钻孔”命令，系统将弹出 “车床钻孔属性”对话框。设置钻孔参数，如图 10–47 所示，单击✔按钮，生成图 10–48 所示的钻孔加工刀具路径。

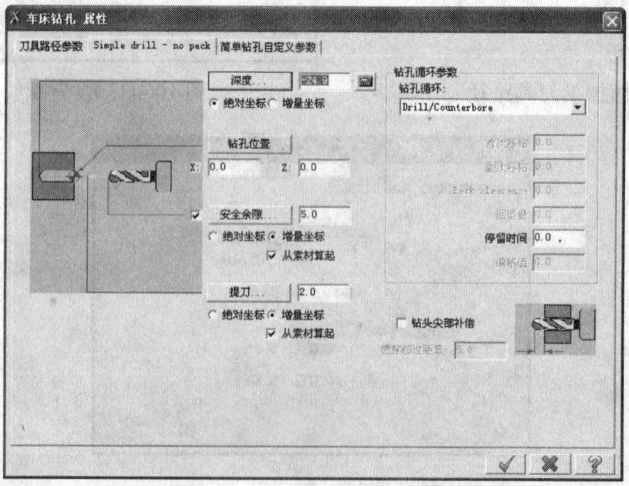

图 10–47　设置钻孔参数

（7）内轮廓粗车刀具路径。为了能够正确选择内轮廓线，需要对轮廓线进行修整，并且考虑到内径刀具 T0404 的加工范围，将加工终止的位置调整为（D15，Z–25），如图 10–49 所示，可以将孔底垂线打断。选择菜单“修剪/打断”|“修剪/打断”命令，按下“修剪单一物体”按钮，按下“打断”按钮，在绘图区选中要打断的垂线，再选取打断线，单击按钮。

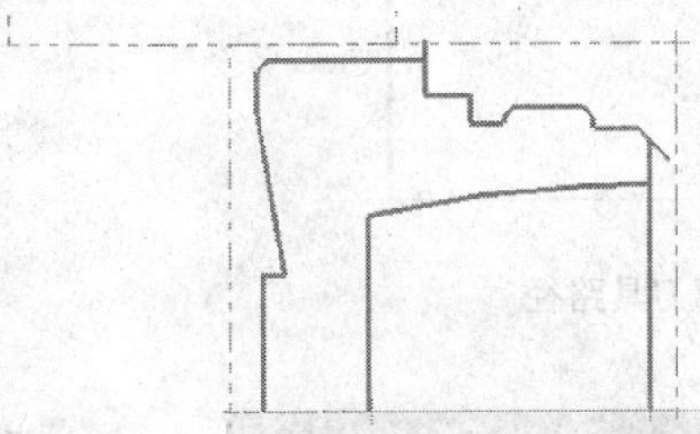

图 10–48　钻孔加工刀具路径

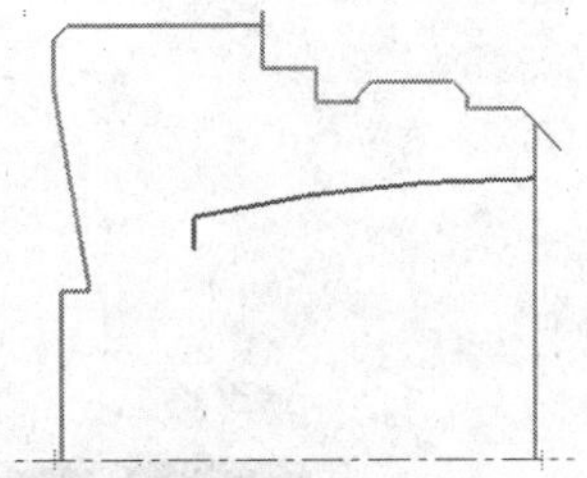

图 10–49　修整内轮廓刀具加工的终止位置

选择菜单“刀具路径”|“粗车”命令，使用“局部串连”选取粗车内轮廓线，刀具选择 T0404，弹出“车床粗加工属性”对话框，设置粗车参数，如图 10–50 所示，生成的粗车内轮廓刀具路径如图 10–51 所示。

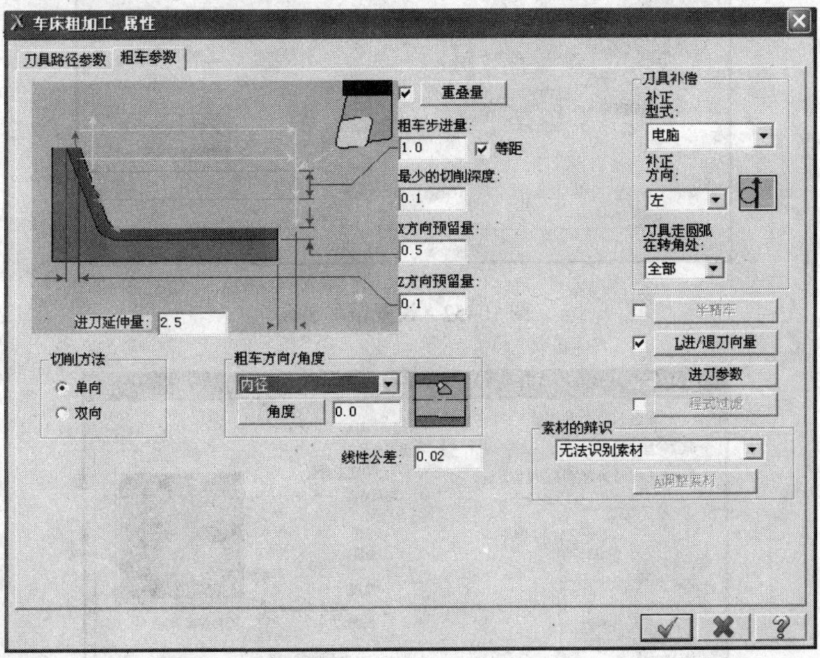

图 10–50　设置粗车参数

（8）内轮廓精车刀具路径。选择菜单“刀具路径”|“精车”命令，使用“串连”选取精车内轮廓线，刀具选择 T0404，设置精车参数，如图 10–52 所示。单击“L 进/退刀向量”按钮，选择“导出”选项卡，设置退刀参数，如图 10–53 所示，生成的精车内轮廓刀具路径如图 10–54 所示。

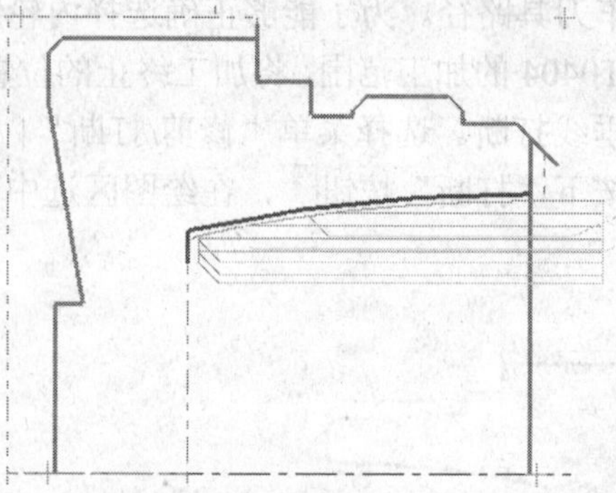

图 10–51　粗车内轮廓刀具路径

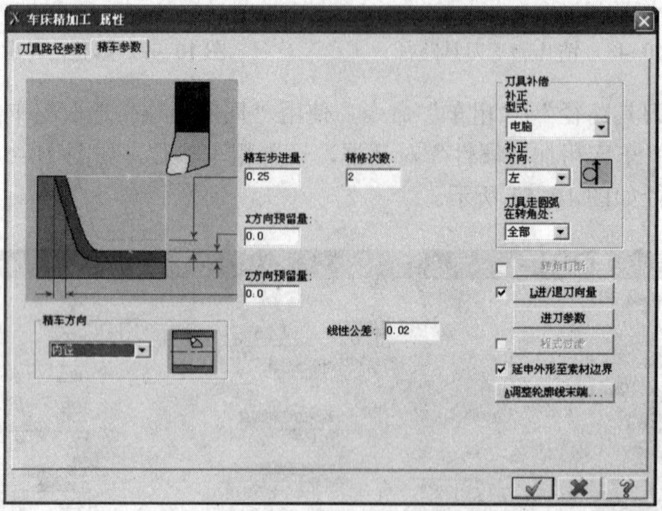

图 10–52　设置精车参数

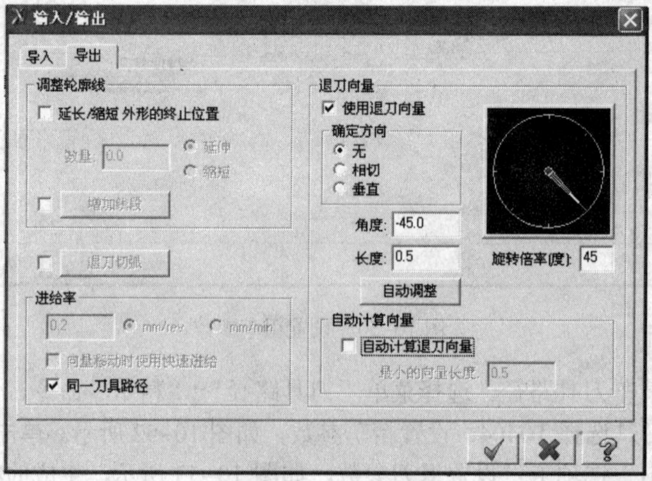

图 10–53　设置退刀参数

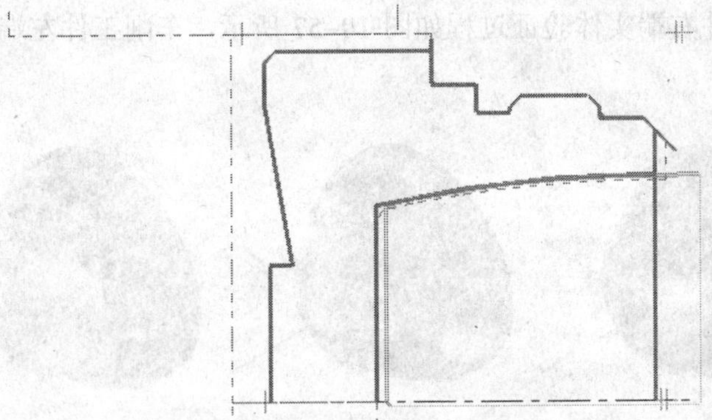

图 10–54　精车内轮廓刀具路径

活动 3　刀具路径模拟

单击“刀具路径管理器”中的按钮，系统弹出“刀路模拟”对话框，并在绘图区上方显示播放工具栏，在此可以观察刀具切削过程行走的轨迹。右端各部刀具加工路径如图 10–55 所示，左端各部刀具加工路径如图 10–56 所示。

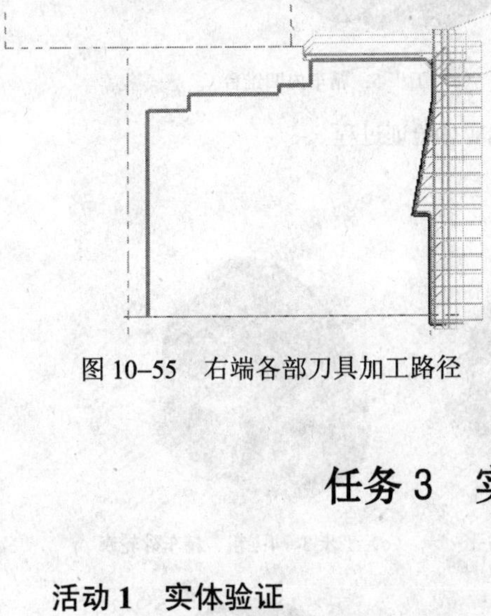

图 10–55　右端各部刀具加工路径

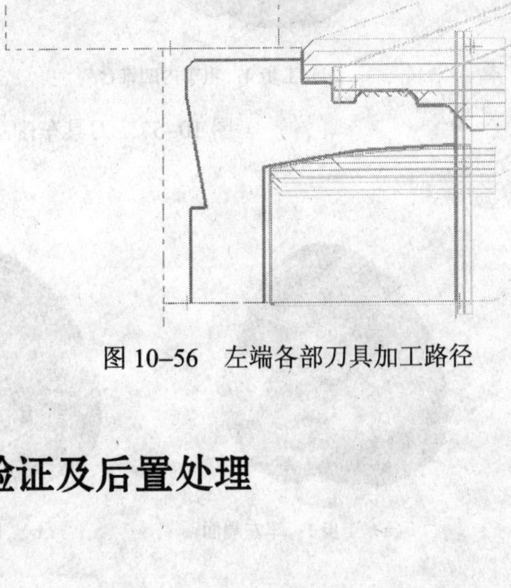

图 10–56　左端各部刀具加工路径

任务 3　实体验证及后置处理

活动 1　实体验证

单击“刀具路径管理器”中的按钮，系统将弹出“实体验证”对话框，在该对话框中可以通过播放来观察实际加工中刀具切削材料的加工过程。选择“模拟刀具和夹头”按钮，可以在实体验证过程中观察到刀具。选择“换刀停止”复选框，可以观察每把刀具加工后的情况，手动单击“持续执行”按钮继续执行后面的加工。选择“完成每个操作后停止”复选框，可以更加细致地观察每个操作后的情况，手动单击“持续执行”按钮继续执行后面的加工。单击“参数设定”按钮，弹出“验证选项”对话框，为了观察工件内部的加工情况可以勾选“素材半透明化”复选框。单击“设定颜色”按钮，可以设置每把刀具切削素材（毛坯）的颜色（要配合复选框“更换刀具颜色”使用），还可以设置刀具本身显示的颜色、毛坯颜色和碰撞颜色。勾选“显示 XYZ 轴”可以在加工过程中看到这 3

个坐标轴。车削工件右端实体验证过程如图 10–57 所示，车削工件左端实体验证过程如图 10–58 所示。

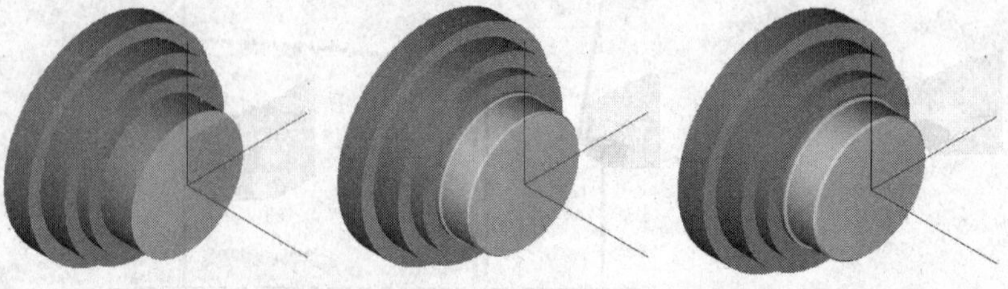

（a）工步 1：车右端面　　（b）工步 2：粗车外圆　　（c）工步 3：精车外圆

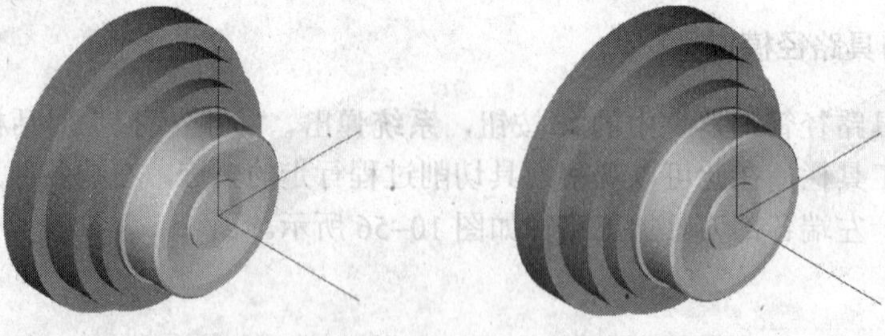

（d）工步 4：粗车内凹锥台　　（e）工步 5：精车内凹锥台

图 10–57　刀具车削工件右端实体验证过程

（a）工步 1：车左端面　　（b）工步 2：钻孔　　（c）工步 3、4：粗、精车外轮廓

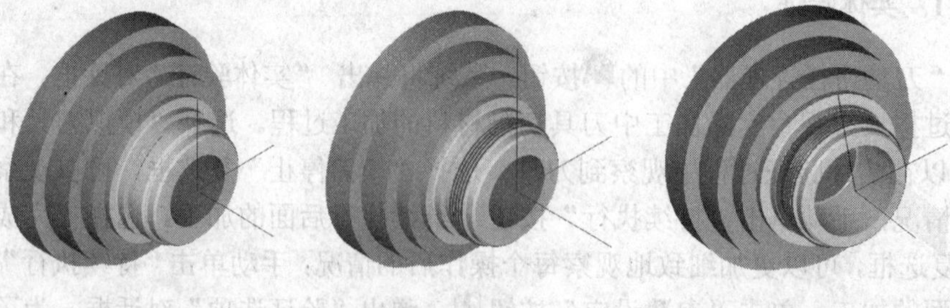

（d）工步 5：切槽 3×ϕ51　　（e）工步 6：车外螺纹 M54×1.5　　（f）工步 7、8：粗、精车内轮廓

图 10–58　刀具车削工件左端实体验证过程

活动 2　后置处理

在“刀具路径管理器”中单击 G1 按钮，系统将弹出 “后处理程式”对话框。选中“文件”前的复选框，表明生成 NC 加工代码。选中“覆盖前询问”前的单选按钮，则会在覆盖原文件时提示用户是否覆盖，如图 10–59 所示。如果不想在 Mastercam X 编辑器中编辑程序，就不要勾选“编辑”复选框，程序生成后可以用记事本打开所保存的“.NC”程序文件，以便进行程序的编辑，这时的程序格式是“.txt”。

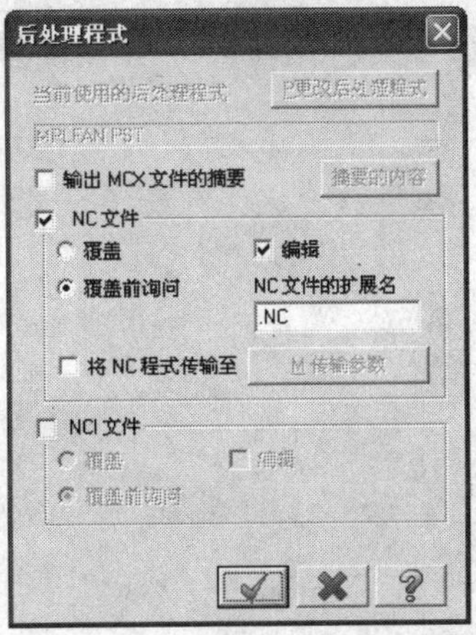

图 10–59　设置后处理程式参数

实 践 演 练

通过图 10–60 所示零件（毛坯材料为 45#钢），练习使用 Mastercam X 车削编程软件完成该零件的车削加工。

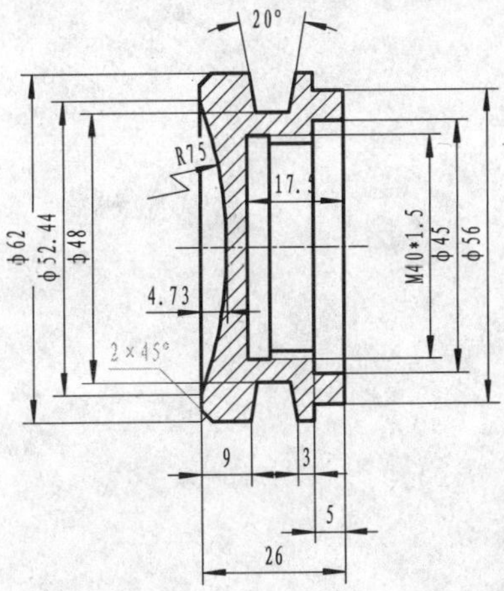

图 10–60　盘

学后感言

参 考 文 献

[1] 曹岩. Mastercam X 基础篇. 北京：化学工业出版社，2007.

[2] 陈德航，钟廷志，温丽. Mastercam X 中文版基础教程. 北京：人民邮电出版社，2008.

[3] 郝继红，甄雪松. 数控车削加工技术. 北京：北京航空航天大学出版社，2008.

[4] 李波，管殿柱. Mastercam X 实用教程. 北京：机械工业出版社，2008.

[5] 蒋建强. 中文 Mastercam X 基础与进阶. 北京：机械工业出版社，2007.

[6] 龙飞. Mastercam X 应用基础教程. 上海：上海科学普及出版社，2008.

[7] 邱坤. Mastercam 数控自动编程. 北京：中国林业出版社. 2006.